ENCYCLOPÉDIE AGRICOLE

Publiée sous la direction de G. WERY

Couronnée par l'Académie des Sciences morales et politiques
et par l'Académie Nationale d'Agriculture

C.-V. GAROLA

PRAIRIES

NATURELLES ET ARTIFICIELLES

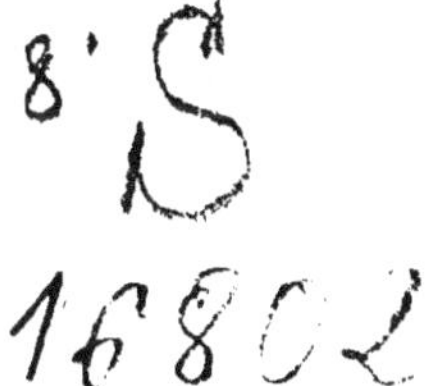

Encyclopédie Agricole

Chaque volume : 10 fr.

Botanique agricole.............	MM. Schribaux et Nanot, prof. à l'Inst. agr
Chimie agricole 4 vol, ...	M. André, prof. à l'Inst. agron.
Géologie agricole	M. Cord, professeur d'agriculture.
Hydrologie agricole	M. Dienert, ingénieur agronome.
Microbiologie agricole 2 vol.	M. Kayser, maître de conf. à l'Inst. agron.
Zoologie agricole, 2 vol.........	M. G. Guénaux, répétiteur à l'Inst. agron.
Entomologie et Parasitologie ...	
Analyses agricoles, 2 vol........	M. Guillin, dir. du lab. de la S. des ag. de France
Agriculture générale, 4 vol.	M. P. Diffloth, professeur d'agriculture.
Engrais, 2 vol.................	
Céréales	M. Garola, dir. des serv. agr. d'Eure-et-Loir
Prairies et plantes fourragères, 2 v.	
Plantes industrielles	
Plantes sarclées...............	M. Hitier, maître de conf. à l'Inst. agron.
Cultures potagères	M. L. Bussard, prof. à l'Ec. d'hort. de Versailles.
Arboriculture fruitière	MM. L. Bussard et G. Duval.
Sylviculture	M. Fron, inspecteur des eaux et forêts.
Viticulture	
Cultures de serres	M. Pacottet, chef de lab. à l'Inst. agron.
Cultures méridionales...........	MM. Rivière et Lecq, insp. de l'agric. à Alger.
Amélioration des plantes	M. Coquidé.
Maladies des plantes cultivées, 2 v.	MM. Delacroix et Maublanc.
Zootechnie générale, 3 vol........	
— Races bovines...........	
— Races chevalines.........	M. P. Diffloth, professeur d'agriculture.
— Races ovines	
— Chèvres, Porcs, Lapins....	
Aviculture....................	M. Voitellier, maître de conf. à l'Inst. agron.
Apiculture....................	M. Hommell, professeur d'apiculture.
Pisciculture...................	M. G. Guénaux, répétiteur à l'Inst. agron.
Sériciculture	M. Vieil, insp. de la séricic. de l'Indo-Chine.
Alimentation des animaux 2 vol..	M. R. Gouin, ing. agronome.
Hygiène et maladies du bétail	MM. Cagny, méd. vétér. et R. Gouin.
Hygiène de la ferme	MM. Regnard et Portier
Elevage et dressage du cheval ...	M. G. Bonnefont, officier des haras.
Chasse, Elevage du gibier, Piégeage	M. A. de Lesse, ing. agronome.
Pratique du Génie rural........	MM. Rolley, Provost, ing. des amél. agric.
Machines agricoles, 2 vol.	M. Coupan, chef de travail à l'Inst. agronom.
Matériel viticole	
Matériel vinicole	M. Brunet, Introduction par M. Viala.
Constructions rurales 2 vol......	M. Danguy, dir. des études de l'Ec. de Grignon.
Arpentage et Nivellement	M. Muret, professeur à l'Institut agronomique.
Irrigations et Drainages, 2 vol...	MM. Risler et Wery.
Electricité agricole............	M. Petit, ingénieur agronome.
Météorologie agricole	M. Klein, ingén. agronome, docteur ès-sciences.
Meunerie.....................	M. L. Ammann, prof. à l'Ec. de Grignon.
Sucrerie, 2 vol................	M. Saillard, prof. à l'Ecole des ind. agr.
Brasserie 2 vol...............	M. Boullanger, ch. de lab. à l'Inst. Past. de Lille.
Distillerie	
Pomologie et Cidrerie..........	W. Warcollier, dir. de la stat. pomol. de Caen.
Vinification..................	
Vins mousseux	M. Pacottet, chef de lab. à l'Inst. agron.
Eaux-de-vie et Vinaigres........	
Laiterie	M. Ch. Martin, anc. dir. de l'Ecole d'ind. lait.
Cons. de Fruits et de Légumes, 2 v.	M. Rolet, professeur d'agriculture à Antibes.
Indust. et Com. des Engrais.......	M. Pluvinage, ingénieur agronome.
Economie rurale	M. Jouzier, prof. à l'Ecole d'agric. de Rennes
Législation rurale	
Comptabilité agricole..........	M. Convert, professeur à l'Institut agron.
Commerce des Produits agricoles.	M. Poher, insp. commercial à la Cie d'Orléans
Comment exploiter un domaine..	M. Vuignier, ingénieur agronome.
Expertises agricoles	M. P. Caziot, inspecteur du Crédit Foncier.
Le Livre de la Fermière	Mme O. Bussard.
Précis d'Agriculture	
Lectures agricoles	M. Seltensperger, professeur d'agriculture.
Dictionnaire d'agriculture, 2 vol.	

ENCYCLOPÉDIE AGRICOLE
Publiée par une réunion d'Ingénieurs agronomes
SOUS LA DIRECTION DE G. WERY

PRAIRIES
NATURELLES ET ARTIFICIELLES

PAR

C.-V. GAROLA

Ingénieur-agronome
Directeur de la Station agronomique de Chartres

5e édition entièrement refondue

PARIS
LIBRAIRIE J.-B. BAILLIÈRE ET FILS
19, rue Hautefeuille, près du Boulevard Saint-Germain

1923

PRÉFACE

En publiant cette 5ᵉ édition des *Prairies et plantes fourragères*, nous avons dû nous résigner, à cause de l'abondance des matières, à diviser l'ouvrage en deux volumes.

Dans le premier : *Prairies naturelles et artificielles*, nous avons réuni tout ce qui concerne les plantes fourragères, herbacées, caduques, les prairies naturelles, les prairies temporaires, les prairies artificielles, les fourrages annuels et les ramilles et feuilles, avec les procédés de récolte et de conservation.

Dans le second : *Plantes sarclées fourragères*, nous avons fait l'étude des racines et tubercules et des choux fourragers.

Nous espérons que les agriculteurs feront à cette édition un aussi bon accueil qu'aux précédentes. Mes éditeurs n'ont rien négligé pour lui assurer une exécution typographique irréprochable et une intéressante et exacte illustration. Nous avons de notre côté fait tous nos efforts pour la mettre au courant de la pratique actuelle.

Les *Plantes fourragères*, dont nous faisons l'étude dans cet ouvrage, sont destinées d'une manière exclusive ou principale à l'alimentation des animaux de la ferme. Les produits fourragers ne sont donc pas utilisés directement par l'homme. Celui-ci ne peut en tirer parti qu'après leur transformation dans la machine animale, soit en travail mécanique, soit en chair, lait, laine, etc. En dehors de ces produits principaux, cette transformation laisse un déchet : le fumier qu'on a considéré longtemps comme la principale raison de la production qui nous occupe, et dont nous avons ailleurs examiné l'importance au point de vue du maintien de la fertilité des sols (1).

Depuis un siècle, la situation faite à l'industrie zootechnique s'est profondément modifiée. Par suite des besoins croissants de la population, la demande des produits animaux destinés à l'alimentation s'est considérablement développée et a amené une élévation générale des prix. Tandis que la culture des céréales, des plantes oléagineuses ou textiles avait à lutter contre la concurrence étrangère et passait par un état de crise sans précédent, la production animale, à l'abri, par la nature même de ses produits, de l'invasion du marché national par ceux du Nouveau Monde, prenait un essor remarquable, qui avait pour conséquence le développement des cultures fourragères.

---

(1) GAROLA, *Engrais* (ENCYCLOPÉDIE AGRICOLE).

Loin de diminuer la demande des moteurs animés, le développement des voies ferrées et l'introduction de la vapeur et de l'électricité dans l'industrie et même à la ferme ont imprimé à l'élevage du bétail de trait une impulsion nouvelle; car, par suite de l'intensité remarquable prise par la production industrielle, par l'activité sans cesse croissante des transports à grande distance, qu'il a fallu alimenter, le service des approches des usines et des gares a montré des exigences toujours plus grandes. Les besoins mêmes de l'agriculture ont, de ce côté, beaucoup progressé. La nécessité de vivre l'a obligée à entrer à pleines voiles dans la méthode intensive ; elle a dû augmenter sa puissance d'action sur le sol pour tirer de celui-ci de plus grands rendements; elle a eu plus de produits à préparer à la vente ; elle a eu plus de produits à transporter. Il lui a donc fallu augmenter le nombre et la puissance de ses attelages, et, de ce côté encore, est venue une nouvelle incitation à l'accroissement des cultures fourragères.

A l'époque actuelle, l'étendue totale de la superficie consacrée à la culture des plantes fourragères peut être estimée, pour la France continentale, à 11 millions d'hectares. Le produit brut que l'on en tire peut s'évaluer à 2 milliards 650 millions de francs. Avec les pailles, les menues céréales et les résidus d'industries, ces fourrages permettent l'entretien de 6 438 611 tonnes métriques de bétail vivant.

Voici la répartition de ces 11 millions d'hectares entre les différentes catégories de plantes fourragères que nous passons en revue :

NATURE DES FOURRAGES.	SUPERFICIE.	PRODUIT par hectare.	VALEUR totale (1)
	Hectares.	Francs.	Francs.
Prairies naturelles....	4.402.836	224	987.181.679
Herbages, pâtures alpestres...........	1.810.608	137	249.798.578
Prairies temporaires..	310.462	190	58.903.068
Prairies artificielles...	2.973.324	260	764.658.684
Fourrages annuels....	816.935	279	225.882.393
Plantes sarclées fourragères.............	692.673	511	364.331.515
Totaux ou moyennes.	11.006.838	241	2.650.755.914

(1) Evaluations faites avant la guerre.

La superficie cultivée en fourrages de toutes sortes représente donc près de 22 p. 100 du territoire agricole.

En poussant plus loin l'analyse des documents que nous fournit la statistique, nous reconnaissons que les prairies naturelles irriguées occupent environ 23 940 kilomètres carrés; que les prairies non irriguées en couvrent 20 080; les herbages de plaine ou de coteaux s'étendent sur une surface de 15 170 kilomètres carrés; les pâturages alpestres, enfin, en occupent 2 930.

Dans la classe des prairies artificielles, nous trouvons 12 840 kilomètres carrés de trèfle; 8 250 de luzerne; 7 250 de sainfoin et 1 380 de mélanges divers.

Les fourrages annuels comprennent 1 950 kilomètres carrés de vesces ou plantes analogues; 2 490 de trèfle incarnat; 1 200 de maïs; 1 800 de choux fourragers; 440 de seigle vert et d'escourgeon, et 200 de plantes diverses.

Enfin la superficie cultivée en plantes sarclées fourragères se répartit de la manière suivante : 3 910 kilomètres carrés de betteraves fourragères; 720 de carottes; 130 de panais; 1 710 de navets, raves et turneps; et enfin 460 de racines diverses comme les rutabagas, les topinambours, etc.

Depuis que nous possédons des documents précis sur les surfaces cultivées en plantes fourragères, et sur les produits qu'elles donnent, pour les causes que nous avons signalées plus haut, on constate une extension de cette culture et un accroissement de son intensité.

C'est ainsi que, de 1840 à 1892, en un demi-siècle, l'étendue des prairies naturelles et des herbages, avec les prairies temporaires à base de graminées, s'est accrue de 39 180 kilomètres carrés. Pendant le même laps de temps, la superficie des prairies artificielles s'est augmentée de 16 460 kilomètres carrés, en passant de 15 760 à 32 220. Elle a, par conséquent, plus que doublé.

Les renseignements relatifs aux racines fourragères remontent seulement à 1862. En trente ans, leur étendue a passé de 3 860 kilomètres carrés à 12 520, augmentant donc de 8 660. C'est un accroissement de plus de 200 p. 100; le dernier mot dans cette voie n'est pas dit, et les progrès constants de l'agriculture amèneront fatalement un développement de plus en plus grand de cette branche de la production fourragère.

L'intensité de la production a suivi une marche ascendante marquée. Les prairies naturelles, comprenant les herbages de plaine et de coteaux, donnaient en 1840 un rendement total de 10 millions et demi de tonnes métriques de foin; il était en 1882 de 18 millions et demi de tonnes. C'est une augmentation de 80 p. 100 environ, tandis que la surface ne croît que de 41 p. 100.

Pour les prairies artificielles, en y comprenant le trèfle incarnat, les produits passent de 4 725 700 tonnes de foin à 13 480 000, de 1848 à 1882. L'excédent de production, qui atteint 8 754 000 tonnes, est de près de 200 p. 100, tandis que l'augmentation des surfaces n'est que de 180 p. 100.

Il en est de même pour les racines fourragères. Leur produit brut de 1862 à 1882 a augmenté de 270 p. 100, tandis que la superficie croissait seulement de 200 p. 100.

La valeur des produits s'est aussi généralement accrue, comme le montre le relevé suivant du prix moyen de la tonne métrique :

ANNÉES.	FOIN de pré.	FOIN des prairies artificielles.	BETTERAVES.
	fr.	fr.	fr.
1840................	»	43 10	»
1852................	43 50	42 50	»
1862................	62 60	56 90	19 10
1882................	59 20	60 30	23 50
1892................	76 80	76 10	22 80

Il résulte de ces considérations que les plantes fourragères jouent en économie rurale un rôle chaque année plus important.

Nous avons envisagé les *plantes fourragères* non seulement au point de vue de la production proprement dite, mais aussi à celui de leur emploi dans la nourriture du bétail. Nous avons donc donné nos soins à la détermination de la valeur alimentaire des différentes plantes que nous avons passées en revue, en nous appuyant sur les travaux de nos devanciers ou de nos contemporains, ains que sur les expériences qu'il nous a été donné de faire nous-même. Nous espérons que le cultivateur y trouvera non seulement les notions nécessaires pour arriver à produire beaucoup de fourrages, mais encore les renseignements les plus utiles pour tirer de leur transformation par le bétail les résultats les plus avantageux.

Parmi les plantes que nous étudions, il en est quelques-unes qui sont à la fois fourragères et industrielles. Nous avons dû nous borner à les envisager sous le premier point de vue et nous engageons vivement nos lecteurs à se reporter pour la deuxième face du problème de leur production à l'excellent traité de M. HITIER sur les *Plantes industrielles*. Ils auront ainsi une vue d'ensemble qui ne saurait manquer de leur être utile.

C.-V. GAROLA.

PRAIRIES
NATURELLES ET ARTIFICIELLES

CHAPITRE PREMIER

PRAIRIES NATURELLES

« Tout terrain abandonné à lui-même, dit de Gasparin, organisateur de l'Institut agronomique de Versailles, se couvre spontanément d'un gazon dont les tiges sont plus ou moins fournies et s'élèvent à une plus ou moins grande hauteur selon la nature du sol, son état de fertilité et le climat dans lequel il est situé. Cette production naturelle d'herbe est d'autant plus grande que la saison de chaleur humide est plus longue. Au nord du continent, les prairies ont un long sommeil hivernal, puis repoussent vigoureusement pendant les étés humides ; si, au contraire, nous descendons vers le midi, nous trouvons en Algérie un hiver humide, suffisamment chaud pour que les herbes ne cessent de végéter. Pendant cette saison et celle du printemps, la surface entière du pays est une riche prairie dont on finira par comprendre les avantages ; en été, tout se dessèche et les plantes entrent dans leur sommeil estival. Ici c'est le froid qui les arrête, là c'est la sécheresse ; les deux conditions, chaleur, humidité, ont cessé de se rencontrer ensemble. Entre les deux extrêmes se trouvent des pays dont l'hiver est doux et l'été humide, où la végétation est à peine interrompue. Les prairies y développent constamment le luxe de leur verdure : c'est ce qui se passe sur les côtes occidentales de notre continent ; le Poitou, la Bretagne, la Normandie, la Hollande, la verte Irlande, sont de véritables pays d'herbages partout où le sol est suffisamment hygroscopique. Au contraire, si l'hiver est assez rigoureux pour interrompre la végétation et que l'été soit sec et chaud, on ne trouve plus de belles prairies que sur les montagnes, que leur altitude soustrait aux influences du climat, ou sur des terrains arrosés naturellement ou artificiellement. La région intérieure de l'Europe, qui présente ces circonstances, est pauvre en fourrages et en bétail, si on l'abandonne à ses forces naturelles; mais c'est là aussi que l'industrie de l'homme, corrigeant la nature, a su créer les prairies de la Lombardie, qui rivalisent en été avec celles de la zone des pâturages, et les prés à Marcite qui les surpassent en hiver; c'est dans cette région que la culture des prairies temporaires a introduit les prairies artificielles, bravant par le choix de ces plantes la sécheresse du sol et celle du climat; en Angleterre, en Belgique, en Allemagne, dans la France orientale. Le capital et le travail ont ainsi suppléé par les labours profonds et les irrigations ce que refusait la nature. Au milieu de chacune de ces régions, se trouvent des terrains exceptionnels, qui ne participent ni aux qualités ni aux défauts de ceux qui les entourent; ainsi, dans la région occidentale, on voit de grandes étendues de terrains sablonneux et arides que les pluies et les temps humides de l'été ne suffisent pas pour entretenir en végétation : les landes de Bordeaux et de la Bretagne, les bruyères de la Belgique, de la Westphalie, du Jutland, etc. Au contraire, dans la région orientale, les plateaux élevés, les terrains baignés naturellement par la filtration des eaux et l'irrigation des sources, comme les prés d'embouche du Charolais, semblent défier la sécheresse qui règne autour d'eux...

« Les prairies pérennes sont nécessairement polyphytes, c'est-à-dire composées de plusieurs espèces différentes de végétaux et quelquefois d'un grand nombre d'espèces vivant côte à côte les unes des autres et formant, par l'envahissement de leurs racines et le mélange de leurs tiges, ce que l'on appelle le gazon. Quand même au début on n'aurait semé qu'une seule espèce de graine, on n'en verrait pas moins surgir bientôt d'autres dont le germe préexistait dans le sol, ou dont les semences y sont apportées par les eaux et vents ; et peu à peu, chacune d'elles se faisant sa place selon son degré de vitalité, le mélange rentre dans la proportion des gazons qui croissent dans le pays et dans des sols semblables et semblablement disposés. Par le semis, on ne fait que hâter le moment où le

Fig. 1. — Herbage du pays de Bray.

terrain, possédant une quantité suffisante de germes, commence à donner un produit ; mais on ne reste nullement l'arbitre de la nature des herbes qui finissent pas y dominer. Il y faut d'autres soins ; il faut changer la nature du sol, soit en desséchant celui qui est trop humide, soit en arrosant celui qui est trop aride, soit en fumant celui qui est trop maigre ; il faut faire une guerre incessante aux plantes nuisibles pour modifier les qualités du gazon.

« La prairie une fois établie, on en récolte l'herbe de deux façons, ou en la faisant pâturer sur place par les bestiaux, ou en la fauchant pour la convertir en foin. Dans le premier cas, elle prend le nom de *pâturage* ou d'*herbage* ; dans le second, c'est une prairie proprement dite, qu'on a appelée prairie naturelle par opposition aux prairies temporaires auxquelles Olivier de Serres a imposé le nom de prairies artificielles qui leur est resté. »

Types de bonnes prairies. — Il n'y a pas de culture, comme on vient de le voir, qui subisse d'une manière aussi nette les influences du climat ou du sol que celle des prairies.

C'est pourquoi nous estimons que l'observation des faits naturels est le meilleur guide que puisse suivre l'agriculteur pour leur création. Nous allons dans ce but, avec Amédée Boitel, qui professa l'agriculture à l'Institut agronomique de Versailles et à celui de Paris, jeter un coup d'œil rapide sur la constitution botanique des meilleures prairies ou herbages des principales régions de notre pays. Les praticiens trouveront dans cette revue des indications précises sur les espèces et les variétés dont ils ont à favoriser la multiplication.

En Normandie, dans le Cotentin, un bon herbage de Coigny présente la composition botanique suivante :

GRAMINÉES 6/10.

Ray-grass vivace	c.
Houlque laineuse	cc.
Crételle.	
Flouve odorante	c.
Paturin commun	A. c.
Fétuque rouge	A. c.
Brome mou	c.
Dactyle	R.

LÉGUMINEUSES 4/10.

Trèfle blanc............................... c.
   — des prés.............................. c.
   — filiforme............................. c.
Lotier corniculé.

PLANTES DIVERSES.

Chardon des champs, renoncule âcre, chrysanthème, hypochéride, oseille crépue (1).

Les plantes diverses sont en très petite quantité et par pieds
isolés et n'entrent pas dans la composition de l'herbe pour
plus de 2 p. 100.

Les herbages d'Isigny, grâce à un climat doux et brumeux
et à la fertilité du sol, sont classés parmi les plus productifs.
Un pâturage situé près de l'embouchure de la Vire est composé de :

GRAMINÉES 7/10.

Orge faux seigle.......................... ccc.
Avoine jaunâtre........................... cc.
Paturin commun.......................... c.
Crételle.
Ray-grass vivace............ ⎫
Dactyle.................... ⎬ En petite quantité.
Houlque.................... ⎭

LÉGUMINEUSES 3/10.

Trèfle blanc............................. ccc.
   — des prés.

Cet herbage est un épais tapis de graminées et de légumineuses. On n'y trouve comme plantes inférieures que quelques
rares chardons des champs et quelques pieds de renoncule
âcre.

D'après M. Roseray, qui a été professeur départemental
d'agriculture dans la Manche, les prairies qui sont alternativement fauchées et pâturées contiennent beaucoup plus de
légumineuses que celles qui sont fauchées constamment.

(1) Dans les descriptions botaniques : c. = commun, cc. = très
commun, ccc. = extrêmement commun, A. c. = assez commun,
R. = rare, RR. = très rare.

Dans la vallée d'Auge, on trouve d'excellents herbages propres à l'engraissement des bêtes bovines et des moutons. En sol d'alluvion argilo-siliceux, et suffisamment calcaire, près du Breuil-sur-la Touque, un très bon herbage présente la composition ci-après :

GRAMINÉES 5/10 à 6/10.

Ray-grass vivace........................... c.
Paturin commun........................... c.
Crételle................................... ccc.
Flouve odorante........................... R.
Paturin des prés........................... R.
Dactyle................................... R.
Orge faux seigle........................... R.
Vulpin des prés........................... R.
Fétuque rouge........................... R.
Houlque laineuse........................... R.
Agrostide commune........................... R.
Brachypode des prés........................... A. c.

LÉGUMINEUSES 4/10 à 5/10.

Trèfle blanc........................... ccc.
— des prés.

Le trèfle blanc est la plante qui domine. Elle est excellente pour l'engraissement. La crételle vient ensuite parmi les graminées, puis les ray-grass et paturin communs. On n'y trouve pour ainsi dire pas de plantes diverses.

Dans le Bocage normand, sur les terrains schisteux de la vallée de l'Orne, à Arcourt, une bonne pâture d'élevage pour les bêtes bovines et les poulains est constituée comme il suit :

GRAMINÉES 7/10.

Crételle........................... cc.
Fromental........................... cc.
Houlque laineuse........................... cc.
Dactyle........................... cc.
Paturin commun........................... c.
Ray-grass vivace........................... c.
Brome mou, avoine jaunâtre.
Fléole........................... R.

Fig. 2. — Herbage du pays d'Auge

LÉGUMINEUSES 1/10.

Trèfle filiforme, trèfle des prés, trèfle blanc, minette.

PLANTES DIVERSES 2/10.

Chrysanthème, millefeuille, jacée, plantain lancéolé, hypochéride, géranium mou.

En Bretagne, les prairies sont établies sur des terres schis-
teuses ou granitiques. Tant qu'elles n'ont pas été phosphatées
et marnées, les bonnes espèces de graminées ou de légumineuses ne sauraient y prendre un grand développement. Dans
une prairie acide et mouillée une grande partie de l'année, en
sol schisteux, près de Nozay, on a trouvé :

GRAMINÉES 1/10.

Agrostide rouge.	ccc.
Brize moyenne.	c.
Flouve odorante.	c.
Houlque laineuse.	R.
Danthonie.	c.
Nard raide.	c.

LÉGUMINEUSES (proportion insignifiante).

Trèfles des prés, trèfle filiforme.

PLANTES DIVERSES 9/10.

Chardon anglais.	c.
Plantain lancéolé..	c.
Pédiculaire.	c.
Scabieuse.	c.
Rhinante.	c.
Scorzonère.	c.
Carum verticillé.	A. c.
Carex pucier.	c.
Myosotis.	c.
Brunelle vulgaire.	A. c.
Chrysanthème.	c.
Petite renoncule.	c.
Mouron délicat.	A. c.

L'herbe est peu abondante (1 000 kilogrammes de foin par
hectare), et le foin est de mauvaise qualité.

Dans un sol granitique des environs de Vannes, chaulé et terreauté régulièrement, on a trouvé :

GRAMINÉES 7/10.

Flouve odorante............................ cccc.
Brome mou................................. cc.
Fétuque queue de rat...................... c.
Houlque laineuse.......................... A. c.
Paturin commun........................... R.
   — des prés........................... Tr. R.
Crételle.

LÉGUMINEUSES 2/10.

Luzerne maculée........................... cccc.
Trèfle souterrain.......................... c.
   — des prés............................ c.

PLANTES DIVERSES 1/10.

Renoncule bulbeuse........................ cc.
Barkause, géranium découpé, plantain lancéolé, pissenlit, chrysanthème, oseille des jardins, hypochéride, berce, jacinthe penchée, conopode à racine bulbeuse.

La flouve odorante est la graminée la plus commune dans ces prairies de Bretagne. Elle forme la moitié de la masse du fourrage. La luzerne maculée est la légumineuse dominante; elle est moins estimée que la minette et le trèfle blanc. La renoncule bulbeuse est très répandue. Ces prairies sont d'un rendement faible qui atteint à peine 20 à 50 quintaux de foin à l'hectare.

Dans la presqu'île de Rhuys, près de Sarzeau, en sol de granite et de micaschiste, on a trouvé dans une prairie bien fumée :

GRAMINÉES 5/10.

Flouve odorante............................ cccc.
Houlque laineuse.......................... cc.
Crételle.................................. c.

LÉGUMINEUSES 4/10.

Trèfle souterrain.......................... ccc.
   — des prés............................ c.
Minette.

PLANTES DIVERSES 1/10.

Plantain lancéolé, renoncule bulbeuse.

Le trèfle souterrain est commun dans les bons prés de Bretagne, où il remplace le trèfle blanc, dont il a la vigueur et la valeur nutritive.

C'est dans le Charolais et le Nivernais que se rencontrent les meilleures embouches du centre de la France. Les légumineuses y sont abondantes, et le trèfle blanc est la plante qui domine toutes les autres espèces. Dans une embouche de Clairmain, engraissant un bœuf et demi par hectare, on a trouvé :

GRAMINÉES 5/10 (régulièrement réparties).

Paturin commun, fétuque des prés, fromental, avoine jaunâtre, dactyle, houlque laineuse, agrostide commune, crételle, flouve, brize moyenne.

LÉGUMINEUSES 4/10.

Trèfle blanc............................. cccc.
  — des prés........................... c.
  — fraise, minette, lotier corniculé.

PLANTES DIVERSES 1/10.

Chrysanthème, pissenlit, jacée, hypochéride, millefeuille, carotte sauvage, gaillet jaune, plantain lancéolé.

Dans le canton de Varzy (Nièvre), M. Berthault a trouvé dans une bonne prairie alternativement fauchée et pâturée :

GRAMINÉES 4/10.

Paturin commun........................... 1/10
Ray-grass vivace et avoine jaunâtre........ 1/10
Brome mou et des prés, flouve............. 1/10
Paturin des prés, avoine élevée, fétuque durette, crételle, dactyle................... 1/10

LÉGUMINEUSES 4/10.

Trèfle des prés........................... 2/10
  — blanc, lotier corniculé, minette...... 1/10
Vesce des prés et vesce des haies 1/10

PLANTES DIVERSES 2/10.

Renoncule bulbeuse, jacée, chrysanthème...   1/10
Gaillets, renoncule âcre, millefeuille, crépide,
    carotte, sauge, réséda luteola, séneçon
    jacobée...................................   1/10

Dans les Vosges, on distingue les prairies de vallées et celles
de montagnes; elles sont presque toujours irriguées à grands
volumes. A Bussang, dans la vallée de la Moselle, on a trouvé :

GRAMINÉES 7/10.

Agrostide commune.........................   4/10
Fétuque des prés et fromental..............   2/10
Houlque laineuse, crételle, avoine des prés,
    avoine jaunâtre.........................   1/10

LÉGUMINEUSES 1/10.

Trèfle des prés, trèfle blanc, lotier corniculé.

PLANTES DIVERSES 2/10.

Bistorte, berce, salsifis des prés, bardane, pimprenelle,
    crête de coq, patience, campanule à feuille de lin, col-
    chique d'automne.

Cette prairie donne en deux coupes 7 500 kilogrammes de
foin et regain, considérés comme de bonne qualité. On peut re-
procher à sa flore d'être trop riche en agrostide traçante.

Comme prairies de montagne, nous donnons la composi-
sion d'un pré du Thillot très incliné et exposé au midi ; il est
irrigué par des eaux de source :

GRAMINÉES 5/10.

Houlque laineuse..........................   2/10
Dactyle...................................   1/10
Flouve odorante...........................   1/10
Agrostite commune et crételle.............   1/10

LÉGUMINEUSES 1/10.

Trèfle des prés, trèfle filiforme, lotier corniculé.

PLANTES DIVERSES 4/10.

Plantain lancéolé, peucédane à feuilles de
    carvi...................................   2/10
Chrysanthème, jacée et berce..............   1/10
Hypochéride, scabieuse, sanguisorbe, arnica.   1/10

Le foin a de la finesse et un bon arome ; le rendement atteint 5000 kilogrammes en deux coupes.

Dans la vallée de la Saône, les prairies sont souvent recouvertes d'eau en hiver par les débordements de la rivière. On a trouvé dans une prairie de Talmay appartenant au baron Thénard :

GRAMINÉES 6/10.

Paturin des prés, fétuque des prés, fromental, flouve, dactyle, vulpin des prés, agrostide commune, avoine jaunâtre, brize moyenne, brome dressé, brome à grappes.

LÉGUMINEUSES 2/10.

Trèfle blanc, trèfle des prés, lotier corniculé.

PLANTES DIVERSES 2/10.

Chrysanthème, salsifis, lychnide fleur de coucou, campanule, gaillet molugine, polygala commun, colchique (par places).

Le rendement moyen est de 4 000 kilogrammes de foin par an avec l'irrigation naturelle pour tout apport fertilisant.

Dans le Jura, à 700 mètres d'altitude, près d'Andelot-en-Montagne, on a trouvé une prairie de la composition suivante :

GRAMINÉES 3/10.

Paturin commun.......................... ccc.
Ray-grass, dactyle, houlque.............. cc.
Flouve, crételle, fétuque rouge et fétuque durette.

LÉGUMINEUSES 6/10.

Trèfle des prés........................... c.
— blanc............................... ccc.
Sainfoin.................................. c.
Lotier corniculé, minette.

PLANTES DIVERSES 1/10.

Rhinante, pissenlit, plantain, chrysanthème, oseille, cerfeuil sauvage, peucédane à feuilles de carvi, berce, grande gentiane, barkause, renoncule, lychnide fleur de coucou, scabieuse, brunelle, sauge, pimprenelle.

Ce qui caractérise ce foin de montagne et en fait la qualité, c'est la prédominance des légumineuses qui y entrent pour plus de la moitié.

Dans les terres silico-argileuses de la Dombes, sur les alluvions anciennes de la Bresse, malgré le drainage et le marnage, le sol donne une prédominance marquée aux graminées, à l'exclusion des légumineuses, comme l. montre l'analyse botanique d'une excellente prairie de Péronnas, près de Bourg (Ain).

GRAMINÉES 8/10.

Houlque...................................... ccc.
Paturin commun............................ c.
Paturin des prés, vulpin vésiculeux, ray-grass, fromental, avoine pubescente, crételle, brome des prés, brome changeant.

LÉGUMINEUSES 1/10.

Trèfle des prés, trèfle filiforme, minette, vesce.

PLANTES DIVERSES 1/10.

Séneçon jacobée, cardamine des prés, plantain lancéolé, renoncule âcre, oseille.

Cette prairie donne un rendement de 4 500 kilogrammes de foin en deux coupes. Celui-ci, où les graminées forment les quatre cinquièmes de la masse, n'est pas mauvais, mais est moins nourrissant que le foin des montagnes du Jura, que nous venons d'examiner.

Dans les sols granitiques de la Haute-Vienne, près de Limoges, Lecoq a trouvé dans une prairie donnant 5 500 kilogrammes de foin en deux coupes :

GRAMINÉES 8/10.

Houlque laineuse, ray-grass vivace, paturin commun, fétuque des prés, trèfle blanc, lotier corniculé.

LÉGUMINEUSES 1/10.

Trèfle des prés, trèfle blanc, lotier corniculé.

PLANTES DIVERSES 1/10.

Plantain lancéolé, chrysanthème, pissenlit, jacée, millefeuille.

En Auvergne, à l'altitude de 1 460 mètres, aux environs du Puy-de-Dôme, le même auteur a trouvé les plantes suivantes :

GRAMINÉES.

Fléole, fétuque des près, avoine des prés, kœlerie à crête.

LÉGUMINEUSES.

Trèfle blanc, trèfle des prés, gesse des prés, lotier corniculé, vesce cultivée.

PLANTES DIVERSES.

Berce, alchémille des Alpes, chrysanthème, grande pimprenelle, gentiane jaune, rhinanthe, renoncule âcre.

Choix de plantes à introduire dans les prairies.

Comme nous l'avons indiqué, les prairies naturelles sont constituées par un grand nombre d'espèces de plantes plus ou moins recherchées du bétail, plus ou moins propres à être pâturées ou fauchées et plus ou moins productives. Mais la valeur d'une prairie se juge surtout d'après la prédominauce des graminées et des légumineuses dont le concours suffit à la production abondante d'un excellent foin. Toutes les plantes diverses, qui ont été signalées, sans être décidément nuisibles, ont le défaut de tenir la place de plantes meilleures appartenant aux familles précitées. On ne doit donc jamais les comprendre dans les plantes à semer lors de la création des prairies. La nature se chargera trop vite de les faire apparaître.

Parmi les graminées et les légumineuses, il y a aussi un choix à faire, en ne s'adressant qu'aux meilleures. C'est pourquoi nous nous bornerons à étudier un nombre restreint des plus nutritives et des plus productives.

Dactyle pelotonné (*Dactylis glomerata*) (fig. 3). — D'après Schwerz, le dactyle pelotonné est la plus avantageuse de toutes les plantes de prairies fauchables. Il donne une herbe haute, de croissance rapide et de maturité assez hâtive. Les tiges sont élevées et grosses, les feuilles longues, épaisses et succulentes.

Après la fauchaison ou le pâturage, il repousse très rapidement. Il prospère dans les endroits ombragés, tels que les vergers et les abords des bâtiments d'exploitation. Il convient mieux aux prés à faucher qu'aux pâturages, parce qu'il forme de grosses touffes cespiteuses que, par suite de la résistance des tiges, le bétail arrache facilement en les broutant.

Il réussit dans presque tous les sols, sauf les sables arides et les terres de bruyères. Il se plaît surtout dans les terres franches ou argileuses fraîches et riches, ou bien fumées; il convient aussi très bien aux marnes argileuses ou limoneuses, et prospère même

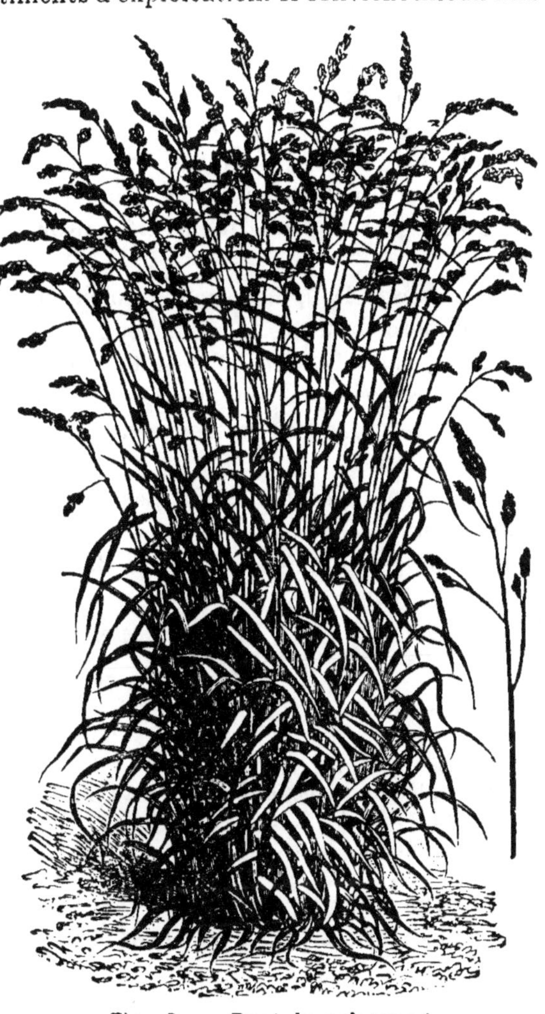

Fig. 3. — Dactyle pelotonné.

dans les sols sablonneux, pourvu qu'ils soient assez frais.

Semé seul, il ne forme pas un gazon parfait, car il produit des touffes basses et épaisses, mais peu étendues. Dans la première année, son développement est médiocre; il donne sur-

tout des feuilles et peu de tiges. La deuxième année, il entre
en plein rapport. Il entre en végétation de bonne heure au
printemps et fleurit de la fin de mai au commencement de
juin. Il demande à être fauché de bonne heure, avant la pleine
floraison, car son fourrage durcit et est moins recherché du
bétail. Repoussant très bien sous la faulx, il donne un regain
très substantiel.

Semé seul dans un terrain convenable, il peut donner,
d'après Sinclair, 66 quintaux de foin à l'hectare et 24 quintaux de regain. 100 d'herbe, à la floraison, donnent 32 de foin
sec.

C'est dans le Dauphiné surtout qu'on en produit la semence.
Le commerce la livre avec une pureté de 75 p. 100 et une
faculté germinative de 70 p. 100, soit en résumé avec une
valeur agricole de 52,5 p. 100. On en répand 40 kilogrammes
par hectare, quand on la sème seule ; l'hectolitre pèse de 15 à
20 kilogrammes.

Dans les prairies, on ne doit pas en introduire plus de 6 à
8 kilogrammes.

La composition des fourrages de dactyle est donnée dans le
tableau suivant :

	Fourrage vert.	Foin sec (floraison).	Regain.
Eau...........................	72,0	14,0	16,0
Albuminoïdes.................	2,6	5,7	10,2
Amides.......................	0,5	0,8	
Graisse brute................	0,9	1,2	3,0
Hydrates de carbone divers...	17,0	40.4	38,0
Cellulose brute..............	9,0	30,0	25,2
Cendres......................	?	7,9	?

Dans 100 kilogrammes de foin sec normal de dactyle, on
trouve les matières minérales suivantes :

Azote...	1,8
Acide phosphorique............................	0,38
Potasse.......................................	1,68
Chaux...	0,31

Fétuque des prés (*Festuca pratensis*) (fig. 4). — « C'est,
d'après Stebler, une de nos plus précieuses plantes à faucher

et à pâturer, qui donne de riches produits d'un fourrage de bonne qualité. Étant de longue durée, elle ne devrait jamais manquer dans les prés établis sur les terres qui lui conviennent. »

Elle réussit surtout dans les terrains limoneux, marneux ou argileux, riches en humus et suffisamment humides, et aussi dans les sols sablonneux irrigués. Les terrains secs, maigres, peu profonds, ne lui conviennent d'aucune manière.

Elle gazonne en touffes compactes et atteint sa pleine production la deuxième ou la troisième année

Fig. 4. — Fétuque des prés.

après le semis. Elle entre de bonne heure en végétation au printemps et pousse rapidement. Dans une situation favorable, on en pourrait tirer trois coupes par an. Elle fleurit fin mai, commencement de juin, après le dactyle. Il faut la couper avant la floraison, car elle durcit ensuite. Le seconde coupe est toujours moins abondante que la première, parce que les tiges sont moins nombreuses. D'après Sprengel, on peut, dans de bonnes conditions, en récolter 100 quintaux de foin par hectare. Cette plante convient aussi très bien aux pâturages.

Le foin de fétuque des prés récolté à la floraison a la composition suivante :

```
Eau.....................................  14,0
Albuminoïdes............................   5,3
Amides..................................   2,7
Graisse brute...........................   1,7
Hydrates de carbone divers..............  44,7
Cellulose brute.........................  22,2
Cendres.................................   8,4
```

On trouve, dans 100 kilogrammes de foin à l'état de dessiccation normale, les principes fertilisants suivants :

```
Azote...................................  1,42
Acide phosphorique......................  0,74
Potasse.................................  2,56
Chaux...................................  0,92
```

Quand on la cultive seule pour la production de la graine,

Fig. 5. — Fétuque ovine.

on répand 60 kilogrammes de semences par hectare, car la graine est grosse. Comme elle ressemble assez au ray-grass, elle est souvent additionnée frauduleusement de la graine de cette plante, qui est beaucoup moins chère. Le poids de la graine de fétuque des prés est de 16 à 22 kilogrammes à l'hectolitre. En bonne qualité marchande, elle a une pureté de 95 p. 100 et une faculté germinative de 75, soit une valeur agricole de 71 p. 100. Mais la fétuque des prés est presque toujours semée en mélange pour les prairies temporaires, ou permanentes et irriguées. Elle entre alors pour 15 ou 20 p. 100 dans le mélange.

La fétuque durette (*Festuca duriuscula*) se rencontre dans les terrains calcaires pauvres ; la fétuque ovine (*festuca ovina*) se développe dans les terres sablonneuses sèches et pauvres. Elles ne conviennent l'une et l'autre que pour les pâturages à moutons.

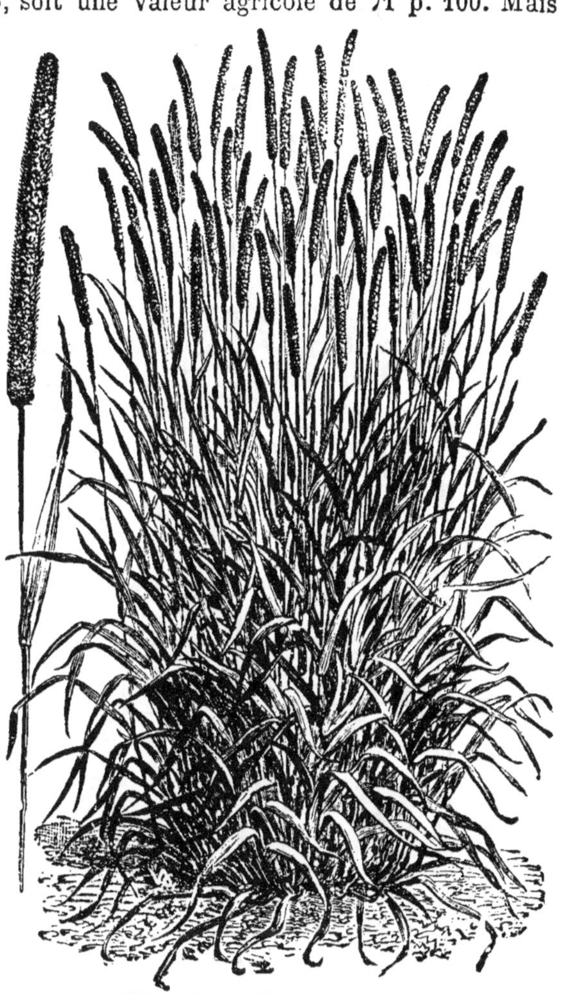

Fig. 6. — Fléole des prés.

Fléole (*Phleum pratense*) (fig. 6). — La fléole, ou thymothy, est une graminée rustique et productive, qui peut se cultiver seule ou en mélange de prairie temporaire, et qui aussi entre avantageusement dans la constitution des prés et des pâturages. Elle a l'avantage que sa graine est bon marché, d'une bonne pureté (97 p. 100) et d'une satisfaisante faculté germi-native (90 p. 100). On la sème seule à raison de 18 kilo-grammes par hectare ; le poids de l'hectolitre varie de 45 à 55 kilogrammes. Dans les prairies, on en introduit de 5 à 8 kilogrammes par hectare.

Elle est un peu tardive et durcit après la floraison, mais elle repousse bien après le fauchage ou le pâturage. Elle préfère les sols frais et compacts, mais réussit dans des sols très divers, pourvu qu'ils ne soient pas acides.

Elle produit des touffes fasciculées, qui ne donnent pas un gazon bien serré. Elle ne pousse ses épis qu'à la fin de juin et fleurit seulement en juillet. Cependant, seule ou en mélange, elle donne un abondant produit et un foin nutritif lorsqu'on le coupe avant la floraison. On peut en espérer de 100 à 120 quin-taux de foin par hectare. On la mélange souvent avec le trèfle, et le foin ainsi produit est très bon pour les chevaux. 100 quintaux d'herbe de fléole donne de 32 à 34 de foin sec à 14 p. 100 d'eau. Ce foin a la composition suivante :

Eau..	13,0
Protéine brute............................	7,0
Graisse brute.............................	2,2
Hydrates de carbone divers................	46,0
Cellulose brute...........................	27,3

On y trouve en éléments digestibles :

Albuminoïdes..............................	2,6
Amides....................................	1,0
Graisse...................................	1,1
Hydrates de carbone divers................	39,5
Cellulose.................................	15,7

Enfin on trouve dans 100 kilogrammes de foin séché à l'air les principes fertilisants suivants :

Azote.....................................	1,5
Acide phosphorique........................	0,6
Potasse...................................	2,0
Chaux.....................................	0,4

Fromental (*Arrenatherum elatius*) (fig. 7). — C'est une des plus hautes parmi les graminées de prairies. Son gazonnement étant peu serré, on ne la sème jamais seule, mais en mélange avec les autres graminées, qui comblent les vides laissés par elle. Elle ne doit pas entrer dans les mélanges pour plus de 10 à 15 p. 100. Elle convient particulièrement dans les sols calcaires, et sa résistance à la sécheresse la rend précieuse.

Sa graine est souvent mélangée de brome et d'ivraie enivrante. Quand elle

Fig. 7. — Fromental.

est de bonne qualité marchande, sa pureté est de 70 p. 100,

et sa faculté germinative également de 70 p. 100. Elle se peut semer seule à raison de 80 kilogrammes par hectare. Le poids de l'hectolitre est de 12 kilogrammes environ. Dans les mélanges pour prairies, on va jusqu'à 8 kilogrammes par hectare. Il faut l'enterrer profondément : 2 à 3 centimètres en terres fraîches et de 3 à 4 centimètres en sols secs. En culture pure, son rendement en foin sec peut s'élever en bon sol à 150 quintaux par hectare ; elle donne alors trois coupes.

Voici la composition du foin fromental :

Eau	44,0
Protéine brute	11,2
Graisse brute	2,3
Matières non azotées diverses	32,5
Cellulose brute	30,1

On y trouve comme substances nutritives digestibles :

Albuminoïdes	3,4
Amides	2,2
Hydrates de carbone	17,5
Cellulose	16,0

Enfin, 100 kilogrammes de foin prélèvent les quantités ci-après de principes fertilisants :

Azote	1,8
Acide phosphorique	0,5
Potasse	?
Chaux	0,38

Ce fourrage a l'inconvénient d'être amer, de sorte que, surtout à l'état vert, le bétail ne le mange pas volontiers s'il est pur. En mélange avec le trèfle ou d'autres graminées, il est bien appété. Il est plus avantageux à l'état de foin ; sa dessiccation est facile et sa conservation est bonne.

Avoine jaunâtre (*Avena flavescens*) (fig. 8). — Plante avantageuse dans les prairies temporaires ou permanentes, car elle fournit un fourrage de bonne qualité, bien accepté par le bétail. Non seulement la première coupe est abondante, mais aussi le regain. Elle est de longue durée, réussit dans presque tous les sols, à moins qu'ils ne soient ou trop légers ou trop compacts ; elle ne craint que l'humidité excessive avec la trop grande sécheresse. Les terrains qui lui conviennent le mieux sont frais, profonds et riches en humus, tels les marnes, les limons, les argiles moyennes, les sables limoneux.

Elle talle fortement en touffes peu compactes ; elle produit beaucoup de tiges hautes et feuillues. Sa précocité est moyenne ; elle fleurit vers le 15 juin. Elle repousse bien pour la seconde coupe, qui est abondante et garnie de tiges.

Fig. 8. — Avoine jaunâtre.

Cent kilogrammes d'herbe verte donnant 33 kilogrammes de foin sec. Le rendement en foin, d'après Vianne, peut s'élever à 57 quintaux.

Le foin de première coupe renferme :

Eau.. 14,0
Albuminoïdes............................... 4,6
Amides..................................... 1,2
Hydrates de carbone divers................. 48,0
Cellulose brute............................ 21,7
Cendres.................................... 9,3

On y trouve les quantités suivantes de principes fertilisants :

Azote. 1,0
Acide phosphorique. 0,42
Potasse. 1,64
Chaux. 0,36

Une bonne semence doit offrir une pureté de 40 p. 100 et une faculté germinative de 40 p. 100. Seule, elle se sème à raison de 33 kilogrammes par hectare : dans les mélanges, on en introduit de 3 à 4 kilogrammes.

Paturin des prés (*Poa pratensis*) (fig. 9). — « Le paturin des prés, dit Stebler, est une herbe fine et printanière qui convient parfaitement comme pâturage ou comme herbe basse pour les prés à faucher durables et permanents. » Ce serait la meilleure de ces herbes, si la deuxième pousse était plus forte. Vivace, il forme de beaux gazons assez compacts. Il supporte bien la sécheresse, et résiste au froid. Il réussit surtout bien dans les sols meubles, riches en terreau et chauds. Les sols compacts et lourds lui sont moins favorables. On peut aussi le cultiver dans les sols sablonneux, pourvu qu'ils renferment de l'humus et ne soient pas trop secs. On le trouve également dans les sols humides, qui ne sont pas trop compacts ni acides.

Fig. 9. — Paturin des prés (*Poa pratensis*).

Ce n'est que la deuxième et la troisième année qu'il entre en pleine production. Il pousse assez tôt au printemps et fleurit de la fin de mai à la mi-juin. La seconde coupe est peu productive. Vianne, en sol fertile, meuble et léger, a récolté 52 quintaux de foin par hectare en première coupe et 18 quintaux en regain. La récolte doit se faire à la floraison; plus tard, la plante durcit beaucoup. On estime que 100 kilogrammes d'herbe donnent 35 kilogrammes de foin.

Le foin de paturin des prés, récolté à la floraison, renferme :

    Eau.. 14,0
    Albuminoïdes.. 7,0
    Amides.. 1,5
    Graisse brute... 1,6
    Hydrates de carbone divers............................ 52,3
    Cellulose brute....................................... 15,1
    Cendres 8,5

On y trouve, par quintal métrique, les quantités ci-après de matières fertilisantes :

    Azote... 1,36
    Acide phosphorique.................................... 0,83
    Potasse... 1,50
    Chaux... 0,20

La graine de paturin des prés de bonne qualité doit avoir une pureté de 95 p. 100 et une faculté germinative de 50 p. 100. Dans ces conditions, on en sème 20 kilogrammes par hectare. Dans les mélanges pour prairies, on en fait entrer de 5 à 10 kilogrammes pour la même surface. Le chiffre maximum convient aux pâturages.

Paturin commun (*Poa trivialis*) (fig. 10). — Il se distingue du précédent en ce qu'il gazonne par stolons aériens, tandis que le premier est à stolons souterrains. Il donne aussi une herbe plus haute. Il ne réussit que dans les sols frais, compacts ou irrigués. Sa récolte atteint son maximum la seconde année.

Moins hâtif que le paturin des prés, il convient bien aux prairies de fauche. On le fait entrer dans les mélanges de graine pour 4 à 5 kilogrammes. La graine doit avoir 90 p. 100 de pureté et 50 p. 100 de faculté germinative.

On en répand par hectare, seul, environ 22 kilogrammes.

Fig. 10. — Paturin commun (*Poa trivialis*).

Ce paturin réussit surtout dans les climats humides et les sols frais et compacts. Il résiste à la sécheresse.

Il faut le faucher avant la floraison, qui se produit vers la mi-juin, car les tiges très serrées sont exposées à jaunir et à pourrir du pied. Vianne a obtenu de cette plante 60 quintaux de foin par hectare. 100 kilogrammes d'herbe verte donnent de 32 à 34 kilogrammes de foin sec. Celui-ci renferme :

Eau	14,5
Albuminoïdes	4,8
Amides	1,3
Graisse	2,2
Hydrates de carbone divers	58,8
Cellulose brute	29,9
Cendres	8,5

Comme matières fertilisantes, on trouve dans 100 kilogrammes de foin :

Azote	0,98
Acide phosphorique	1,30
Potasse	2,63
Chaux	0,72

Fig. 11. — Vulpin des prés.

Vulpin des prés (*Alopecurus pratensis*) (fig. 11). — Le vulpin des prés prospère dans les terres argilo-siliceuses et argileuses fraîches : il se développe abondamment dans le voisinage des rigoles d'arrosage. Il pousse bien à l'ombre et s'étend en émettant de courts stolons. Aussi ne saurait-il former en semis pur un gazon uni. C'est une plante haute, qui donne un fourrage excellent. Il est d'une grande précocité. Dès le commencement d'avril, il pousse déjà de longues feuilles ; vers le 15, on voit apparaître ses premiers épis, qui fleurissent en mai. A la seconde coupe, il fournit encore des tiges avec une quantité de feuilles, qui peuvent atteindre 40 centimètres de long. Le regain en est donc abondant. La première année de semis toutefois, le produit est peu important ; il est déjà bon la deuxième année et atteint son maximum dès la troisième. En semis pur, Vianne a obtenu en deux coupes 100 quintaux de foin.

Le foin de vulpin a la composition suivante :

	Foin.	Regain.
Eau...............................	14,0	14,0
Matière azotée..................	6,9	10,9
Graisse brute....................	1.5	3,8
Hydrates de carbone............	39,2	35,3
Cellulose brute..................	27,8	28,1
Cendres.........................	10,6	7,9

D'autre part, dans 100 kilogrammes de foin moyen de cette graminée, on trouve les quantités suivantes de principes fertilisants :

Azote...........................	1,66
Acide phosphorique.............	0,42
Potasse.........................	2,89
Chaux..........................	0,26

Ce fourrage a une saveur agréable, et le bétail le mange en vert comme en sec.

La semence du commerce doit présenter 90 p. 100 de pureté et 35 p. 100 de faculté germinative, soit 31,5 de valeur culturale.

On ne le sème jamais seul, mais dans les mélanges pour prairies naturelles ou prairies temporaires de longue durée. On en répand alors de 4 à 6 kilogrammes par hectare.

Ray-grass anglais ou ivraie vivace (*Lolium perenne*) (fig. 12). — L'ivraie vivace est une des plantes les plus précieuses des prairies, bien qu'elle donne une herbe un peu basse. Rien ne peut la remplacer dans les pâturages, surtout dans les climats humides, sur les sols argileux ou limoneux frais ou humides et riches en terreau. Elle réussit cependant encore dans les terres silico-argileuses, pourvu qu'elles soient fraîches et fertiles, de même que dans les sols marneux ou calcaires. On la cultive aussi dans les argiles les plus fortes, à la condition qu'elles soient drainées. Les irrigations lui conviennent, pourvu que l'eau ne reste pas stagnante.

Elle talle très bien et forme un gazon épais et serré qui ne se laisse pas envahir par les plantes adventices. Elle repousse très bien sous la dent du bétail et ne souffre pas d'être foulée

par les pieds des animaux. Elle est plus avantageuse pour
les pâturages que pour les prés de fauche. La première coupe
est plus productive, et le plus fort rendement est celui de

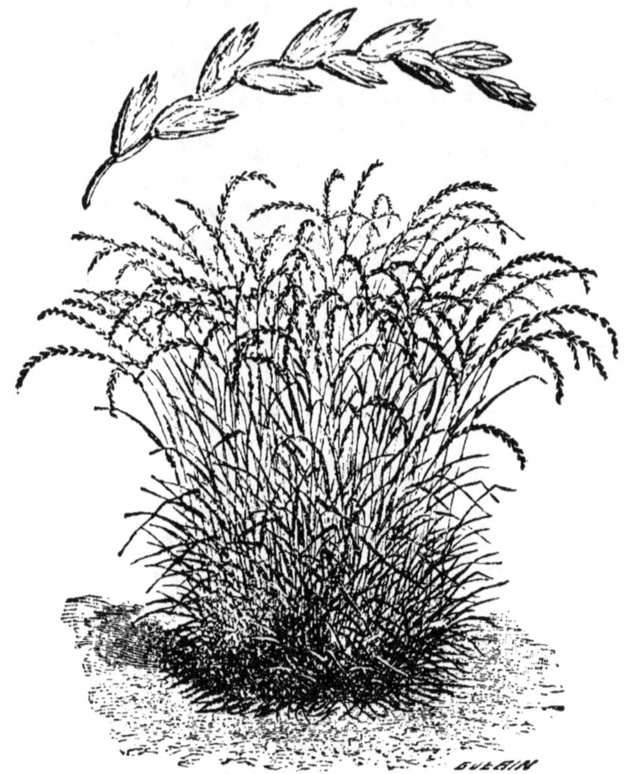

Fig. 12. — Ray-grass anglais.

l'année du semis. On peut en obtenir par hectare en moyenne
70 quintaux de foin et regain. Le foin d'ivraie vivace a la
composition suivante :

Eau... 14,0
Albuminoïdes..................................... 5,3
Amides... 1,9
Graisse brute.................................... 1,4
Hydrates de carbone.............................. 46,9
Cellulose brute.................................. 23,8
Cendres.. 6,7

On trouve en moyenne, dans 100 kilogrammes du même foin, les quantités suivantes d'éléments fertilisants :

    Azote....................................... 1,1
    Acide phosphorique.......................... 0,63
    Potasse..................................... 2,0
    Chaux....................................... 1,0

La fenaison doit être faite avant la fleur, car les tiges durcissent rapidement ensuite et perdent leurs qualités nutritives. La floraison se produit vers la mi-juin. Au printemps, il faut faire commencer le pâturage de bonne heure, car, aussitôt la pousse des chaumes, le bétail la broute moins volontiers.

Une bonne semence doit offrir une faculté germinative de 75 p. 100 et une pureté de 95 p. 100. On répand généralement 60 kilogrammes de semences à l'hectare. Dans les mélanges, on en introduit de 3 à 4 kilogrammes pour les prairies permanentes, de 6 à 7 kilogrammes dans les prairies temporaires, et jusqu'à 12 kilogrammes dans les mélanges fourragers avec le trèfle, destinés à la fauche. On la cultive également seule.

Ivraie ou ray-grass d'Italie (*Lolium italicum*) (fig. 12). — Cette ivraie est originaire de Lombardie et a été propagée en France par Mathieu de Dombasle. Elle occupe, parmi les graminées, le premier rang comme plante fauchable, car elle fournit les produits les plus abondants et repousse le plus rapidement. Mais sa durée est courte : elle ne dépasse pas deux ans.

Elle aime un sol chaud et frais, comme les marnes riches en humus, les bonnes terres fraîches, les sols calcaires fertiles et les limons frais. Elle réussit également dans les argiles amendées par le calcaire et l'humus, pourvu que le sol soit perméable. Les argiles compactes et trop humides ne lui conviennent pas plus que les sables maigres et secs.

Elle forme de grosses touffes isolées; elle se développe très vite après les semis et végète avec vigueur. Dans les prairies irriguées, elle peut en trois semaines donner une repousse haute de 40 à 50 centimètres. Son rendement peut être estimé à 92 quintaux de foin sec. Elle pousse de bonne heure au printemps et continue à végéter jusqu'à la fin de l'automne. Elle commence à fleurir dès le mois de mai, et, après la première coupe, elle donne de nouvelles pousses qui fleurissent jusqu'en automne. La première coupe est en général la plus forte, mais les suivantes ne lui sont que de peu inférieures. Il faut la faucher avant la floraison, car les chaumes durcissent vite, et le fourrage

Fig. 13. — Ray-grass d'Italie.

en devient moins savoureux et moins nutritif :

Son foin est plus estimé que celui de ray-grass anglais; on y retrouve :

    Eau 14,3
    Albuminoïdes 9 0
    Amides 2,2
    Graisse brute 3,2
    Hydrates de carbone 40,6

       Cellulose brute.......................... 22,9
       Cendres 7,8

Dans 100 kilogrammes de foin sec normal, on trouve les quantités ci-dessous de principes fertilisants :

       Azote.................................... 1,8
       Acide phosphorique....................... 0,4
       Potasse.................................. 0,75
       Chaux.................................... 0,6

Une bonne semence doit avoir une pureté de 95 p. 100 et une faculté germinative de 70 p. 100. Cette dernière diminue rapidement avec l'âge de la semence. L'hectolitre pèse en moyenne 20 kilogrammes. En semis pur, on en répand 55 kilogrammes par hectare. Pour faire des prairies temporaires de deux ans de durée, on la mélange avec le trèfle violet ; dans celles qui doivent durer plus de deux ans, il ne faut pas la faire entrer pour plus de 5 à 10 kilogrammes par hectare. On la cultive également seule.

Brome des prés (*Bromus pratensis*) (fig. 14). — Le brome des prés est une plante de valeur médiocre donnant un foin grossier et dur. Cependant, quand il est fauché de bonne heure, les animaux le mangent bien.

Il est insensible au froid, résiste bien aux chaleurs les plus vives, mais ne supporte ni l'ombre ni l'humidité.

Il réussit bien dans les terres calcaires, mais n'aime pas les terres trop meubles ou sablonneuses.

Ses touffes ne constituent pas un gazon continu. La première année du semis, il ne donne qu'un petit nombre de tiges, et il n'atteint son complet développement que la deuxième année. Bien exposé, il pousse de bonne heure au printemps et fleurit à la fin de mai ou au commencement de juin. Mais il faut le faucher avant la floraison, car il devient vite dur et perd ses qualités nutritives. En seconde coupe, il ne donne que des feuilles.

Le foin de brome des prés a la composition immédiate suivante :

       Eau...................................... 14,0
       Albuminoïdes............................. 6,5
       Amides................................... 2,4
       Graisse brute............................ 2,2

Hydrates de carbone...................... 37,1
Cellulose brute.......................... 32,1
Cendres.................................. 5,6

En matières fertilisantes, 100 kilogr. de foin renferment :

Azote...................................... 1,42
Acide phosphorique......................... 0,51
Potasse.................................... 1,45
Chaux...................................... 0,45

Sa semence a une pureté moyenne de 80 p. 100 et une faculté germinative de 64 p. 100. L'hectolitre pèse de 18 à 19 kilogrammes. Pur, on le sème à 60 kilogrammes par hectare. Il ne faut le faire entrer dans les semis des prairies qu'en petite quantité dans les mauvais sols, où il rend de véritables services.

Agrostide traçante (*Agrostis stolonifera vel alba*) (fig. 15). — Cette graminée, appelée aussi « fiorin »,

Fig. 14. — Brome des prés.

est excellente pour les pâturages établis en terres légères humides et même mouillées. Elle est vivace et fournit un bon fourrage de la fin de l'été à la fin de l'automne. Elle préfère les climats humides, marins, lacustres ou de montagne, où il y a beaucoup de brouillard ou de rosée; dans les sols secs et les climats secs, ses tiges deviennent dures et peu feuillues. Elle ne craint pas le froid. En dehors des sols légers et humides, elle végète aussi très bien dans les terres tourbeuses.

Elle pousse de longs stolons superficiels qui s'enracinent aux nœuds et développent des tiges très feuillues si la plante est dans un bon habitat. Le piétinement du bétail lui est favorable sous ce rapport.

Elle ne commence à végéter que tard au printemps et fleurit au plus tôt à la fin de juin. A l'époque de la fenaison, elle est encore peu développée et ne donne son plus grand produit qu'à la seconde coupe; aussi n'est-elle pas à recommander dans les prairies de fauche. Coupée à la fleur,

Fig. 15. — Agrostide trançante.

elle peut donner 95 quintaux de foin avec un regain d'un tiers environ, dans de bonnes conditions. Voici la composition de ce foin :

Eau	15,0
Albuminoïdes	5,3
Amides	0,8
Graisse brute	1,7
Hydrates de carbone	49,5
Cellulose brute	20,5
Cendres	7,2

Mille kilogrammes de foin prennent au sol 10 kilogrammes d'azote et 3 kilogrammes d'acide phosphorique.

Une bonne graine doit avoir 85 p. 100 de pureté et 85 p. 100 de faculté germinative. Le poids de l'hectolitre de graines bien nettoyées peut atteindre 40 kilogrammes, mais il tombe parfois à 10 kilogrammes. Il faut 11 kilogrammes de graines par hectare en semis pur. Dans les mélanges pour prairies permanentes et pâtures, on n'en fait pas entrer plus de 1 kg. à 1^{kg},5.

Crételle des prés (*Cynosurus cristatus*). — La crételle est une des bonnes graminées fourragères, moins par son rendement que par sa qualité. Mélangée avec des espèces hautes, elle constitue un fond excellent, qui augmente sensiblement le produit. Mélangée au ray-grass, au paturin et au trèfle, elle forme d'excellents pâturages. Elle se développe le mieux dans les climats humides et dans les contrées montagneuses. Mais en bon sol elle résiste bien à la sécheresse, parce qu'elle s'enracine profondément. Elle réussit également à l'ombre.

Les sols qui lui conviennent sont très nombreux. Les terrains limoneux riches en humus lui sont le plus favorables; mais il n'y a guère que les sols acides ou sablonneux qui lui soient décidément mauvais, de même que les terres trop mouillées. Elle ne pousse qu'un petit nombre de chaumes hauts de

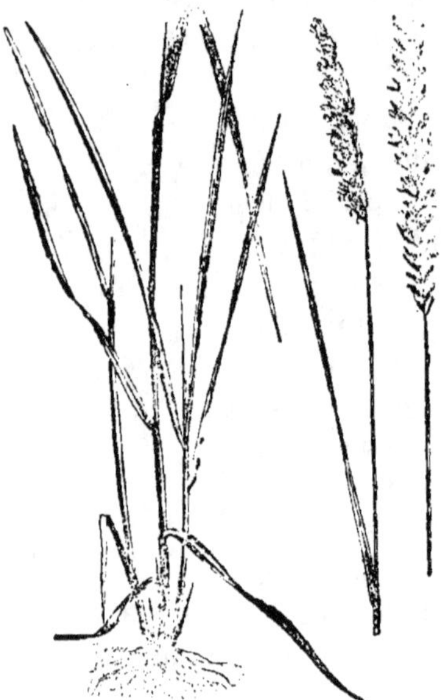

Fig. 16. — Crételle des prés.

30 à 60 centimètres, mais fournit d'abondantes feuilles radiales qui forment un gazon touffu. Le chaume devient rapidement dur. Cette graminée n'atteint son complet développement que la deuxième ou troisième année après la semaille. Elle fleurit du milieu à la fin de juin ; au printemps, ses feuilles se développent aussitôt que celles des autres graminées, mais les tiges s'élèvent plus tard, de sorte qu'on ne les remarque pas dans la première coupe. Il faut faire pâturer les crételles de bonne heure, car les tiges, durcissant vite, sont alors délaissées par le bétail. On estime que 100 kilogrammes d'herbe donnent 34 kilogrammes de foin. Le produit en foin peut atteindre 30 quintaux par hectare. Le foin de crételle a la composition suivante à la floraison :

Eau... 14,0
Albuminoïdes................................. 4,9
Amides.. 0,6
Graisse brute................................. 1,4
Hydrates de carbone.......................... 45,7
Cellulose brute............................... 24,6
Cendres....................................... 8,8

Mille kilogrammes de foin enlèvent au sol les quantités suivantes de principes fertilisants :

Azote... 10,5
Acide phosphorique........................... 4,5
Potasse....................................... 17,0
Chaux... 5,6

La bonne graine a une pureté de 90 p. 100 et une faculté germinative de 60 p. 100. L'hectolitre pèse en moyenne de 32 à 34 kilogrammes. On sème en culture isolée 28 kilogrammes par hectare. Mais on ne la sème ainsi seule que pour récolter la graine. On ne l'utilise que comme herbe basse dans les prairies permanentes à faucher ou à pâturer.

Flouve odorante (*Anthoxanthum odoratum*) (fig. 17). — La flouve est une graminée peu productive, de saveur amère, mangée assez difficilement par les animaux. Elle communique au foin son arome spécial, dû à la coumarine qu'elle contient.

Elle forme des touffes serrées, qui donnent beaucoup de tiges. Elle se développe rapidement et donne la première année un bon rendement relatif. C'est la plus précoce des graminées. A bonne exposition, elle donne ses tiges en mars, fleurit en avril et mûrit en mai ; ce qui fait qu'à la fenaison elle est déjà desséchée et a perdu de sa valeur nutritive. Son produit ne dépasse guère de 25 à 30 quintaux de foin.

Fig. 17. — Flouve odorante.

Celui-ci est de valeur médiocre; on y trouve :

Eau... 14,0
Albuminoïdes................................. 5,8

    Amides.................................   1,0
    Graisse brute..........................   1,8
    Hydrates de carbone....................   42,9
    Cellulose brute...   29,4
    Cendres................................   5,1

En éléments fertilisants, 1 000 kilogrammes de foin contiennent :

    Azote..................................   10,9
    Acide phosphorique.....................   4,8
    Potasse................................   21,2
    Chaux..................................   3,8

La graine est très chère, et il ne convient pas de faire les frais de son achat pour l'introduire dans les prairies. Il y en a toujours assez.

Houlque laineuse (*Holcus lanatus*) (fig. 18). — Cette graminée est vivace et de longue durée, mais le fourrage qu'elle donne est médiocre. Sainclair lui fait ce reproche que « la quantité de poils fins qui recouvrent toute la surface de cette graminée en font un foin mol et cotonneux, qui n'est mangé volontiers ni des chevaux, ni des bêtes à cornes ». Mais, à l'état vert, d'après Hansen, elle est succulente et très bien acceptée des vaches et des moutons.

Elle est souvent éprouvée par le froid de l'hiver, sans toutefois périr sous l'action des fortes gelées. Elle se développe bien sur les défrichements de bois et en général sur tous les sols meubles et riches en humus; elle est à recommander dans les sols tourbeux et dans les sols sablonneux, où ne réussissent pas les plantes meilleures.

Cette graminée gazonne en touffes hautes et serrées, qui en rendent le fauchage assez difficile. Les tiges sont nombreuses et élevées. C'est une herbe à pousse précoce, qui commence à produire ses feuilles en mars et fleurit en mai. Il faut la faucher avant la floraison, car autrement elle perd beaucoup de sa valeur nutritive.

Quand on la coupe à la floraison, son rendement en culture pure peut s'élever, d'après Sainclair, à 49 quintaux de foin par hectare. Celui-ci renferme pour 100 :

Matières azotées brutes	9,0
Graisse brute	2,4
Hydrates de carbone	31,6
Cellulose brute	36,5

Nous ne connaissons pas d'expériences sur sa digestibilité.

Le revête-ment de poils de cette plante fait que le foin est mal accepté par le bétail ; il convient de le saler, car l'hygroscopicité du sel ramollit ces poils et favorise ainsi sa consommation par les animaux.

La pureté moyenne de la semence est de 68 p. 100 et la faculté germinative de 34 p. 100. Le poids de l'hectolitre est voisin de 8 à 9 kilogrammes. On en répand 25 à 30 kilo-

Fig. 18. — Houlque laineuse.

grammes par hectare en culture pure. On ne doit en mettre dans les mélanges pour prairies que dans les sols tour-

beux ou sablonneux : la proportion ne doit pas dépasser
3) p. 100.

LÉGUMINEUSES

Les légumineuses qu'il convient de faire entrer dans la composition des prairies permanentes ou des pâturages sont principalement le trèfle blanc, le trèfle commun, le trèfle hybride, la luzerne, la minette, le sainfoin et l'anthyllide vulnéraire. Nous n'entrerons pas ici dans beaucoup de détails à leur sujet et ne donnerons pas la composition de leur foin, car nous leur devons consacrer plus loin un article spécial, auquel le lecteur est prié de se reporter pour plus ample informé.

Trèfle blanc (*Trifolium repens*). — C'est la légumineuse qui souvent domine dans les meilleurs herbages. Comme elle échappe facilement à la faulx, on ne la fait entrer que dans les pâturages ou dans les prairies qui sont pâturées à l'automne. Dans le premier cas, on en sème de 3 à 4 kilogrammes par hectare, et seulement 1 à 2 kilogrammes dans le second.

Elle prospère surtout dans les terres argilo-calcaires. On la trouve dans les pâturages secs de montagne aussi bien que dans les embouches grasses des vallées et dans les prés irrigués. Elle se développe mal dans les sols non calcaires ou trop humides. Son fourrage est plus fin et meilleur que celui du trèfle commun. C'est une plante demi-précoce.

Trèfle commun (*Trifolium pratense*). — On le rencontre fréquemment, mais en petite quantité; dans tous les bons prés et les bons herbages, surtout dans les sols riches, frais et profonds, à la condition qu'ils soient un peu calcaires. Il végète péniblement à l'ombre ; on ne doit donc pas le semer dans les vergers et dans les prairies plantées de pommiers. Il a l'inconvénient de perdre facilement ses feuilles, qui en constituent la partie la plus nutritive, au fanage, et de noircir sous l'action des pluies. Quoi qu'il en soit, son fourrage est très apprécié. Dans les prairies, on en sème rarement plus de 1 à 3 kilogrammes, et il convient de rechercher les variétés très vivaces, d'origine septentrionale de préférence.

Trèfle hybride (*Trifolium hybridum*). — Son fourrage est supérieur à celui que donne le trèfle commun. Il est de toutes les légumineuses celle qui convient le mieux dans les prairies plantées d'arbres et les vergers. Il se développe abondamment dans les sols froids, compacts, argilo-siliceux. On en sème de 1 à 2 kilogrammes par hectare en mélange.

Minette (*Medicago lupulina*). — La minette se développe

Fig. 19. — Lotier corniculé.

abondamment dans les terres calcaires, mais on la rencontre presque partout, car, en réalité, elle est très peu exigeante relativement à la constitution minérale du sol. C'est une des raisons de la faveur dont elle jouit pour la création des pâturages et des prairies temporaires. Plante précoce, elle repousse facilement sous la dent du bétail. Le foin qu'elle fournit est fin, mais peu abondant. On la fait entrer dans les mélanges pour 1^{kg},5 à 2^{kg},5.

Luzerne (*Medicago sativa*). — Cette papillonacée est rare dans les prairies naturelles; elle est d'ailleurs exigeante et supporte mal le voisinage des graminées. Il vaut mieux la réserver pour la culture isolée.

Sainfoin (*Hedysarum onobrychis*). — On le trouve dans les prés calcaires. Il lui faut un sous-sol très perméable pour enfoncer ses racines. Il est peu exigeant pour la fertilité. Mais il convient mieux à la culture isolée ou aux prairies temporaires qu'aux prés ou herbages permanents.

Anthyllide vulnéraire (Anthyllis vuineraria). — Cette plante convient dans les montagnes ou dans les sols siliceux ou calcaires. Elle est très rustique et productive, mais serait mal à sa place dans les sols riches.

Lotier corniculé (Lotus corniculatus) (fig. 19). — Sa semence est trop chère pour qu'on le fasse entrer dans les mélanges à semer pour la création des prairies. Il ne se maintient du reste que dans les sols frais.

Pimprenelle (Poterium sanguisorba) (fig. 20). — Cette plante peut entrer en petite quantité dans les mélanges destinés aux terrains légers, surtout siliceux et secs.

Fig. 20. — Pimprenelle.

Composition et valeur alimentaire.

Les herbes de prairies forment *l'aliment naturel* des animaux herbivores à l'état de liberté (1). Nos animaux domestiques les consomment à divers états de croissance et de dessiccation, en vert au pâturage et à l'étable, et en sec sous forme de foin et de regain.

Sous ces trois états, les herbes de prairies ont une valeur alimentaire un peu différente. Plus elles sont jeunes, tendres et succulentes, au moment de leur consommation, plus, à égalité de matière sèche, elles sont riches en albuminoïdes; plus aussi la digestibilité des principes immédiats qui les constituent est élevée, plus, par conséquent, elles sont nourrissantes. Le

______

(1) Voy. Gouin, Les aliments du bétail, 1 vol. et Alimentation rationnelle des animaux domestiques, 1 vo. (*Encyclopédie Agricole*).

tableau suivant fait ressortir l'importance des variations de composition de l'herbe de prairie avec l'âge auquel elle a été récoltée :

	Herbes de prairies.		
	Jeunes.	Avant floraison.	Après floraison.
Eau......................	78,35	75,0	69,0
Matières azotées..........	5,24	3,0	2,5
— grasses..........	0,96	0,8	0,7
Hydrates de carbone.....	9,66	12,0	14,3
Cellulose brute..........	3,72	7,0	11,5
Cendres................	2,07	2,1	2,0

On en déduit que la nourriture prise par les animaux dans les prés pâturés est beaucoup plus riche que celle qu'ils consomment quand on leur fait manger le foin produit par la même prairie. La nourriture au pâturage renferme beaucoup plus de matière azotée ou formatrice des tissus que la nourriture au foin. Aussi l'estimation des pâtures d'après la quantité de foin sec qu'elles peuvent donner par le fauchage est-elle inférieure à la réalité, d'autant plus que, comme on l'a démontré à Hohenheim, non seulement le fourrage produit est plus riche, mais encore parce qu'il est plus abondant. En effet, un gazon coupé une seule fois, le 12 juin, a donné 2 662 kilogrammes de matière sèche, tandis que la parcelle voisine, qui avait été coupée deux fois à la même époque, en a fourni 3 274 kilogrammes. La matière sèche du premier lot dosait 16,3 p. 100 de matière azotée, et celle de la deuxième parcelle, 20,4.

Le foin proprement dit, qui a été pris pendant longtemps comme étalon de la valeur alimentaire des fourrages, a aussi, on le comprend facilement, une composition immédiate très variable, selon la flore de la prairie dont il provient, selon l'époque de la récolte et les soins qui y ont présidé. Nous empruntons à MM. Müntz et Girard le tableau suivant, qui donne une idée de la composition des foins des diverses régions de la France et de la Suisse :

Composition centésimale (matière brute).

	EAU.	CENDRES.	PROTÉINE.	GRAISSE.	GLUCOSE.	CELLULOSE BRUTE.	AMIDON ET CELLULOSE saccharifiables.	INDÉTERMINÉES.	CHLORE exprimé en chlorure de sodium.
Foin de la Bourgogne	15,45	8,85	7,27	1,85	2,39	16,65	19,09	28,45	0,97
— de la Haute-Vienne	15,40	6,59	7,11	2,41	1,48	15,77	16,50	34,74	1,005
— de l'Yonne	13,85	6,19	6,81	2,22	1,71	18,02	18,31	32,89	0,265
— de la Nièvre	16,00	7,16	8,28	2,24	1,32	16,84	15,05	33,11	0,395
— de l'Aube	16,64	6,26	6,77	1,86	1,88	18,25	19,08	29,26	0,229
— de Seine-et-Marne (avarié)	15,60	7,27	8,80	1,07	traces	20,01	15,81	31,44	0,269
— de la Meuse	14,19	6,69	6,62	1,85	1,87	20,49	18,53	29,86	0,079
— du Doubs	14,76	7,16	7,36	2,06	2,96	17,33	16,72	31,65	0,453
— de Seine-et-Marne (moyen)	16,12	5,99	6,57	1,41	2,00	20,21	19,58	28,10	0,372
— de la Suisse	12,26	6,27	7,22	2,28	1,79	19,62	12,99	37,57	0,079
— du Doubs	14,65	7,01	8,24	2,22	0,89	18,82	11,85	36,32	0,249
— de la Suisse	15,15	5,43	6,70	1,92	2,16	19,61	13,61	35,42	0,176
Moyennes	15,00	6,74	7,31	1,95	1,70	18,47	16,43	32,39	0,376

La teneur des foins de pré en matières protéiques ou azotées varie de 6,75 à 8,80 ; celle des hydrates de carbone varie de 49,0 à 52,9 ; le taux de la cellulose brute oscille entre 15,8 et 20,5.

Les écarts seraient, d'après Wolff, beaucoup plus considérables suivant la qualité du produit. Le tableau suivant en fait foi :

FOIN.	MATIÈRES azotées.	CELLULOSE brute.	GRAISSE brute.	HYDRATES de carbone.
Médiocre...............	10,8	34,1	2,3	46 5
Moyen.................	11,4	30,7	2,7	48,5
Très bon...............	13,8	25,7	2,6	49,8
Excellent..............	16,1	23,0	3,1	48,6

Si, dans ces analyses, le taux de la cellulose brute est beaucoup plus élevé que dans les précédentes, c'est que les méthodes d'analyse sont différentes : ici la cellulose brute renferme la plus grande partie des pentosanes, ou cellulose saccharifiable de Müntz.

On remarque, d'après ces données, qu'en général un haut dosage en matière azotée a pour contre-partie une faible teneur en cellulose brute et est en conséquence une indication très importante de la valeur nutritive du foin.

La digestibilité du foin de pré a été étudiée avec soin par MM. Müntz et Girard, sur les chevaux. Nous résumons ci-contre les résultats qu'ils ont obtenus :

COEFFICIENTS de DIGESTIBILITÉ.	PROTÉINE.	GRAISSE.	GLUCOSE.	PENTOSANES.	HYDRATES de carbone.	CELLULOSE.
1º Foin de Seine-et-Marne.						
Cheval nº 1.........	72,45	48,72	100,0	80,62	71,32	77,80
— nº 2.........	66,07	35,81	100,0	77,64	65,09	72,72
— nº 3.........	68,41	39,26	100,0	78,25	70,64	71,69
Moyennes........	68,97	41,26	100,0	78,83	69,01	74,07
2º Foin de Bourgogne.						
Cheval nº 1.........	66,12	45,91	100,0	78,27	70,09	70,58
— nº 2.........	65,19	35,59	100,0	74,58	65,19	66,14
— nº 3.........	65,76	39,12	100,0	78,45	72,39	70,83
Moyennes........	65,69	40,20	100.0	77,10	69,22	69,18
3• Foin de la Haute-Vienne.						
Cheval nº 1.........	73,19	89,57	100,0	80,24	64,14	70,72
— nº 2.........	71,80	72,88	100,0	77,71	64,53	69,93
— nº 3.........	74,14	70,72	100,0	79,54	71,34	73,42
Moyennes........	73,04	71,05	100,0	79,16	66,66	71,3 6

Comme la composition, la digestibilité du foin varie selon son origine ; elle varie aussi d'après l'aptitude individuelle des animaux soumis à l'expérience.

Il ne faut donc considérer que comme des indications générales les coefficients de digestibilité moyens consignés ci-après :

Matière azotée............................ 69,2
Graisse brute............................ 50,8
Glucose............................... 100,0
Pentosanes (cellulose saccharifiable)....... 78,3
Hydrates de carbone divers.............. 68,3
Cellulose brute.......................... 71,5

D'après ce qui précède, nous pouvons considérer que

100 kilogrammes de foin de pré ordinaire contiennent les quantités suivantes de principes nutritifs digestibles :

Matières azotées	5,0
Graisse	1,0
Glucose	1,7
Pentosanes (celluloses saccharifiables)	12,9
Matières non azotées diverses	22,5
Cellulose	13,2
Total des éléments nutritifs	56,3

Comme dans la digestion de la cellulose, sous l'action des bactéries, il y en a environ moitié qui est transformée en gaz des marais et autres inutilisables par l'organisme ; *il ne faut compter par kilogramme de foin que sur* 500 *grammes d'éléments nutritifs totaux.*

Le foin de deuxième coupe est surtout constitué par les feuilles des plantes qui forment le gazon de la prairie. On n'y rencontre que peu de tiges. Le regain est donc plus fin et plus nutritif que le foin proprement dit. S'il n'est pas toujours aussi estimé que ce dernier, c'est qu'il est assez fréquemment rentré dans des conditions peu favorables. Bien récolté, il dose en général 15 p. 100 d'eau.

M. Joulie a analysé comparativement le foin de première coupe et le regain de deux prairies ; en ramenant les résultats à des fourrages renfermant 15 p. 100 d'eau, on arrive au tableau suivant :

	LIMOGES 1883.		SAINT-AMAND 1885.	
	FOIN.	REGAIN.	FOIN.	REGAIN.
Albuminoïdes	6,27	8,66	5,07	10,37
Amides	4,41	3,99	1,89	2,65
Substances azotées tot	10,68	12,65	6,96	13,02
Graisse brute	2,62	3,36	1,94	3,78
Hydrates de carbone	40,87	41,23	44,51	44,40
Cellulose brute	25,44	19,70	25,07	15,55
Cendres	8,39	8,06	6,52	8,25

La digestibilité du regain est au moins égale à celle du meilleur foin. Mais, à cause de l'époque tardive de sa récolte, il est plus porté que ce dernier à être déprécié par les intempéries. Lorsqu'il a été lessivé après la coupe par des pluies abondantes, il a pu perdre facilement 20 p. 100 de ses principes nutritifs solubles. Il est de plus moins facile à sécher; il se recouvre souvent de moisissures, ce qui fait que les animaux le refusent ou que leur santé en souffre. Mais, lorsque le fanage s'est opéré dans de bonnes conditions de température, le regain est en réalité un fourrage excellent.

Nous verrons plus loin que la composition chimique du foin peut être très influencée par la fumure donnée aux prairies.

Exigences et fumure des prairies et des pâturages.

« Avec une bonne organisation des prairies, disons-nous dans notre ouvrage consacré aux engrais, en ne négligeant ni les irrigations partout où l'eau est disponible, ni dans tous les cas les engrais, on ne doit pas exiger moins de 50 à 70 quintaux de rendement. Pour l'estimation des apports d'engrais à faire, c'est sur le rendement le plus élevé qu'on puisse raisonnablement atteindre qu'il faut se baser. Nous nous arrêterons donc à une production de foin sec de 70 quintaux à l'hectare.

« Dans le quintal de foin moyen récolté, renfermant encore 15 p. 100 d'eau, on trouve :

	kil.
Azote	1,86
Acide phosphorique	0,50
Potasse	2,21
Chaux	1,24

« La récolte de foin enlève donc annuellement à la prairie :

Azote	130 kilogrammes.
Acide phosphorique	35 —
Potasse	155 —
Chaux	87 —

« Ce sont là des estimations inférieures à la réalité, car il faut y ajouter les éléments qui font partie des déchets tombés sur le sol pendant la fenaison, des chaumes et des racines. Ces quantités-ci restent évidemment dans le sol et, par leur décomposition, peuvent servir dans l'avenir à l'alimentation de la prairie. L'inconvénient qu'il y a à les négliger est beaucoup moindre que lorsqu'il s'agit d'une culture annuelle ou de peu de durée.

« La production d'une abondante récolte de foin de pré exige donc à peu près autant d'azote, de potasse et de chaux qu'une belle récolte de blé ; il lui faut, par contre, moitié moins d'acide phosphorique.

« L'action des engrais sur les prairies est le plus souvent remarquable, comme cela ressort des belles études de Lawes et Gilbert. Ces éminents agronomes ont étudié à Rothamsted, d'une manière suivie, l'action des divers engrais sur les prairies permanentes. Ils ont non seulement recherché l'influence de la fumure sur le rendement, mais aussi celle qu'exerce la nature des principes fertilisants sur le développement des diverses espèces de plantes qui composent le gazon des prairies. Nous allons chercher à résumer ici leurs principales conclusions :

	Nature des engrais.	Rendement moyen de 18 ans. qx.
a.	Sans engrais.....................	27,46
b.	439 kil. de superphosphate............	29,19
c.	439 kil. de superphosphate et 448 kil. de sels ammoniacaux....................	44,09
d.	448 kil. de sels ammoniacaux..........	34,52
e.	336 kil. de sulfate de potasse.......... / 112 kil. de sulfate de soude.......... / 112 kil. de sulfate de magnésie.......... / 349 kil. de superphosphate..........	44,57
f.	Comme *e*, plus 448 kil. de sels ammoniacaux..	65,54
g.	Comme *e*, plus 616 kil. de nitrate..........	72,03
h.	616 kil. de nitrate seul..........	45,56
k.	Comme *e*, plus 308 kil. de nitrate..........	59,79
l.	308 kil. de nitrate seul..........	43,62
m.	35 000 kil. de fumier pendant sept ans...	53,52
n.	35 000 kil. de fumier et 224 kil. de sels ammoniacaux..........	61,28

« Du tableau précédent, nous tirons les enseignements suivants :

« 1° Les superphosphates employés seuls ne donnent qu'un faible excédent de récolte : $b - a = 1,73$;

« 2° Les sels ammoniacaux seuls donnent un accroissement notable : $7^{qx},06$ (a et d) ainsi que le nitrate de soude : 17 ,1 (a et h);

« 3° Le mélange de surperphosphate et de sels ammoniacaux donne une forte augmentation de produit sur le sol sans engrais, et même sur le sol avec sels ammoniacaux seuls. L'excédent de récolte sur le sol sans engrais est de 16 ,63 (a et c), soit de $9^{qx},58$ de plus que n'a donné l'ammoniaque seule (c et d);

« 4° Le mélange d'engrais minéraux seuls (e), renfermant de l'acide phosphorique, de la potasse, de la magnésie, sans azote, a donné un fort excédent : $17^{qx},11$;

« 5° Les excédents les plus considérables ont été obtenus avec l'engrais minéral (e) additionné d'azote soluble :

	Excédent.
	qx.
Engrais minéral et azote ammoniacal.,....	37,98
— — — nitrique.........	44,57

« 6° L'influence heureuse de la potasse sur le rendement ressort clairement de la comparaison des lots (c) et (f). L'excédent de la récolte de la parcelle qui a reçu de la potasse sur l'autre est de $20^{qx},35$;

« 7° Le fumier de ferme, appliqué d'une manière continue, porte le rendement à un niveau élevé, mais moins cependant que l'engrais de commerce complet. Mais il y a des modifications profondes apportées dans la nature de l'herbe de la prairie par la nature de l'engrais;

« 8° L'herbe de la parcelle sans engrais renferme :

Graminées.........................	74	p. 100.
Légumineuses....................	7	—
Diverses........................	19	—

« Les fétuques et les avoines prédominent. La récolte est

homogène, mais courte, peu fournie en tiges, verte et tardive pour l'époque du fauchage ;

« 9º L'engrais minéral mixte (*e*) n'augmente pas sensiblement le nombre des graminées ; il diminue leur rendement et celui des espèces accessoires, *mais il accroît le produit total à l'hectare et la proportion des légumineuses.* Aucune graminée ne prédomine. La tendance au développement de la tige et de la graine ainsi que la précocité sont beaucoup plus marquées que sur les parcelles sans engrais ;

« 10º *Les sels ammoniacaux seuls forcent la proportion et le nombre des graminées, à l'exclusion presque complète des légumineuses* et au détriment des autres plantes, dont quelques-unes cependant, comme le rumex, le cumin, l'achillée, prennent un grand développement. Les graminées conservent entre elles les mêmes rapports que dans les parcelles sans engrais, sauf que la fétuque et que l'agrostis dominent. Les feuilles du pied se développent, et la maturité est retardée ;

« 11º Le nitrate de soude seul exerce la même action que les sels ammoniacaux ; mais il favorise le vulpin des prés. L'herbe est plus pourvue en feuilles qu'en tiges ; elle est d'un vert foncé et peu mûre. Les légumineuses y sont peut-être un peu plus abondantes, et certaines espèces nuisibles, le plantain, la centaurée, l'achillée, la renoncule, le pissenlit, sont luxuriantes ;

« 12º La fumure avec les engrais minéraux additionnés d'engrais azotés assure le plus fort rendement, de même que la plus forte proportion de graminées pour un nombre restreint d'espèces. Les légumineuses et les autres plantes ont pour ainsi dire disparu. La récolte est luxuriante, riche en tiges et en feuilles, plus proche de la maturité qu'avec les engrais azotés seuls. Les plantes dominantes sont les plus volumineuses ; en première ligne, le dactyle pelotonné et le paturin commun ; en deuxième ligne, les avoines, l'agrostide, l'ivraie et la houlque laineuse. Parmi les graminées proscrites, il faut citer les fétuques, le fromental, le vulpin et le brome ;

« 13º Le fumier développe activement quelques plantes nuisibles, l'oseille, la renoncule, le cumin, etc., et sacrifie les légumineuses. Il favorise le paturin et le brome aux dépens des fétuques, des avoines, de l'agrostide, de l'ivraie et du fromental. La récolte volumineuse a une composition simple très fournie en feuilles et en tiges; elle laisse beaucoup à désirer comme finesse et homogénéité;

« 14° Les engrais azotés seuls, ou en mélange, quoique l'on tienne compte de l'action moins marquée du nitrate, excluent les légumineuses, tandis que l'engrais minéral, contenant de la potasse et de l'acide phosphorique, favorise beaucoup les plantes de cette famille;

« 15° Quels que soient les engrais employés, le nombre des espèces végétales est réduit, et le développement des plantes nuisibles, sauf quelques exceptions avec le fumier et les engrais azotés, est empêché;

« 16° La valeur nutritive des fourrages obtenus sur les diverses parcelles, sous l'influence des différents engrais, ressort du tableau suivant, qui indique le taux, pour cent de foin sec, de la protéine brute :

Sans engrais	8,82	p. 100.
Sels ammoniacaux seuls	10,39	—
Engrais minéral	8,82	—
— — et sels ammoniacaux.	10,77	—
Fumier et sels ammoniacaux	8,00	—
— seul	7,43	—

« 17° Si nous composons la valeur nutritive avec le rendement à l'hectare, nous avons les chiffres suivants qui donnent le produit à l'hectare en matière azotée nutritive :

Sans engrais	242	kilogrammes.
Sels ammoniacaux seuls	359	—
Engrais minéral	365	—
— — et sels ammoniacaux.	705	—
Fumiers et sels ammoniacaux	490	—
— seul	398	—

« C'est donc l'engrais complet (*f*) qui a donné à l'hectare la plus grande quantité de matière nutritive.

« M. Touchard, directeur de l'Ecole pratique d'agriculture de l'étré (Vendée), a publié en 1903 (1), une

(1) *Bulletin mensuel de l'Office de renseignements agricoles*, février 1903.

intéressante étude relative à l'action des engrais phosphatés
sur la valeur des foins de prairies, qui vient corroborer les
déductions précédentes et éclairer un autre point important
pour la bonne santé des animaux. L'ostéomalacie, dit-il, est
une maladie fréquente dans le marais vendéen, où le sol est
généralement pauvre en acide phosphorique. Les animaux de
l'espèce bovine sont le plus souvent atteints. Deux échantillons de foins récoltés en 1901 dans les prés de l'École pratique
d'agriculture de Sainte-Gemme-la-Plaine (Vendée) ne renfermaient, pour 1 000 de matière sèche, que 2,30 d'acide phosphorique pour le meilleur et 2,04 pour le plus pauvre. L'ostéomalacie étant à redouter dès que la proportion d'acide phosphorique dans la matière sèche ne dépasse pas 2,7 p. 1 000,
nous avons jugé prudent, pendant l'hiver de 1901-1902, d'a-
jouter des phosphates à la ration. des animaux. En même
temps, nous avons fait des essais pour voir dans quelles proportions les engrais phosphatés appliqués au sol modifie-
raient cette composition chimique du foin.

« Les essais ont été faits sur deux prairies dont le sol avait
la composition suivante (en grammes par kilogramme) :

	Prairie A.	Prairie B.
Chaux	31,10	6,80
Azote	3,04	2,75
Acide phosphorique	0,84	0,80
Potasse	7,80	11,29

« La prairie A était généralement fauchée ; la prairie B, ordinairement pâturée, n'a été fauchée en 1902 que par exception.

« Étant donnée la pauvreté du sol en acide phosphorique,
nous avons fait appliquer, au mois de décembre 1891, 1 000
kilogrammes de scories de déphosphoration, dosant 14,6 p. 100
d'acide phosphorique, par hectare.

« Avant la fauchaison, des échantillons furent prélevés, et
leur analyse botanique donna les résultats suivants :

Prairie A

Sans engrais :
Papillonacées 2/10, renfermant pour 10 :

 Trèfle rouge, trèfle fraise, trèfle blanc......... 7
 Gesses, lotier, lupuline..................... 3

Graminées 2/10, renfermant pour 10 :
    Crételle 2
    Avoine... 1
    Gaudinie 1
    Brome... 1
    Agrostis... 1
    Brize...
    Paturin.. 1
Familles diverses 6/10, renfermant pour 10 :
    Jonc, carex, luzule............................. 3
    Grande marguerite, cirse, centaurée, épervière,
        pissenlit.................................. 4
    OEnanthe, renoncule âcre, renoncule bulbeuse,
        plantain lancéolé, brunelle, lin, ophioglosse.. 3

Avec engrais :

Papillonacées 5/10, renfermant pour 10 :
    Trèfle rouge des prés......................... 4
    — blanc des prés........................... 1
    Lotier et luzernes............................ 4
    Gesse des prés............................... 1
Graminées 2/10, renfermant pour 10 :
    Crételle...................................... 2
    Avoine jaunâtre et élevée..................... 2
    Brome mou.................................... 2
    Brize... 2
    Paturin, gaudinie, agrostis................... 2
Familles diverses 3/10, renfermant pour 10 :
    Grande marguerite, centaurée, épervière, pis-
        senlit, cirse................................ 3
    Carex, joncs, ophioglose..................... 3
    OEnanthe..................................... 2
    Plantain, brunelle, lin, renoncules........... 2

Prairie B

Sans engrais :

Papillonacées 0,5/10 :
    Un peu de trèfle blanc.
Graminées 7,5/10, renfermant pour 10 :
    Ray-grass.................................... 1
    Gaudinie..................................... 4
    Crételle 3
    Vulpin, orge, faux seigle.................... 1
    Flouve, agrostis, brome mou................. 1
Familles diverses 2/10, renfermant pour 10 :
    Jonc, carex.................................. 4
    Cirse, brunelle, œnanthe, plantain, lancéolé, etc. 6

Avec engrais :

Papillonacées 5/10, renfermant pour 10 :

Trèfle blanc.. 7

— des prés..................................... 2

Gesse des prés.. 1

Graminées 4/10, renfermant pour 10 :

Crételle 4

Brome mou....................................... 2

Ray-grass.. 2

Paturin, gaudinie, vulpin...................... 2

Familles diverses 1/10, renfermant pour 10 :

Cirse, grande marguerite...................... 6

Carex, joncs................................... 4

« Les légumineuses se sont donc abondamment développées, tandis que la proportion des plantes de médiocre valeur a été très réduite.

« On ne rencontre guère que du trèfle blanc et un peu de trèfle des prés dans le pré B; cela est dû au régime antérieur.

« L'analyse chimique des quatre échantillons fut ensuite faite au laboratoire de la station; voici les chiffres obtenus pour la matière sèche :

	Prairie A.		Prairie B.	
	Sans engrais. p. 100.	Avec engrais phosphaté. p. 100.	Sans engrais. p. 100.	Avec engrais phosphaté. p. 100.
Matières grasses......	1,87	1,77	1,15	1,65
— azotées......	8,72	13,94	6,46	13,17
Cellulose brute........	25,58	24,41	29,92	26,68
Cendres...............	8,12	9,32	8,20	9,86
Matières amylacées (1).	55,71	50,56	54,27	48,64
Acide phosphorique...	0,30	0,527	0,297	0,494

« Les résultats obtenus sont bien identiques, dans les deux cas : le taux de l'acide phosphorique a presque doublé. Le foin obtenu dans les parcelles phosphatées est très riche en cet élément, et non seulement l'ostéomalacie n'est plus à craindre pour les animaux, mais ceux-ci trouvent à leur dispo-

(1) Il doit être question ici non de matières amylacées, mais d'hydrates de carbone divers.

. sition un excès d'acide phosphorique qui doit hâter leur croissance.

« Indépendamment de l'acide phosphorique que nous
visions surtout dans cette étude, nous voyons que la quantité
de matières azotées a augmenté dans de très fortes proportions, ce qui est normal, étant donné que les légumineuses sont
plus riches en azote que les graminées et autres plantes.

« Il est assez difficile de chiffrer le bénéfice qui est résulté
de l'emploi des scories, car, dans les parcelles sans engrais, le
foin était à peine marchand. Les scories ont non seulement
donné plus de qualité au fourrage, elles en ont heureusement
modifié le rendement. C'est ainsi que nous avons eu à l'hectare :

	Prairie A.	Prairie B.
Sans scories.., ...	4.020 kil.	3.075 kil.
Avec scories	7.300 —	5.070 —

Maintenant qu'il est bien établi que le cultivateur a dans
les engrais un moyen très efficace d'augmenter les rendements des prés et la quantité nutritive de l'herbe, passons aux
conclusions pratiques principales qui découlent de ce qui
précède, en faisant observer d'abord qu'aucun moyen d'accroître temporairement la production des prairies ne doit
faire omettre les ressources permanentes qu'offrent les amendements calcaires, le drainage et les irrigations. C'est le fumier de ferme qui assure la restitution la plus complète des
éléments enlevés au sol par la récolte de foin, disons-nous
dans *les Engrais*. Il est vrai que son action est plus lente que
celle des autres engrais, mais elle est de plus longue durée,
et finalement l'utilisation de l'azote est aussi considérable. De
plus, l'herbage est plus fourni en espèces, et le foin est supérieur en général dans les conditions de l'emploi économique
des engrais. On fumera par exemple tous les quatre ou cinq
ans avec du fumier de ferme, et dans les intervalles on emploiera un mélange d'engrais de commerce appropriés : nitrate
de soude et sulfate d'ammoniaque avec superphosphates.
La production sera ainsi très sensiblement augmentée, en
même temps que la qualité botanique de l'herbe sera sauve-

gardée. L'emploi des engrais phosphatés accroîtra la précocité.

En ce qui concerne les quantités de chaque matière fertilisante à employer, nous conseillons, dans les sols de bonne fertilité moyenne, 250 à 300 kilogrammes de nitrate de soude, 200 à 300 kilogrammes de scories de déphosphoration et 100 kilogrammes de chlorure de potassium par hectare. Si le sol est acide, il conviendra d'abord de le chauler à dose moyenne. Dans les prés riches en azote, comme c'est la règle générale, grâce au chaulage et aux scories de déphosphoration judicieusement appliqués, on pourra diminuer et même supprimer complètement le nitrate de soude : c'est principalement le cas des prairies tourbeuses. Dans celles-ci, la potasse fait presque toujours défaut, en même temps que l'acide phosphorique. On y répandra donc de 150 à 250 kilogrammes de chlorure de potassium et 500 à 600 kilogrammes de scories.

Pour ce qui est des herbages et des pâturages, les quantités de matières fertilisantes enlevées au sol et qui ne sont pas restituées par les déjections des animaux sont assez difficiles à évaluer.

Dans les herbages pâturés par les animaux adultes à l'engrais, il y aurait environ, d'après M. Joulie, 60 à 100 kilogrammes d'azote enlevés par hectare ; les autres matières minérales seraient intégralement restituées par les déjections. L'entretien de la fertilité du sol n'exigerait donc aucun apport d'engrais phosphaté ni potassique dans les sols de fertilité moyenne. Quant à l'azote, il serait largement rendu par suite de son absorption dans l'atmosphère par les légumineuses. Toutefois, pour assurer l'utilisation convenable du stock de cet élément, entretenu par ce mécanisme, il serait nécessaire de favoriser la nitrification par des chaulages et des hersages. Mais, si l'herbage pâturé est pauvre en acide phosphorique et en potasse, il conviendra d'y apporter ces principes fertilisants, en raison de leur déficit dans le sol, On répandra des scories et du chlorure de potassium pour améliorer à la fois la quantité et la qualité de l'herbe,

Dans les herbages pâturés par les vaches à lait, les prélèvements en azote ne sont pas inférieurs, mais les autres

Fig. 21. — Champ d'expériences du marais

1 000 k. Scorie Thomas.   1 000 k. Scories Thomas.
1 000 k. Kaïnite.

Saint-Jean, à Pierrepont en Laonnois (Aisne).

GAROLA. — *Prairies nat. et art.*   5.

principes minéraux ne sont pas restitués intégralement. L'herbage perd de l'acide phosphorique et de la potasse, mais en petite quantité, et il suffira d'y veiller dans les sols pauvres, par un apport modéré, comme dans le cas précédent, de scories et de sels de potasse.

Enfin, dans les herbages garnis d'animaux d'élevage, les pertes du sol en éléments fertilisants sont beaucoup plus élevées. Elles dépassent 100 kilogrammes pour l'azote, autant pour la potasse, et atteignent 25 à 30 kilogrammes pour l'acide phosphorique. On devra donc les traiter à peu près comme les prairies fauchées, et, dans ce cas, on sera sûr d'amener leur amélioration en même temps que celle du jeune bétail.

Création des prairies naturelles.

Préparation du sol. — Le sol doit être parfaitement ameubli et purgé de toute plante nuisible. Suivant l'état et la nature du terrain que l'on veut transformer en prairie, on opère d'une manière variable pour arriver au but poursuivi.

S'il s'agit de mettre en herbe une lande, un bois ou un marais, on commence par défricher et assainir le terrain. Puis, quand le sol a été déjà soumis pendant quelques années à la culture ordinaire et que, par les diverses façons culturales qu'il a reçues pendant ce temps, il a été bien ameubli et nettoyé, on y fera une récolte de racines fourragères sur une culture profonde, destinée à assurer l'ameublissement du sol sur une grande épaisseur et à le débarrasser entièrement de toute végétation nuisible. Après cette culture sarclée, le sol sera préparé comme pour semer un blé d'hiver ou de printemps, et on sèmera la prairie, suivant la nature du climat, à l'une ou l'autre saison.

Si l'on veut coucher en herbe un terrain déjà soumis depuis longtemps à la culture, on y cultivera, comme dans le cas précédent, une plante sarclée, avec labour de défoncement, puis on sèmera les graines de prairie dans une céréale.

Dans tous les cas, il faut donner à la surface du terrain une disposition convenable, Il est important de le niveler et d'en régulariser les pentes. On se sert dans ce but de la pelle à cheval ou ravale, pour enlever la terre des points culminants et la transporter dans les bas-fonds. Lorsque la prairie doit être irriguée, on doit faire à l'avance tous les travaux de terrassement nécessités par la méthode que la disposition du terrain commande. Le lecteur voudra bien se reporter, pour l'exécution de ces travaux, à l'ouvrage de MM. Risler et Wery sur les *Irrigations et drainage.*

Quand la prairie doit être destinée à la pâture, il faut y créer des abreuvoirs et la diviser en enclos.

La prairie, étant semée dans une céréale après racines, bénéficiera de tout le reliquat de l'abondante fumure de fumier de ferme complétée par des engrais de commerce qu'on aura appliquée à la culture de la récolte sarclée. Il sera bon, suivant la nature du sol, de lui appliquer une fumure en se basant, pour le choix et la quantité des matières fertilisantes, sur les indications que nous avons données précédemment. Il faut bien se souvenir que, si l'on veut obtenir une belle prairie, il est indispensable que le sol soit aussi riche que possible. Par une fumure abondante et de qualité appropriée, on favorisera hautement le développement des plantes utiles au détriment des plantes nuisibles.

On ne devra jamais négliger l'emploi des amendements calcaires et surtout de la chaux, dans les terres qui manquent de carbonate de chaux ou qui sont très riches en matières organiques; la bonne qualité des produits en dépend. Mieux le sol aura été fertilisé et amendé, plut tôt on obtiendra de la prairie le produit maximum.

Ensemencement. — Pour ensemencer un sol en prairie on se contente souvent d'y répandre des balayures de greniers. C'est là une pratique vicieuse et qu'on doit énergiquement proscrire, car, les foins étant fauchés en général à l'époque de la floraison des espèces les meilleures, les balayures de greniers ne contiennent que fort peu de graines mûres de celles-ci, mais, par contre, elles sont abondamment fournies de graines des plantes les plus précoces et des plantes nuisibles. De plus, rarement le mélange de graines qu'on emploie ainsi est formé dans les proportions les plus convenables des espèces qui conviennent le mieux au sol considéré.

Aussi est-il toujours préférable de semer des graines mélangées avec soin et dans la proportion reconnue la meilleure pour le but poursuivi. On a recours au commerce pour se procurer séparément les graines des espèces choisies. Nous ne saurions conseiller d'acheter des mélanges préparés d'avance, car l'expérience démontre qu'ils sont rarement avantageux.

Dans les mélanges de graines, il faut toujours faire entrer une quantité assez forte de légumineuses, car elles sont la base des meilleurs fourrages; elles ont une végétation plus prompte que les graminées, et on a ainsi plus tôt un fort rendement. En outre, les légumineuses améliorent la couche superficielle du sol par leurs débris et amènent en peu de temps la prairie à bon état de fertilité.

Nous avons réuni dans le tableau suivant les principales données nécessaires pour la formation des mélanges de graines à semer dans les prairies :

	PURETÉ.	FACULTÉ germinative.	VALEUR agricole.	QUANTITÉ DE SEMENCE	
				Culture isolée.	En mélange.
	p. 100.	p. 100.	p. 100.	kil.	kil.
Dactyle...............	75	70	52,5	40	6 à 8
Fétuque des prés....	95	75	71	60	9 à 12
Fléole..............	97	90	87	18	5 à 8
Fromental..........	70	70	49	80	8 à 12
Avoine jaunâtre......	40	40	16	33	3 à 4
Paturin des prés.....	95	50	47,5	20	5 à 10
— commun.....	90	50	45	22	4 à 5
Vulpin des prés.....	90	35	31,5	25	4 à 6
Ivraie vivace........	95	75	71	60	6 à 12
— d'Italie.......	95	70	71	55	5 à 10
Brome des prés.....	80	64	51,2	60	6 à 12
Agrostide traçante...	85	85	72,2	11	1 à 1,5
Crételle des prés.....	90	60	54	28	1 à 2
Houlque laineuse....	68	34	23	30	5 à 9
Trèfle blanc..........	96	75	72	12	0,6 à 1,2
— commun......	98	90	88	20	2 à 4
— hybride.......	97	75	73	14	1,4 à 2,1
Minette.............	97	85	82,5	21	1 à 2
Luzerne.............	98	90	88,2	29	1 à 3
Sainfoin.............	98	80	78	180	9 à 18
Anthyllide...........	95	90	85,5	20	1 à 2
Lotier...............	85	50	42,5	12,5	Mémoire.

Lorsqu'on a affaire à des graines présentant une valeur agricole quelconque, mais déterminée, on trouve la quantité de semence à répandre par hectare, en culture pure, par la formule suivante :

$$Q' = Q\,\frac{Vm}{V}$$

où Q' est la quantité cherchée, Q la quantité de semence inscrite dans le tableau et correspondant à la qualité moyenne, Vm la valeur agricole de la semence moyenne et V la valeur agricole de la semence considérée.

Pour compléter ces indications, nous donnons ci-après quelques types de mélanges de graines à employer dans différents terrains d'après les meilleurs auteurs.

Boitel indique, d'après M. Chamard, le mélange suivant pour les herbages du Nivernais, en sols d'alluvions riches, plus ou moins calcaires, et estime qu'il devrait convenir également pour les embouches de la Normandie et de la Flandre :

Paturin des prés,	10	kilogrammes.
Fléole	10	—
Ivraie.vivace	10	—
Fétuque des prés	10	—
Trèfle blanc	10	—

Pour les prairies à faucher, à établir sur les alluvions fraîches et fertiles des vallées, il recommande :

Paturin commun	10	kilogrammes.
Fléole	5	—
Ivraie vivace	10	—
Fromental	5	—
Dactyle	5	—
Fétuque des prés	5	—
Trèfle blanc	2	—
— commun	4	—
— hybride	3	—
Minette	2	—

Dans les prairies à faucher, établies en coteau ou en plateau, en sol riche mais moins frais que les précédents, il conseille :

Paturin commun...............	10 kilogrammes,	
Ivraie vivace.................	10	—
Fromental....................	10	—
Dactyle......................	10	—
Trèfle blanc.................	2	—
— commun...............	4	—
— hybride..............	2	—
Luzerne......................	2	—
Minette	2	—
Sainfoin.....................	10	—

Pour prairies à faucher, en coteau ou en plateau, sur sol calcaire profond et perméable, on peut semer :

Paturin commun...............	10 kilogrammes.	
Ivraie vivace.................	10	—
Fromental....................	5	—
Avoine jaunâtre..............	10	—
Dactyle......................	5	—
Trèfle blanc.................	2	—
— commun...............	4	—
Luzerne......................	2	—
Minette......................	4	—
Sainfoin.....................	20	—

Dans les sols calcaires pierreux, très perméables, d'une fertilité moyenne, on pourra employer:

Ivraie vivace.................	10 kilogrammes,	
Fromental....................	10	—
Avoine jaunâtre..............	10	—
Dactyle......................	5	—
Trèfle blanc.................	2	—
— commun...............	4	—
Minette......................	4	—
Sainfoin.....................	30	—
Anthyllide...................	4	—

Les trois mélanges suivants sont de M. Berthault et relatifs à des prairies à faucher :

Sol argilo-calcaire frais :

	kil.
Paturin des prés.......................	6,0
Vulpin des prés.......................	5,5

Ivraie vivace...................................... 13,5
—   d'Italie 10,2
Trèfle commun.................................... 4,0
—   blanc...................................... 1,25

Sol calcaire irrigué :

                                                           kil.
Paturin des prés..................................... 3,0
Fromental.. 8,0
Ivraie vivace...................................... 9,0
Dactyle.. 6,0
Brome des prés.................................... 9,0
Trèfle blanc...................................... 1,2
—   commun.................................... 2,0
Sainfoin.. 18,0

Sol argilo-siliceux très compact :

                                                           kil.
Ivraie vivace...................................... 12,0
Paturin des prés.................................... 4,0
Fétuque des prés................................... 9,0
Fléole... 2,7
Trèfle commun..................................... 3,0
—   hybride.................................... 2,1

Le même auteur donne les mélanges suivants pour he bages :

Terres argilo-calcaires :

                                                           kil.
Paturin des prés................................... 5,0
Fétuque des prés.................................. 6,0
Ivraie vivace...................................... 5,5
Fromental.. 4,0
Dactyle... 2,0
Trèfle blanc...................................... 3,6
Minette... 1,0

Alluvions argilo-siliceuses riches en humus :

                                                           kil.
Paturin des prés................................... 4,0
—   commun.................................... 3,3
Fétuque des prés.................................. 9,0
Vulpin des prés................................... 1,0
Fléole.. 0,9
Trèfle blanc...................................... 3,0
Minette... 2,1
Trèfle commmn.................................... 1,0

Sols argilo-siliceux humides :

	kil.
Paturin des prés	3,0
— commun	2,2
Fléole	3,6
Vulpin des prés	1,4
Fétuque des prés	4,8
Trèfle blanc	3,0
— hybride	1,1
— commun	1,2

Les mélanges ci-après sont recommandés pour les semis des pâturages par M. Berthault :

Sol siliceux, léger, superficiel :

	kil.
Houlque laineuse	2,00
Fétuque ovine	4,50
Ivraie vivace	16,25
Dactyle	6,00
Trèfle blanc	2,10
— hybride	1,40
Plantain lancéolé	1,00
Centaurée jacée	0,50

Sol calcaire sec :

	kil.
Avoine élevée ou fromental	15,00
Brome des prés	9,00
Fétuque ovine	4,50
Trèfle blanc	2,10
Sainfoin	18,00
Anthyllide	1,50
Minette	2,00
Pimprenelle	3,00

Sol argileux superficiel :

	kil.
Fléole	1,5
Dactyle	2,0
Agrostide traçante	1,5
Ivraie vivace	9,0
Trèfle hybride	2,8
— commun	4,0
Chicorée sauvage	1,5

Exécution du semis. — Lorsqu'on a décidé quel mélange de graines il convient de semer pour créer la prairie, il faut assortir ces semences en trois lots, à cause des différences de densités qu'elles présentent. Autrement la répartition sur le sol serait très irrégulière.

Dans le premier de ces lots, on fait entrer les graminées qu'il convient d'enfouir assez profondément, et qui sont d'assez gros volume. Tels sont les ivraies, le fromental, le brome et la fétuque.

On réunira dans le second les petites semences, qui ne doivent être qu'à peine recouvertes de terre, comme l'avoine jaunâtre, le dactyle, le vulpin et les paturins.

Le troisième et dernier lot comprendra les légumineuses et la fléole. Ajoutons que le sainfoin, quand il entre dans la composition de la formule, doit toujours être semé isolément.

Chaque lot doit être rendu parfaitement homogène par un mélange soigné avant de le semer à la volée sur un terrain bien préparé et suffisamment rassis. Le premier lot est enfoui par un hersage ordinaire, le second par un simple roulage. Sur ce dernier, on répandra le troisième lot ; si la pluie survient, elle suffira pour enrober ces petites graines et assurer leur levée. Sinon il conviendra de donner un nouveau roulage.

Le semeur doit apporter le plus grand soin dans l'épandage des graines et éviter de travailler par le vent. L'emploi des semoirs à la volée est à recommander.

L'époque à choisir pour exécuter le semis est variable avec le climat. Dans les pays méridionaux, les semis réussissent beaucoup mieux et plus sûrement, lorsqu'on les fait à l'automne, un peu avant la semaille du blé, que si on les exécute au printemps. C'est que les plantes ont le temps de se fortifier avant l'hiver, qui n'est généralement pas rude, tandis qu'au printemps la sécheresse peut être funeste à la levée et au premier développement.

Mais, dans les pays situés au delà de la limite nord de la région du maïs, on doit préférer les semis de printemps, au moment des semailles de mars. Les gelées d'hiver pourraient ici faire périr les jeunes plantes insuffisamment enracinées et d'une texture trop aqueuse.

On sème la prairie sur le sol nu ou dans une céréale. Le premier moae est généralement à préférer, car les jeunes graminées et légumineuses, se développant librement, acquièrent plus de vigueur que lorsqu'elles poussent sous une autre culture. Il est vrai que le second procédé a la réputation de ne pas laisser la terre improductrice pendant l'année du semis; mais il faut considérer que la parfaite réussite de l'ensemencement d'une prairie permanente mérite bien un léger sacrifice et qu'elle a, en réalité, beaucoup plus d'importance que le faible produit que l'on peut obtenir d'une céréale semée trèsclair, comme il convient. Enfin, quand il s'agit de prairies à irriguer, où l'on a fait d'importants travaux de terrassement, on risquerait d'endommager ceux-ci par des charrois que la récolte exige.

La jeune prairie se développe rapidement quand elle a été établie, sans autre récolte, dans un sol bien fumé et préparé. Dès le printemps pour les semis d'automne, et dans le courant de l'été pour les semis de printemps, elle couvre complètement le sol.

Quand le semis a été fait dans une céréale, aussitôt la moisson de celle-ci, on roule deux fois avec un rouleau très lourd. Si la prairie a été semée à l'automne, on la fera pâturer par les moutons avant l'hiver qui suit la récolte de la céréale, puis on roulera de nouveau. Au printemps suivant, on fumera en couverture avec engrais de commerce, puis on fera pâturer jusqu'en automne. Si le semis a été fait au printemps, on roulera de nouveau au printemps suivant; on fumera en couverture avec engrais de commerce, et on pâturera toute l'année, comme plus haut. Ce pâturage par les moutons est la meilleure manière de hâter la formation du gazon, même dans les prairies à faucher. Si l'on fauchait la première année, le tallage ne se ferait qu'imparfaitement, et le gazon s'éclaircirait au lieu d'épaissir. On ne doit faucher dès la première année que les prés établis en sols humides où le pâturage est nuisible.

Organisation, entretien et exploitation des herbages. — Il est indispensable que les herbages soient clos. Suivant les régions, on a recours aux haies vives ou sèches, aux palissades en bois, aux murs en pierres sèches, aux clôtures en ronces artificielles, etc. Les simples fossés ne peuvent être recommandés que dans les climats doux où le ciel est souvent couvert. Les haies hautes et touffues sont nécessaires dans les contrées à vents violents et froids, car elles protègent efficacement les animaux. Elles se recommandent aussi dans les pays à étés relativement chauds, où elles servent à abriter le bétail contre les ardeurs du soleil de juillet et d'août. Les murs, dans une certaine mesure, peuvent suppléer les haies, mais il n'en est pas de même des clôtures en fil de fer.

Dans les pays de l'ouest, où abondent les pommiers dans les herbages, ces arbres servent d'abri sans que la production de l'herbe en soufre. Ailleurs, on refuse aux arbres à fruits l'entrée des herbages et on n'y tolère que quelques arbres forestiers comme abris et frottoirs. On sait, en effet, que les bêtes bovines ont un impérieux besoin de se gratter sur toutes les parties du corps. A défaut d'arbres, il convient d'établir quelques poteaux en bois brut destinés à cet usage.

Il faut, dans tous les herbages, établir des abreuvoirs pour que le bétail puisse boire à sa soif. Quand il existe des canaux ou des ruisseaux, on en facilite l'accès par un plan incliné perpendiculaire à leur cours. Dans les sols qui ne sont pas assez fermes, ces accès sont avantageusement empierrés. Ailleurs on établit des mares ouvertes sur un côté.

La surface des enclos varie beaucoup avec les conditions locales. Il convient d'éviter les extrêmes. En les faisant trop petits, on augmente les frais de clôture et la perte de terrain occasionnée par les haies ; s'ils sont trop grands, ils exigent qu'on les peuple de bandes d'animaux trop nombreuses; un seul animal turbulent peut alors compromettre la réussite de l'engraissement d'un grand nombre d'autres ; de plus, l'utilisation de l'herbe sera moins bonne. Les dimensions les meilleures varient entre 5 et 10 hectares.

Pour que les pâturages arrivent promptement à la plus haute productivité et que, depuis ce moment, ils conservent toute leur valeur, il convient de leur prodiguer chaque année des soins attentifs et judicieux. Il est nécessaire de faire une guerre efficace aux plantes nuisibles, à celles qui sont peu utiles a l'alimentation du bétail et à celles enfin qui occupent un trop grand espace pour le produit qu'elles donnent. Malgré tous les soins qu'on a apportés à la création du pâturage ou de l'herbage, malgré le nettoiement complet du sol et le choix judicieux des semences, il arrive toujours que, au bout d'une certaine période d'années, ces mauvaises plantes, dont les germes ont été apportés par les vents, les eaux ou les animaux, se développent avec vigueur. Si l'on n'arrêtait pas cette marche envahissante, on serait bientôt obligé de défricher l'herbage pour procéder à une création nouvelle, sous peine de n'avoir plus qu'une prairie improductive.

Souvent l'assainissement du terrain suffit pour faire disparaître, dans les terrains humides, les mousses, les laîches, les joncs, etc. La destruction des plantes de cette sorte est encore mieux assurée et plus rapide, lorsque, à l'assainissement, on ajoute l'emploi des amendements calcaires et des engrais chimiques. Le terrain cesse d'être acide et humide, et les plantes des sols acides disparaissent en même temps que les causes qui ont favorisé leur croissance. D'autre part, les légumineuses et les graminées, ainsi favorisées, prennent un notable accroissement. Nous avons vu plus haut que l'emploi des engrais minéraux phosphatés et potassiques, additionnés d'azote nitrique ou ammoniacal, faisait disparaître la plupart des plantes nuisibles. C'est par la combinaison de l'assainissement avec les engrais et amendements qu'on arrive le plus sûrement au but poursuivi.

Pour les plantes qui résisteraient aux actions précédentes, il y aurait lieu de recourir à l'arrachage pour celles dont les racines sont vivaces et non traçantes, ou à la coupe entre deux terres, au-dessous du collet, avant la floraison. Pour les plantes à racines traçantes, on s'en débarrasse en les coupant à la surface du sol plusieurs fois par an, avant que leurs parties aériennes n'aient atteint 25 centimètres de hauteur. Par ces coupes réitérées, les plantes sont épuisées, et le développement des racines est arrêté; bientôt elles périssent.

Pour la destruction des plantes annuelles ou bisanuelles, il suffit de prendre soin de les couper avant la floraison pour les empêcher de se reproduire par graine. En répétant l'opération trois ou quatre années de suite, on en purge la prairie.

Quand il y a des parties de la prairie par trop infectées de plantes nuisibles vivaces, il convient de les défricher pour les en débarrasser, puis d'y recréer l'herbage par les moyens préindiqués. Nous étudierons plus loin les plantes les plus nuisibles aux prairies et les moyens spéciaux de les détruire.

Il convient aussi, après que les animaux ont quitté un enclos, de faucher toutes les touffes qui ont été refusées, afin que la repousse soit partout uniforme. Si le pâturage est planté d'arbres, il faut ramasser les feuilles mortes à la fin de chaque année, car elles sont nuisibles au développement de l'herbe.

Il faut songer aussi à réparer les dégâts causés par les animaux nuisibles et à détruire ces ennemis dont les principaux sont les taupes, les fourmis, les larves de hannetons. Les fourmis et les taupes produisent de petits monticules de terre qui, par leur multiplication, finissent par dégrader sérieusement le pâturage. Il est donc nécessaire de supprimer les taupinières et les fourmilières en répandant la terre qui s'y trouve amoncelée. Quand elles sont fraîches, c'est une opération facile : on passe le rabot des prés de Mathieu de Dombasle. Dans le cas contraire, il faut les détruire à la bêche et répandre la terre à la pelle.

Les excréments laissés par les animaux sur le pâturage doivent être ramassés et répandus uniformément sur toute la surface. Une bête bovine peut couvrir par jour 1 mètre carré de sa fiente, et, comme l'espace que recouvre celle-ci est momentanément privé d'herbe, si l'on n'a pas soin d'enlever ces excréments, il peut y avoir une perte notable dans le produit. On les recueille dans un coin de l'enclos et on en forme les composts que l'on y répand quand il est pâturé. On choisit, pour répandre les engrais minéraux dont il a été question plus haut, la fin de l'hiver.

Les pâturages ne doivent être soumis qu'aux irrigations d'hiver à grands volumes, par lesquelles ils sont colmatés et grandement fertilisés. Les irrigations d'été, en ramollissant le sol, empêchent que l'on puisse y faire pénétrer le bétail sans dommage pour le gazon.

Il est important de visiter au moins une fois par an les rigoles d'assainissement, de les curer, de les réparer si cela est nécessaire, afin d'assurer leur bon fonctionnement dans tous les terrains humides. Il faut également surveiller et réparer les clôtures.

Dans les pâturages calcaires, sableux ou tourbeux, les gelées soulèvent la couche superficielle. Il est nécessaire, pour raffermir les racines du gazon, de plomber fortement le sol au retour du printemps. Cette opération est toujours utile d'une manière générale, surtout dans les jeunes herbages, car elle favorise le tallage, le tassement du sol et la bonne formation du gazon.

C'est par des mises successives d'animaux que l'on fait consommer les herbages. L'état de l'atmosphère, du sol et de la végétation peut seul servir de guide au praticien. Le bétail dont on charge l'herbage doit être dans de bonnes conditions hygiéniques pour qu'il puisse en profiter. Si les froids sont trop vifs, les animaux sont obligés de prendre beaucoup de mouvement et leur poil se pique, ils n'augmentent pas de poids dans ces conditions. Dans les climats doux, on peut, comme en Normandie, faire passer aux bœufs une bonne partie de l'hiver dehors. Dans le centre, au contraire, ou la montagne les herbages sont déserts depuis la fin d'octobre jusqu'en mars ou avril. Au primtemps, pour amener le bétail, il faut attendre que le sol soit bien assaini et que l'herbe soit assez longue pour que les animaux puissent la saisir. Toutefois, il ne faut pas tarder trop, car les bêtes gloutonnes, dans une prairie trop fournie, seraient exposées à des accidents.

Pour ce qui est du nombre des bêtes à mettre dans l'herbage, il dépend de la marche de la végétation et de sa richesse. Il faut que le bétail puisse manger l'herbe au fur et à mesure qu'elle pousse ; c'est alors qu'elle est le plus nutritive. Si donc l'herbe gagne le bétail, il faut augmenter le nombre des animaux. Dans le cas inverse, si l'on ne peut décharger l'herbage, il faudra donner au bétail une nourriture complémentaire. L'emploi des tourteaux est à recommander dans ce cas, et chaque fois qu'on fait l'engraissement du bétail dans des pâturages dont la richesse laisse à désirer.

Entretien des prairies fauchées. — L'entretien des

prairies fauchées nécessite la destruction des plantes nuisibles, comme nous l'avons indiqué pour les pâturages, et par des moyens analogues. Toutefois la destruction des mauvaises plantes par l'arrachage et le fauchage réitéré est plus difficile que dans les herbages, car on ne peut pénétrer à tout moment dans la prairie sans nuire au produit. Pour l'arrachage des espèces à racines non traçantes, on l'opérera à la fin d'avril, ou aussitôt après une coupe; pour la destruction des plantes vivaces à racines traçantes, il faudra transformer pendant quelques années la prairie en pâturage et opérer comme il a été dit plus haut. S'il s'agit de plantes annuelles ou bisannuelles, on opérera le fauchage plusieurs années de suite avant la floraison de l'espèce à détruire (Voy. plus loin : *Plantes à détruire dans les prairies*).

Dans les vieilles prairies, il est bon au printemps d'aérer le sol par un vigoureux hersage, ou même par un scarifiage que l'on a fait précéder d'un petit chaulage, à raison de 1 000 kilogrammes de chaux par hectare, pour faciliter la transformation des réserves d'azote organique du sol en azote assimilable. La chaux peut être remplacée avantageusement dans les sols pauvres en acide phosphorique par des scories de déphosphoration. Le meilleur moyen d'employer la chaux est d'en faire des tombes, comme nous l'avons indiqué dans notre ouvrage sur *les Engrais.*

C'est au printemps également qu'il convient de répandre les engrais chimiques nécessaires en les enterrant par le hersage préindiqué, s'il y a lieu de le faire.

Le roulage est quelquefois indispensable pour raffermir les jeunes plantes que les gelées de l'hiver ont soulevées, dans les sols calcaires, sablonneux ou tourbeux. Mais il ne faut pas en abuser dans les vieilles prairies, dont le sol a plutôt besoin d'être aéré que tassé.

Il convient aussi, plus encore que dans les herbages, de répandre les taupinières et les fourmilières. Ces monticules deviennent très gênants pour le fauchage, et, d'autre part, leur épandage a l'avantage de rechausser les graminées et de favoriser leur tallage.

On ne doit pas négliger d'enlever les mousses, dans les cas

où elles se développent, par des hersages assez énergiques, après avoir répandu sur les endroits envahis 300 kilogrammes de sulfate de fer par hectare et avoir attendu que ce sel ait fait son effet en tuant la cryptogame. Il faut se rappeler que les mousses se développent surtout dans les terrains humides, trop tassés et appauvris ; il conviendra donc, après leur destruction, de fertiliser convenablement la prairie d'après les besoins révélés par l'analyse du sol.

Dans les prairies plantées d'arbres, on aura soin de ramasser les feuilles à la fin de la saison, car, en recouvrant le gazon et en augmentant l'acidité du sol, elles nuisent à la production.

Ces prairies de fauche sont celles qui profitent le mieux de l'irrigation. Les effets en sont souvent merveilleux. Le lecteur trouvera dans le traité de MM. Risler et Wery tous les renseignements nécessaires à ce sujet (1). Nous ne pouvons pas toutefois nous dispenser de quelques considérations générales à leur sujet.

Les irrigations dans le nord se font à très grand volume d'eau, et c'est dans le midi, où il fait beaucoup plus sec, que la quantité d'eau utilisée pour l'arrosage est la moindre. Au premier abord, cela paraît paradoxal. Il n'en est rien, car, ainsi que l'a démontré Hervé-Mangon, ancien professeur de génie rural à l'Institut agronomique de Paris, ce qu'on demande aux irrigations dans le nord, c'est non seulement l'eau nécessaire à une bonne végétation, mais surtout la fertilisation du sol par l'apport des éléments minéraux et azotés que renferment les eaux. Dans la région méridionale, au contraire, l'irrigation a surtout pour but de fournir l'eau nécessaire aux plantes, et c'est par les engrais qu'on assure leur alimentation minérale et azotée.

Les eaux qui servent à irriguer les prairies doivent être bien aérées ; elles provoquent alors en passant sur les prairies des phénomènes d'oxydation, et une grande partie de leur oxygène est remplacée par de l'acide carbonique. Cette action favorise l'assimilation de leur azote par les plantes, car l'observation

____

(1) Risler et Wery, *Irrigations et drainage*, 2 vol. (Encyclopédie agricole).

démontre que les eaux les plus pauvres en oxygène abandonnent beaucoup moins de leur azote en passant sur les prés.

La température des eaux est très importante à considérer. Quand elle est inférieure à 6 ou 8° C., il n'y a presque pas d'assimilation par les plantes des éléments fertilisants qu'elles renferment. Aussi est-il avantageux de réchauffer les eaux trop froides en les faisant séjourner dans de grands bassins peu profonds et bien ensoleillés, avant de les répandre sur les prairies.

Quand on a affaire à des eaux acides, il est indispensable de les saturer en les faisant passer dans des réservoirs où l'on met de la chaux vive, ou par leur mélange avec du purin, qui est toujours très alcalin.

Malgré tous les avantages que présente l'emploi de l'eau, il ne faut pas en abuser. La règle de son emploi, que toujours il faut avoir présente à l'esprit, est qu'elle doit pouvoir circuler partout, sans jamais séjourner nulle part. Il faut donc apporter grand soin à l'organisation et à l'entretien des rigoles de colature, qui assurent le départ des eaux excédentes, et, dans les irrigations par submersion, il ne faut pas négliger de faire évacuer les eaux aussitôt l'apparition de bulles ou d'écumes à la surface, qui caractérisent les eaux croupissantes.

On pratique les irrigations à toutes les époques de l'année. Les irrigations de printemps ont besoin d'être conduites de manière à ne pas refroidir le sol, car on retarderait ainsi la pousse des herbes. Dans ce but, on fait les arrosages pendant les périodes de froid ou pendant la nuit, et on prend les précautions nécessaires pour que la prairie soit bien ressuyée pour profiter des premiers beaux jours. Il convient d'éviter avec soin que les jeunes herbes ne soient surprises par les gelées tardives, alors que la terre est saturée d'eau. Il faut se hâter d'assurer l'égouttement de la prairie dès que l'on prévoit un notable abaissement de la température, à moins que, comme dans les Marcites du Milanais, on ne puisse couvrir le sol d'eau ruisselante à douce température.

Pendant l'été, il faut éviter d'irriguer les prairies en végétation avec les eaux limoneuses, car on obtiendrait des foins envasés et sans valeur.

C'est à l'automne que, dans la région septentrionale, on opère les grandes irrigations. Les eaux limoneuses alors sont sans inconvénient ; au contraire, elles colmatent les prairies et favorisent le tallage des graminées. On doit retirer l'eau avant les fortes gelées, à moins qu'on ne puisse couvrir l'herbe d'une couche d'eau courante assez épaisse pour empêcher la production de la gelée.

Nous nous occuperons dans un chapitre spécial de la récolte des foins. Le rendement des prairies naturelles est nécessairement variable suivant le climat, le sol, son humidité, la nature du gazon et les fumures employées. Le produit en foin peut atteindre 150 quintaux métriques dans certains prés du Calvados et dans les prairies irriguées de Vaucluse. Les prés à Marcite de la Lombardie, arrosés tout l'hiver avec des eaux à 12°, produisent, depuis février jusqu'au 15 septembre, 680 quintaux d'herbe verte, correspondant à 190 quintaux de foin sec à l'hectare. Nous avons vu qu'à Rothamsted les expériences d'engrais ont donné en moyenne jusqu'à 70 quintaux et plus de foin sec en une coupe, la seconde étant toujours pâturée sur place.

En général, on compte que 70 quintaux de foin constituent un bon rendement ; 20 quintaux de foin forment un rendement très faible. Au-dessous de ce chiffre, il vaut mieux faire pâturer que de faucher.

Les prairies naturelles bien établies et entretenues avec tous les soins que nous avons indiqués ont une durée presque sans limite. Il ne saurait y avoir de raison pour défricher un pré dont le produit se maintient élevé et de bonne qualité. Toutefois il peut arriver que la prairie soit altérée à un point tel qu'il est impossible de la régénérer économiquement. C'est alors seulement que l'on doit opérer le défrichement.

En mettant pendant quelques années en culture ordinaire une prairie presque improductive, on utilisera les réserves d'azote organique accumulées dans le sol. Mais cette utilisation n'est possible qu'à la condition expresse d'apporter de fortes fumure minérales : des doses élevées d'engrais phosphatés et de sels de potasse, de la chaux, suivant la nature chimique du sol, sur laquelle l'analyse seule pourra nous renseigner.

L'acide phosphorique, en général, sauf dans les sols très calcaires, sera avantageusement fourni sous forme de scories de déphosphoration, à la dose de 800 à 1000 kilogrammes par hectare. Pour la potasse, on la donnera sous forme de chlorure ou de sulfate. Quant aux chaulages, ils devront être modérés pour ne pas trop hâter la transformation de l'azote organique en azote assimilable et ne pas amener le gaspillage des ressources accumulées.

Pour exécuter le défrichement, on donnera à l'automne un premier labour pour retourner le gazon. Les bandes engazonnées resteront exposées aux intempéries pendant tout l'hiver, ce qui assurera leur désagrégation. Au printemps suivant, la herse et l'extirpateur parferont cet ameublissement. Ensuite on donnera un second labour suivi de plusieurs hersages, et on procédera à l'enlèvement des racines que les herses auront réunies. Alors on pourra procéder au semis d'une avoine ou d'une plante sarclée.

Toutefois, dans les prés qui présentent un gazon très compact formé de rhizomes robustes, une jachère complète est nécessaire pour faire un bon défrichement. Les travaux précédents sont alors suivis de deux ou trois labours d'été, alternés avec des hersages et des scarifiages. On peut alors faire un ensemencement d'automne ou attendre au printemps suivant.

Sur un défrichement de prairie, on peut prendre plusieurs récoltes de céréales et de plantes sarclées, sans apport d'engrais azotés; mais les résultats ne sont pas toujours aussi favorables, et il faut quelquefois trois ou quatre ans pour amener une terre humifère à donner de bons produits. Le mauvais état physique du sol, le pullulement des insectes sont presque toujours la cause de ces insuccès.

Plantes à détruire dans les prairies.

Rhinanthe de crête de coq (*Rhinanthus crista galli*) (fig. 22) — C'est une plante très envahissante qui vit en parasite sur les graminées. Les endroits où elle abonde ne donnent presque pas d'herbe. Bien qu'elle ne soit pas dangereuse pour le bétail, celui-ci ne la recherche pas. Il convient de la détruire avec soin. Elle est annuelle et se multiplie par ses graines, qu'elle produit avec abondance et qui se conservent longtemps. Elle fleurit de mai à juillet et mûrit ses graines de très bonne heure. Pour s'en débarrasser, il convient de faucher toutes les places envahies dès la floraison de cette mauvaise plante.

Pédiculaire des marais (*Pedicularis palustris*) (fig. 23). — La pédiculaire des marais se reproduit également par ses semences. Elle donne aux animaux qui la consomment le pissement de sang. Il faut donc la détruire avec grand soin surtout dans les pâturages. Pour cela, il faut l'arracher pied à pied, de bonne heure au printemps, avant la maturation des graines. Autrement la prairie serait vite envahie. Comme elle se développe surtout dans les prairies humides avec les joncs et

Fig. 22. — Rhinanthe.

Fig. 23. — Pédiculaire.

les laîches, on favorise sa destruction par l'assainissement, comme nous l'avons recommandé d'une manière générale pour ces mauvaises plantes.

Ciguës. — La ciguë tachée (*Conium maculatum*) (fig. 24) est une grande ombellifère bis-annuelle d'une odeur vireuse, surtout quand on la froisse en-tre les doigts. Elle est très véné-neuse, et, quoique sa mauvaise odeur déplaise aux bestiaux, il est prudent de la détruire dans les prés humides, où elle se dé-veloppe souvent avec abondance. On y arrive facilement en l'ar-rachant avant la floraison ou tout au moins avant la matura-tion des graines. On arrive au même résultat en la coupant au-dessous du collet de la racine, car elle ne repousse plus.

La petite ciguë et la ciguë vireuse sont également véné-neuses et doivent être détruites.

Œnanthe (*Phellandrium aqua-ticum*) (fig. 25). — Cette om-bellifère vivace est très véné-neuse, comme la grande ciguë. Heureusement son odeur vireuse la fait repousser des animaux. Lorsqu'elle est mêlée au foin, elle rend celui-ci dangereux pour le bétail et surtout pour les chevaux, auxquels elle cause souvent de graves paralysies Elle est très commune dans les préshumides et dans les marais. Il faut l'arracher avec soin.

Fig. 24. — *Conium maculatum*.

Fig. 25. — Œnanthe.

Euphorbe des marais (*Euphorbia palustris*). — Elle est

assez commune dans les herbages des vallées, où elle forme de larges taches. C'est une plante vénéneuse dont les bêtes bovines et ovines s'éloignent, et, bien que les chèvres la consomment à l'état sec, quand elles n'ont rien d'autre, il faut la détruire avec soin par l'arrachage. Les autres euphorbes (*E. cyparissias, E. peplus*) (fig. 26) sont également vénéneuses; on les rencontre dans les pâturages du Jurassique et du Berry.

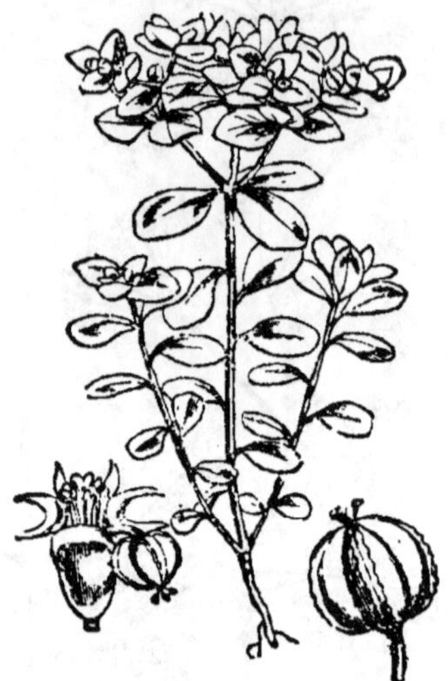

Fig. 26. — Euphorbe péplus.

Aconits (*Aconitum*). — On rencontre souvent des aconits dans les haies de clôture des pâturages. Ce sont des plantes très vénéneuses, dans toutes leurs parties, et, bien que les animaux ne les mangent pas au pâturage, il est prudent de les détruire partout où on les rencontre par l'arrachage à la pioche de leurs grosses souches.

Gouët tacheté (*Arum maculatum*) (fig. 27). — C'est une plante très vénéneuse, à laquelle les animaux ne touchent pas dans les herbages. Mais elle forme parfois, à l'exclusion des bonnes espèces, des taches étendues, qu'il convient de détruire par l'arrachage.

Colchique d'automne (*Colchicum autumnale*) (fig. 28). — C'est une plante vivace, bulbeuse, dont les fleurs lilas clair apparaissent à l'automne, tandis que les feuilles ne se montrent qu'au printemps suivant, en même temps que les fruits.

Fig. 27. — Gouët tacheté.

Elle est très vénéneuse, le bétail la délaisse ordinairement dans les pâturages ; mais, mélangée au foin, elle peut occasionner des empoisonnements. Lorsqu'elle envahit les prés, il est souvent difficile de la détruire, car elle se multiplie par ses bulbes et par ses graines, qui sont très abondantes. A. Boitel a indiqué un moyen peu coûteux et simple pour en débarras-

Fig. 28. — Colchique.

Fig. 27. — Renoncule scélérate.

ser les prés : il consiste à faire enlever les fleurs en automne, au fur et à mesure de leur apparition, sans jamais leur laisser le temps d'être fécondées. Ce travail exécuté par des femmes et des enfants, ne demande qu'un peu d'attention.

On peut aussi, au printemps, arracher les capsules avec les feuilles qui les entourent. Quand le sol est mou, on parvient à extraire le bulbe avec les feuilles, et alors la destruction est assurée.

Mais, dans les terres tenaces, on ne peut extraire les bulbes qu'à la pioche, et c'est très coûteux. Alors il vaut mieux défricher la prairie et la mettre en culture pendant deux ou trois ans.

Renoncule. — Toutes les renoncules sont à détruire dans les prairies, bien qu'elles soient vénéneuses à des degrés différents. La renoncule âcre (*Ranunculus acris*) est une des plus dangereuses et cause le plus d'accidents. C'est une plante vivace, qui affectionne les lieux humides. On la détruit par l'arrachage; l'assainissement, l'emploi des engrais phosphatés et potassiques en fortifiant les bonnes herbes, aide à la faire disparaître. Mais, quand elle domine, il faut défricher pour, après quelques années de culture, reconstituer la prairie.

La renoncule scélérate (*Ranunculus sceleratus*) (fig. 27) est annuelle. Elle abonde

Fig. 30. — Renoncule bulbeuse.

dans les endroits humides, sur le bord des fossés, des étangs et des marais. Elle est très vénéneuse à l'état vert, mais la dessiccation la rend inoffensive. Toutefois elle forme un fourrage détestable. On la détruit facilement en fauchant les places envahies avant la maturation des graines.

La renoncule bulbeuse (*R. bulbosus*) (fig. 30) se comporte dans les prés comme la renoncule âcre, mais elle est un peu moins vénéneuse.

La renoncule flammette (*R. flammula*) et la renoncule

Fig. 31. — Renoncule rampante.

langue (*R. lingua*), qu'on appelle vulgairement petite et grande douves, sont aussi très malfaisantes. Elles sont vivaces. On doit éloigner les moutons des pâturages humides où elles poussent, car ils contractent la cachexie aqueuse. On les détruit par l'arrachage avant la floraison et par l'assainissement.

La renoncule rampante (*R. repens*) n'est pas dangereuse pour les animaux, qui l'acceptent très bien ; mais c'est un fourrage très médiocre. Elle se développe souvent avec grande abondance dans les herbages humides de la région de

Fig. 32. — Renoncule ficaire.

l'Ouest, et elle est très difficile à détruire. Quand les pâtures en sont par trop envahies, il n'y a d'autre moyen de s'en débarrasser que de faire passer le sol en culture arable pendant quelques années (fig. 31).

La renoncule ficaire (*Ficaria ranunculoïdes*) (fig. 32) n'est pas vénéneuse quand elle est très jeune, mais elle le devient plus tard, aussi faut-il également la détruire dans les prés.

Le populage des marais (*Caltha palustris*) est aussi vénéneux. Il indique un grand excès d'humidité et disparaît par l'assainissement.

Fig. 33. — Hellébore noir.

Hellébores (*Helleborus*) (fig. 33). — Les animaux ne touchent jamais à ces plantes dans les pâturages ; mais, si elles se trouvent mélangées au foin, elles peuvent occasionner des accidents graves. Il faut donc les arracher avant la floraison dans tous les prés où elles se rencontrent.

Digitale pourprée (*Digitalis purpurea*) (fig. 34). — Elle est très fréquente dans les pâturages granitiques ou schisteux. C'est une plante bisannuelle et très vénéneuse. Il faut donc l'arracher dès qu'elle apparaît et dans tous les cas l'empêcher de disséminer ses graines. Il en est de même de la digitale jaune (*D. lutea*), qui vient dans les terrains jurassiques.

Chardons. — Certains chardons, tels que le chardon anglais (*Circium anglicum*), ne se rencontrent que dans les parties où l'humidité est stagnante ; ou comme le chardon des marais (*C. palustre*), que dans les endroits humides et tourbeux. Le bétail les repousse. Pour arrêter la propagation de ces plantes vivaces, il faut assainir le terrain et les couper au-dessous du collet avant la floraison.

Le chardon des champs (*C. arvense*) se développe un peu partout et se multiplie rapidement. Il faut l'arracher, ou le couper à plusieurs centimètres au-dessous du collet, avant la formation des graines.

Berce (*Heracleum spondylium*) (fig. 35). — C'est une ombellifère vivace, très vigoureuse, à racines puissantes. Elle prend un grand développement dans les fonds humides et

Fig. 34. — Digitale pourprée.

Fig. 35. — Berce brancursine.

fertiles et les prairies irriguées avec des eaux de féculerie. Il faut la considérer comme nuisible, car, si à l'état jeune elle est mangée par les bestiaux, elle durcit très vite et forme un très mauvais foin. Très envahissante, il faut l'arracher à la pioche dès qu'on la voit apparaître et faire l'opération avec grand soin, car les fragments de racines oubliés donnent de nouvelles plantes. Pour empêcher son extension, il faut toujours, quand on n'a pu l'arracher à temps, la faucher avant la floraison. Lorsque la prairie est infestée, il faut la défricher et lui demander

Fig. 36. — Berle à feuilles larges.

au moins deux plantes sarclées. Les mêmes observations s'appliquent au cerfeuil sauvage (*Chœrophyllum sylvestre*), à la carotte (*Daucus carota*) et au panais (*Pastinaca sativa*).

Berle (*Sium latifolium*) (fig. 36). — Cette plante vivace, à odeur forte et à saveur âcre, est commune dans les prairies marécageuses, les rigoles et les canaux d'irrigation. Les vaches la mangent quelquefois, mais elle donne un mauvais goût au lait, et sa racine est vénéneuse. Il faut la détruire par l'arrachage et l'assainissement ou le drainage.

Fig. 37. — Jonc glauque.

Joncs (*Joncus*) (fig. 37), **Laîches** (*Carex*) (fig. 39), **Linaigrettes** (*Eriophorum*) (fig. 38). — Ces plantes végètent dans les mêmes con-

ditions et nuisent également à la valeur nutritive de l'herbe
ou du foin. « Ce sont des plantes dures et indigestes, dit
A. Boitel, refusées de tous les animaux. Leur abondance an-
nonce un sol négligé et mal assaini, où les eaux stagnantes
séjournent pendant une partie de l'année. Ces

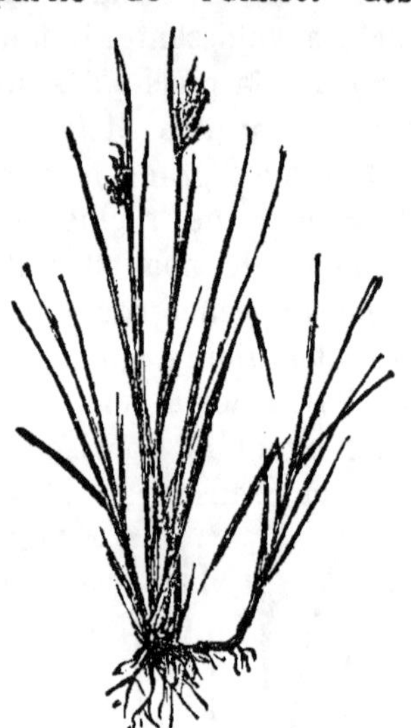

Fig. 38. — Linaigrette engainée.   Fig. 39. — Carex.

plantes sont certainement celles qui font le plus de mal aux
prairies naturelles. Il n'en est pas de plus répandues, de plus
envahissantes et de plus nuisibles aux bonnes espèces. » C'est
par l'assainissement, combiné avec l'arrachage des rhizomes
et la fumure du sol, qu'on peut les détruire et en débarrasser
les prairies.

Prêles (*Équisetum*) (fig. 40). — Les prêles végètent surtout
dans les sols humides et ferrugineux. Elles sont indigestes et
même malfaisantes pour le bétail, quand elles existent en trop
grande quantité dans le fourrage.

Patience (*Rumex patientia*) (fig. 41). — Cette plante vivace,
à racine puissante, prend souvent dans les prairies un grand
développement. Il faut la détruire, car elle nuit beaucoup à la

production de l'herbe. On y arrive facilement en l'arrachant à
la pioche avant la floraison pour empê-
cher la dissémination
des graines.

Oseilles (*Rumex
acetosa* ; *R. acetosella*)
(fig. 42). — Ces plan-
tes ne deviennent
abondantes que dans
les sols acides. Le
chaulage les fait rapi-
dement disparaître.

Bistortes (*Polygo-
num bistorta*) (fig. 43).
— Elle se rencontre
surtout dans les prés
humides et tourbeux,
ou dans les pâturages de montagne. On
la combat par
l'assainisse-
ment et l'em
ploi des en-
grais chimi-
ques. Il en

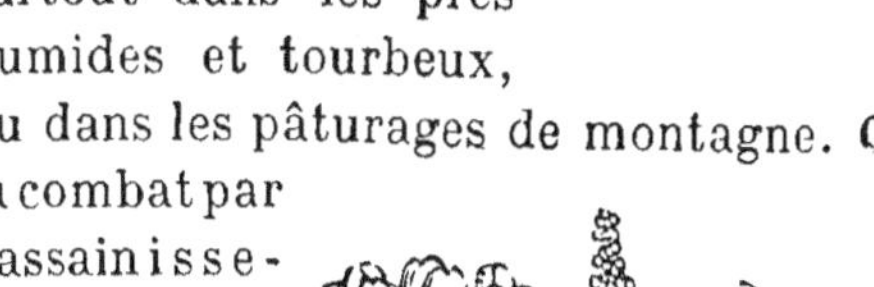

Fig. 41. — Pa-
tience à feuilles
robustes.

Flg. 40. — Prêle.

est de même de la *persicaire* (*P.
persicaria*).

Plantain (*Plantago*) (fig. 44). —
Les plantains se développent surtout dans les terrains secs et
sablonneux. Ils tiennent beaucoup
de place et ne donnent qu'un fourrage médiocre. Comme ils produisent beaucoup de graines, leur
multiplication est rapide. On
limite leur propagation en les coupant au-dessous du collet.

Fig. 42. — Rumex oseille.

Millefeuille (*Achillea millefo-
lium*) (fig. 45). — Très médiocre comme fourrage à l'état

vert, elle donne un foin dur et sans valeur. Elle est très traçante, et sa destruction est difficile. Il faut la faucher avant
la floraison pour l'empêcher de répandre ses semences.

Pétasite des prés (*Petasites pratensis*). — Cette plante,
sans être nuisible, forme quelquefois dans les prairies des
touffes épaisses, qui occu-
pent la place des grami-
nées et des légumineuses.
Il faut la détruire par le
fauchage répété et au be-
soin par l'arrachage.

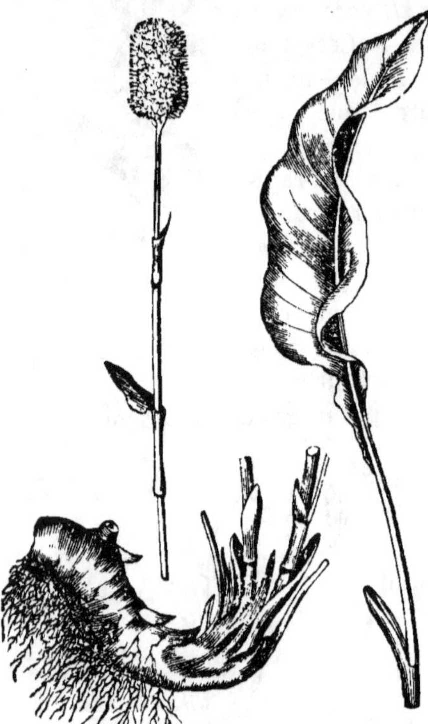

Fig. 43. — Polygone bistorte.

Fig. 44. — Plantain lancéolé.

Narcisses (*N. pseudonarcissus* et *N. poeticus*) (fig. 46). —
Dans les fonds humides, on voit parfois ces plantes former de
larges taches envahissantes. Il faut procéder à l'arrachage.

Sauge des prés (*Salvia pratensis*) (fig. 47). — Elle a des
tiges dures, sans valeur. On l'arrache à la pioche.

Centaurée jacée (*Centaurea jacea*) (fig. 48). — En petite
quantité, elle n'est pas nuisible, mais elle est très dure et dé-
laissée par le bétail. Aussi faut-il l'arracher.

Fig. 45. — Achillée
millefeuille.

Fig. 46. — Narcisse.

Fig. 47. — Sauge
des prés.

Fig. 48. — Centaurée jacée.

CHAPITRE IJ

PRAIRIES TEMPORAIRES

Dans beaucoup de contrées, le trèfle, la luzerne, le sainfoin forment les principales plantes fourragères cultivées dans les terres labourables. Mais la difficulté de faire revenir trop souvent ces plantes sur le même sol, la nécessité d'augmenter les ressources fourragères et de diminuer les frais de main-d'œuvre ont, depuis un certain nombre d'années, conduit à l'introduction des graminées fourragères dans les assolements, soit en mélange, soit séparémer*

Cette culture des graminées fourragères est destinée à suppléer à l'absence des prairies naturelles et faciliter l'élevage et l'engraissement du mouton. Aujourd'hui, un peu partout, on crée des prairies temporaires fauchables ou des pâturages.

Les prairies ou les pâturages temporaires font ou non partie des assolements. Leur durée est limitée suivant les terrains et les climats, à deux, trois, ou même six années ou plus, quand on fait succéder la pâture au fauchage. Il faut avoir sur le territoire de la ferme autant de soles fourragères, sans compter celles qui sont destinées aux prairies artificielles de légumineuses et aux racines, que les prairies-pâturages peuvent durer avantageusement.

Dans les systèmes de cultures où celles-ci sont destinées à occuper quatre années le même terrain, on les fauche d'ordinaire pendant les deux premières années, et on en tire en outre un pâturage d'automne. On les soumet ensuite exclusivement à la dépaissance jusqu'au terme de leur durée. Ailleurs on les consacre uniquement à la pâture. Mais toujours on commence à les faire consommer sur place par les bêtes chevalines ou bovines, et ce n'est qu'après leur passage qu'on les livre aux moutons.

Avant de défricher une prairie temporaire qui atteint le terme de son existence utile, on a toujours eu le soin d'en établir une nouvelle de même étendue, afin que les ressources fourragères de l'exploitation restent constantes. Ainsi, chaque année, on crée une prairie temporaire, si l'on défriche un pâturage.

Le sol consacré aux prairies temporaires et soustrait aux labours annuels s'enrichit en azote d'une manière qui n'est pas sans importance, comme du reste on le constate dans les prairies naturelles. Par le défrichement et la culture subséquente, on tire parti de cet azote, qui provient principalement de l'atmosphère, de sorte que l'on doit considérer les prairies temporaires comme des cultures collectrices d'azote et par suite améliorantes.

Préparation du terrain. — Une condition essentielle pour réussir, c'est de préparer le terrain destiné a être couché en herbe, de telle sorte qu'il soit aussi propre que possible. Il faut en effet assurer aux graminées que l'on va semer non seulement une table bien garnie, mais aussi défendre absolument aux parasites de s'y montrer. Ces plantes avides auraient bien vite pris le dessus, et ce n'est plus une prairie temporaire, mais une friche que nous obtiendrions. D'où la nécessité de veiller à ce que les cultures qui précèdent l'ensemencement soient des cultures nettoyantes et non des cultures salissantes.

Nous estimons qu'on a les plus grandes chances de réussite lorsque, après une récolte d'avoine, on fait une récolte de betteraves, de pommes de terre ou de maïs, soignée comme nous allons dire, pour la faire suivre par une cereale de printemps, dans laquelle on sèmera la prairie-pâturage. La succession des cultures à donner serait la suivante : aussitôt la moisson de l'avoine, un labour de déchaumage, pour mettre sens dessus dessous toutes les mauvaises plantes poussées. Le hersage et le roulage qui suivent immédiatement ameublissent la surface et mettent toutes les graines de plantes adventices dans les meilleures conditions pour germer et lever à la première pluie favorable. Dès que, sous l'influence de la chaleur et de l'humidité, le sol aura verdi, vite on donnera un profond labour, qu'on laissera exposé tout l'hiver à l'action ameublissante des intempéries. Au printemps, on donnera toutes les façons nécessaires pour mettre le sol en parfait état. On ne lui ménagera ni le fumier, ni les engrais de commerce, pour obtenir de bonnes betteraves, afin que cette récolte puisse bien payer les binages qu'on aura soin de ne pas épargner. Après la récolte, on donnera avant l'hiver un fort labour, moins profond que celui destiné auparavant aux betteraves. Si la température douce de la saison fait verdir le terrain, un scarifiage aura raison des plantes adventices. Enfin, dès les premiers jours du printemps, aussitôt qu'il sera possible d'entrer dans les terres, on préparera le sol pour la céréale de mars avec les soins tout particuliers qu'exige le but que l'on poursuit.

Des plantes auxquelles il faut recourir. — Il y a une différence essentielle entre l'ensemencement des prairies temporaires et celui des prairies permanentes. Dans les premières, en effet, on ne cherche pas à former un gazon proprement dit, mais seulement à cultiver pour un temps une ou plusieurs graminées, choisies suivant leur destination et leur produit, le sol et le climat. Ces plantes doivent remplir plusieurs conditions : 1° avoir un développement prompt et sûr; 2° donner une récolte abondante, d'une grande valeur nutritive; 3° être d'une destruction et d'une extirpation faciles par les labours; en conséquence, elles ne doivent pas se multiplier facilement par leurs racines, comme le chiendent, ni par la dissémination de leurs graines, comme les mauvaises herbes en général. Dans ces sortes de cultures fourragères, il est toujours nécessaire, si l'on veut que leur durée soit de plusieurs années, d'associer ensemble un certain nombre de plantes. Cela est indispensable pour tirer le meilleur parti des forces productives du sol considéré, pour assurer la durée de la prairie et pour la mettre en rapport avec sa destination. On peut établir une prairie-pâturage : soit pour la faucher pendant la première et même la seconde année, et la soumettre ensuite à la dépaissance, soit pour la pâturer dès son origine. On peut, d'autre part, la destiner ou aux jeunes bêtes bovines, ou aux vaches laitières, ou à l'engraissement, ou à l'é-

levage des moutons, ou enfin à leur préparation à la boucherie. Il est évident que, dans ces diverses circonstances, il ne
faut pas agir absolument de même.

S'il s'agit des bovidés, il est utile, si le sol le permet, de
faire naître des plantes un peu élevées et productives, qui
garnissent bien la couche arable. Si l'on a affaire au mouton,
il faut préférer les espèces qui résistent à sa dent et fournissent un pâturage continuel. La nature du sol et sa fertilité ont une grande influence sur la réussite. Il est bon de dire
qu'il y a des graminées et légumineuses qui végètent dans
toutes les terres arables quand elles ont été bien semées en
temps opportun. Mais il en est aussi qui ne se développent
pendant plusieurs années que sur des sols déterminés.

Les terres les plus difficiles à convertir en bons pâturages
temporaires sont les terres très sablonneuses et les glaises peu
profondes à sous-sol imperméable, puis les craies.

On crée les prairies temporaires soit dans les assolements,
et alors elles ne durent que de trois à cinq ans, soit en dehors
de l'assolement, comme la luzerne. Dans ce dernier cas, il
faut associer un bien plus grand nombre de plantes que dans
le premier et se rapprocher des mélanges propres aux prairies naturelles. Les plantes que l'on peut employer avec avantage pour la création des prairies-pâturages temporaires ne
sont pas aussi nombreuses que d'aucuns se l'imaginent ; voici
les principales :

Ivraie vivace ; Ivraie d'Italie ; Dactyle pelotonné ; Fléole ;
Avoine élevée ; Brome des prés ; Vulpin ; Fétuques des prés,
ovine et durette ; Houlque laineuse ; Paturin commun ; Trèfle
blanc ; Minette ; Sainfoin ; Anthyllide vulnéraire.

Quand on a choisi les espèces qui peuvent réussir dans
le sol qu'on veut ensemencer, il faut déterminer dans quels
rapports on les associera. On tient compte : 1º de la durée ;
2º du sol ; 3º de la destination. C'est le point le plus délicat de l'opération. Cependant on peut arriver à la solution
de ce problème. D'abord il convient d'observer, dans les
lieux en culture et sur le bord des chemins, les plantes qui
viennent naturellement et de déterminer leurs proportions
relatives. Ce sont celles qui réussissent le mieux. Puis il faut

songer que les espèces dominantes doivent être d'une réussite certaine et assurer la productivité de la pâture. Les plantes accessoires, comme les légumineuses, sont destinées surtout à garnir le pied de la prairie et à rendre l'herbage plus nourrissant.

Lorsqu'on crée une prairie permanente, on évite d'associer des espèces très précoces à des espèces très tardives. Ici on a intérêt à le faire pour que le pâturage soit toujours productif.

Rappelons enfin que les légumineuses occupent plus de place que les graminées, et que, par conséquent, celles-ci doivent être semées dans une plus forte proportion. Dans les sols crayeux, les pâturages à moutons sont difficiles à créer ; on y réussit en associant à des plantes bien vivaces de la chicorée sauvage. Dans les terres très sablonneuses, la millefeuille, associée à la fétuque durette et à l'avoine élevée, réussit très bien pour des bêtes à laine.

Nous allons maintenant examiner les mélanges à faire suivant les différents cas, et d'abord suivant la durée :

1° *Mélange pour un an de durée:*

Dactyle pelotonné, Ivraie d'Italie, Avoine élevée, Trèfle commun, Minette, Trèfle blanc ;

2° *Mélange pour une durée de deux ans :*

Dactyle, Fétuques, Fléole, Avoine élevée, Ivraie vivace et d'Italie, Vulpin des prés, Minette, Trèfle blanc, Trèfle hybride, Sainfoin.

Quant à la quantité de chaque plante, elle varie avec la nature du sol.

Suivant la nature du sol, on emploie en Angleterre, pour les prairies de plusieurs années de durée, les mélanges suivants, qui sont aussi très usités en Allemagne :

	Terres		
	légères.	moyennes.	fortes.
Vulpin des prés........	1,4	1,8	2,8
Fétuque des prés........	2,3	2,3	2,3
Ray-grass anglais........	11,0	11,0	11,0
Minette.................	1,4	1,4	1,4
Paturin des prés........	2,8	1,4	»
— commun........	»	1,4	1,4

| | Terres | | |
	légères.	moyennes.	fortes.
Trèfle intermédiaire	1,4	1,4	1,4
— des prés	1,4	1,4	1,4
— blanc	4,1	4,6	4,6
Fléole	»	1,4	3,2

Ces quantités s'entendent pour les semis dans une céréale;
quand on sème la prairie seule, on augmente les quantités de
50 p. 100.

Sols calcaires.

Ray-grass	15 kilogrammes.
Brome des prés	9	—
Sainfoin double	24	—
Minette	4	—
Trèfle jaune des sables	2	—

(Heuzé.)

Sols argilo-sableux.

Ray-grass	15 kilogrammes.
Dactyle	4	—
Houlque	1	—
Fétuque des prés	5	—
Fléole	1	—
Trèfle	5	—
— blanc	2	—

(Heuzé)

Sols crayeux.

Brome	15 kilogrammes
Fétuque dure	6	—
Ray-grass	5	—
Sainfoin	24	—
Minette	4	—
Pimprenelle	3	—
Trèfle jaune des sables	1	—
Chicorée sauvage	1	—

Sols sablonneux.

Avoine élevée	30 kilogrammes.
Ray-grass	10	—
Fétuque durette	6	—
Minette	4	—
Trèfle blanc	2	—
Millefeuille	1	—

Nous employions, dans la Haute-Marne, dans des terres silico-argileuses, très peu calcaires, le mélange suivant, qui nous donnait des prairies-pâturages de six ans de durée :

Ray-grass anglais et d'Italie....	35 kilogrammes.
Trèfle blanc..................	6 —
Minette	6 —
Sainfoin double..............	60 litres.

Pendant les deux premières années, on obtenait deux coupes rendant de 3000 à 5000 kilogrammes chacune et un pâturage à l'automne. Durant les quatre années suivantes, la prairie était pâturée par les moutons d'une façon permanente. On la défrichait ensuite pour y cultiver des betteraves ou du lin.

Nous terminerons cette étude par la note suivante qui nous a été envoyée en 1884 par un de nos amis, M. Alfred Raulin, propriétaire agriculteur à Bar-le-Duc, en faisant observer que, aujourd'hui encore, le même système de culture est continué parce qu'il est resté avantageux :

« Tu me demandes des renseignements sur nos pâtures ? Je te dirai que nous en sommes toujours aussi enthousiasmés. C'est à un tel point que, dans une ferme de 72 hectares, il ne nous reste plus à labourer que 5 hectares, réservés à dessein, pour avoir environ $1^{ha},5$ de betteraves, un peu de luzerne, et le reste en avoine, orge ou blé, juste, en un mot, de quoi nourrir les deux chevaux dont j'ai besoin.

Main-d'œuvre. — « Je n'ai plus besoin, comme personnel, que d'*un* homme et de sa femme, pour cultiver le peu de terres qui restent, veiller s'il ne manque rien aux clôtures et conduite de l'eau quand il en manque dans les mares que j'ai établies dans les pâtures.

« J'ai en outre deux bergers pour faire paître les moutons dans les champs épars où je ne pouvais faire de clos. »

Résultats. — « Nous avons engraissé cette année :

Moutons...................................	600
Bœufs....................................	40

« Nous en avons nourri en outre :

Vaches laitières............................ 6
Chevaux................................... 2

« Avec les nouvelles pâtures que nous avons créées, cette année, nous pourrons engraisser vingt bœufs de plus. »

Produit-argent des bêtes à l'engrais. — « Depuis huit ans que nous avons commencé à changer notre système de culture, les bœufs nous ont produit en moyenne 100 *francs* par tête et les moutons 8 *à* 10 *francs* l'un. »

Céréales. — « Pour produire des céréales avec les prix de vente actuels, le prix de la main-d'œuvre et les exigences des serviteurs, il n'y a qu'à perdre ; — la viande seule peut nous laisser un moyen d'existence, car sa consommation va toujours en augmentant. L'agriculteur doit devenir commerçant et industrieux, sous peine de ruine. »

Consommation du pâturage. — « Il est essentiel de mettre les animaux de bonne heure dans les pâtures, c'est-à-dire fin mars ou commencement d'avril. — Alors on ne voit presque pas d'herbes, mais le peu qu'il y a à cette époque est de très bonne qualité et suffit pour nourrir le bétail. »

Choix des animaux. — « Il faut être difficile pour le choix des bestiaux : préférer les animaux de quatre, cinq ou six ans, ayant de larges hanches, de petits membres et de courte encolure, appartenant autant que possible aux races améliorées. »

Durée de l'engraissement. — « Parmi ces animaux, il s'en trouve environ *moitié* qui sont bons à livrer à la boucherie fin juin, ou courant de juillet ; de sorte que la pâture se trouve déchargée d'une partie des animaux pour le mois d'août, époque où l'herbe est courte, et à partir de laquelle elle ne pousse que faiblement pendant trois semaines ou un mois. Durant ce laps de temps, on donne aux animaux le foin qu'on aura récolté en juin, en fauchant les places que les bêtes ne mangent pas volontiers et dont l'herbe eût été perdue si on ne l'eût pas coupée. »

Composition des pâturages. — « Quant à la composition des mélanges de graines à semer pour former les pâtures, on arrive le plus sûrement à la déterminer en recherchant, sur le bord des chemins, les plantes qui poussent naturellement. Ce sont les meilleures à semer.

« Chez nous, le terrain est sec, pierreux et calcaire, et nous semons par hectare le mélange suivant :

Ray-grass anglais	10	kilogrammes.
Dactyle pelotonné	10	—
Fléole	10	—
Paturin des prés	5	—
Minette	1	—
Trèfle blanc	5	—
Sainfoin double	20	litres.

« Nos terres sont enrichies par de vieilles fumures; cette quantité de graine y suffit. Sur de moins bons sols, il faudrait augmenter la quantité.

« Nous semons nos pâtures dans le mois d'avril ou en mai, dans les orges, les avoines, ou les blés, ou seules. — Il faut surtout, comme pour toutes les petites graines, que la terre soit très propre et bien ameublie. » (Alfred Raulin.)

Nous ne pouvions mieux faire que de donner entièrement cette note si intéressante. Les faits précis et tangibles qu'elle relate feront plus pour persuader les agriculteurs que les plus éloquentes dissertations.

CHAPITRE III

PRAIRIES ARTIFICIELLES

Role améliorateur des prairies artificielles. — Luzerne. — Trèfle violet. — Trèfle blanc. — Trèfle hybride. — Anthyllide vulnéraire. — Sainfoin. — Lupuline. — Ajonc épineux.

Sous la dénomination générale de *prairies artificielles*, on a l'habitude de grouper les cultures fourragères de plantes vivaces de la famille des Légumineuses.

Les principales de ces plantes sont :

1º La luzerne ;

2º Les trèfles ;

3º Le sainfoin.

Leur introduction et leur généralisation dans la culture de nos fermes, qui sont relativement récentes, ont eu pour résultats de sérieux avantages.

Tout d'abord, elles ont accru dans une très large proportion l'importance des ressources alimentaires disponibles pour le bétail.

On n'avait autrefois pour nourrir celui-ci que les produits des prairies naturelles et des pâtures sèches.

Grâce aux prairies artificielles, les animaux sont assurés pendant la bonne saison d'une riche et abondante alimentation verte et, pendant l'hiver, de foins substantiels.

La variété que leur culture a introduite dans la production fourragère a eu pour effet de diminuer les risques courus par suite des variations des saisons. Leurs racines profondes leur permettent de mieux résister à la sécheresse que ne le peuvent les graminées. Leur aptitude à donner plusieurs coupes concourt aussi à assurer leur rendement régulier, car, si la première coupe est influencée défavorablement par la saison, les suivantes peuvent réparer le mal et *vice versa*. Enfin elles poussent de très bonne heure au printemps et apportent au moment opportun d'excellents fourrages verts aux animaux, alors que les réserves sont près d'être épuisées. D'un autre côté, la diversité de leurs aptitudes permet de toujours pouvoir cultiver une ou plusieurs de ces plantes dans les conditions les plus diverses de sol et de climat, de sorte que, dans leur ensemble, on y a recours partout.

Tandis que les céréales et les graminées fourragères ont des racines fasciculés qui s'étendent superficiellement dans le sol, sans jamais pénétrer dans les couches profondes, les légumineuses, qui nous occupent, ont des racines pivotantes qui s'enfoncent très profondément dans le terrain. C'est ainsi que la luzerne fait pénétrer en terre un pivot d'une très grande longueur, presque complètement dépourvu de radicelles latérales. C'est vers son extrémité seulement que s'épanouissent les radicelles à l'aide desquelles la plante soutire les sucs nourriciers. Cette racine pivotante s'enfonce toujours pendant tout le cours de la végétation de la plante pour aller chercher de nouveaux éléments de nutrition à des profondeurs sans cesse plus grandes. C'est ainsi que l'on conserve au musée de Berne une racine de luzerne longue de 16 mètres ; que le comte de Gasparin en a vu souvent de vivantes ayant 4 mètres de longueur ; et qu'Arthur Young creusa à 2 mètres de profondeur, sans parvenir à trouver le bout d'une de ces racines. Il n'est donc pas douteux que la plante de Médie ne puise sa nourriture à un niveau bien inférieur à la couche du terrain où vivent les racines de nos principales graminées.

Les racines de sainfoin, sans pénétrer aussi profondément que celles de luzerne, ne laissent pas que d'atteindre un niveau très bas et inférieur d'au moins 1 mètre à celui du sol, quand la nature du terrain le permet. Elles dépassent quelquefois 2 mètres. De même le trèfle violet envoie facilement son pivot à plus de 60 centimètres de profondeur. Nous en avons vu des racines fort longues.

Il résulte de là que les principales prairies artificielles sont caractérisées par cette particularité qu'elles puisent principalement leur nourriture au-dessous de 50 centimètres de profondeur et qu'elles peuvent, suivant l'espèce considérée, la nature du terrain et la durée de leur vie, faire concourir à la production fourragère des couches du terrain qui seraient absolument inutilisables par les autres plantes que nous cultivons. Ces légumineuses, après les premiers mois de leur existence, empruntent peu aux ressources alimentaires du sol superficiel, mais bientôt, comme d'habiles mineurs, elles vont chercher les matériaux de leur nutrition toujours plus avant. Ce mode de végétation permet de les alterner très avantageusement avec les céréales qui n'explorent pas les mêmes couches. On conçoit déjà qu'après la culture d'une luzerne, d'un trèfle ou d'un sainfoin, le blé ou l'avoine, qui viendront, trouveront un sol moins épuisé que s'il avait porté d'autres céréales. Le sol superficiel est non seulement moins épuisé, mais encore il est en réalité amélioré. De temps immémorial, les praticiens ont donné aux légumineuses fourragères le nom de plantes améliorantes, pour l'excellente raison qu'après leur récolte et leur défrichement ils obtiennent, sans engrais, des rendements de céréales bien supérieurs à ce qu'ils auraient été s'ils avaient semé ces végétaux granifères sur le même sol avant la culture de ces légumineuses. Mais ils ont reconnu également, d'une façon tout aussi certaine, que, si le sol est devenu plus productif en graminées, il a perdu pour un temps toujours long, la faculté de donner d'abondantes récoltes de ces précieux fourrages. Ils disent, dans leur langage imagé, que la terre est fatiguée de luzerne ou de trèfle, etc. Examinons donc cette double constatation.

Quand on observe le sol après le défrichement de la luzerne, on est frappé par la longueur, la grosseur et le nombre des racines de cette plante que l'on trouve dans la couche de terre retournée. De Gasparin a, par exemple, recueilli, sur 1 hectare de luzerne défrichée, 37 021 kilogrammes de racines désséchées à l'état normal, renfermant 0,80 p. 100 d'azote.

Mais les racines qu'abandonne la luzerne dans les couches superficielles du terrain ne sont pas les seuls débris organiques dont elle l'enrichit. Pendant tout le cours de sa végétation, elle laisse tomber des feuilles. C'est là une cause d'amélioration de la terre que nous ne pouvons chiffrer, mais qui n'en est pas moins réelle. D'autre part, lors de la récolte de chaque coupe, l'opération du fanage et de la dessiccation, quelques précautions que l'on prenne, produit toujours un certain déchet. Ce sont principalement les feuilles de la plante qui se détachent et les parties les moins lignifiées des tiges, c'est-à-dire les plus riches en éléments de fertilité. De ces pertes nous connaissons l'importance. En effet, nous savons, par les expériences de Perraut de Jotemps, que les légumineuses perdent environ un quart de leur poids en foin, de débris.

Il résulte également des observations de **M.** Heuzé que 1 hectare de luzerne, ayant donné, en cinq ans, 30 000 kilogrammes de foin sec, laisse après son défrichement, dans le sol, 20 000 kilogrammes de débris de racines.

Dans le bilan où il fait ressortir les résultats améliorateurs de la luzerne, de Gasparin expose que le rendement en foin de cinq années avait atteint le chiffre de 64 000 kilogrammes. Si nous cherchons, d'après ce chiffre, le rapport qu'il y a entre le poids des racines restées dans le sol, et le foin récolté, nous trouvons qu'à 100 kilogrammes de celui-ci correspondent environ 53 kilogrammes de racines.

D'après les nombres fournis par **M.** Heuzé, 1 quintal de foin produit correspond à un reliquat de 66 kilogrammes de racines. En admettant la moyenne des deux observations, nous ne pouvons pas nous éloigner beaucoup de la réalité soit 62 kilogrammes de racines pour 100 de foin.

M. Heuzé estime à 10 p. 100 du poids du foin les débris foliacés laissés par le fanage. Cette différence tient évidemment à des différences réelles dans les modes de fanage; et nous pensons qu'en thèse générale les pertes provenant de ce chef peuvent être, sans grande erreur, estimées à 15 p. 100 du poids du foin.

En somme, pour chaque quintal de foin récolté, la couche

arable a gagné 15 kilogrammes de débris foliacés et 62 kilogrammes de racines.

Pour préciser l'importance, au point de vue de la fertilisation du sol, de ces débris, nous avons analysé des racines de luzerne recueillies près de Chartres, sur un défrichement, et y avons trouvé p. 100 de matière sèche :

	kil.
Azote	1,663
Potasse	0,134
Chaux	1,329
Acide phosphorique	0,306

Bien que nous ne sachions pas exactement l'état de dessiccation dans lequel ont été pesées les racines de luzerne recueillies par les deux auteurs précités, puisqu'ils ne donnent aucun chiffre à cet égard, nous pouvons cependant arriver à nous en rendre compte par la comparaison des taux d'azote qu'ils indiquent avec celui que nous avons trouvé dans la matière sèche. Nous y avons dosé 1,66 de cet élément, tandis que de Gasparin en a trouvé dans les racines qu'il dit desséchées à l'état normal 0,8. En supposant que la matière sèche a une composition analogue dans les deux cas, nous en déduisons que le taux d'humidité était voisin de 51,9 p. 100. Au moment où nous avons analysé les racines de luzerne, il y avait environ huit jours qu'elles étaient amassées et exposées à l'air par le beau temps ; nous y avons trouvé 58,15 p. 100 d'eau. Le nombre calculé plus haut s'accorde sensiblement avec celui que nous avons trouvé directement ; aussi pouvons-nous l'admettre.

M. Heuzé donne, pour la richesse des racines en azote, 1 p. 100. Le même mode d'estimation nous conduit au taux de 40 p. 100 d'eau. Ces chiffres sont suffisamment rapprochés pour que nous puissions les prendre pour base de nos évaluations.

Quant aux débris des parties aériennes laissés par les récoltes successives au sol, ils sont estimés à l'état de dessiccation ordinaire du foin, soit à 16 p. 100 d'eau.

Il suit de ce qui précède que chaque quintal de luzerne récolté correspond à l'enrichissement suivant du sol, exprimé en matière sèche :

	kil.
Déchets des parties aériennes	12,6
Racines	33,5

On peut, sans grande erreur, prendre pour la composition des débris laissés par le fanage celle du foin de luzerne de bonne qualité, en ce qui concerne les matières minérales. De Gasparin leur assigne le taux de 1,97 d'azote et I. Pierre celui de 2,02. Nous admettons le plus faible.

D'après ces données, nous pouvons dresser le tableau suivant, qui nous indique approximativement les gains que la couche arable a pu faire après la culture de la luzerne pour 100 kilogrammes de foin produit :

	Débris. kil.	Racines. kil.	Total. kil.
Azote	0,295	0,557	0,852
Acide phosphorique	0,083	0,103	0,186
Potasse	0,230	0,045	0,275
Chaux	0,396	0,445	0,841

Si maintenant nous rapportons ces données à une luzerne qui, en six ans de durée, a rendu 480 quintaux de foin par hectare, nous constatons que le sol superficiel s'est enrichi de :

Azote	409	kilogrammes.
Acide phosphorique	89	—
Potasse	132	—
Chaux	401	—

Cet apport de principes fertilisants correspond à une dose de 80 tonnes de fumier de ferme pour l'azote, de 18 tonnes pour l'acide phosphorique et de 22 tonnes pour la potasse. Ces équivalents nous montrent pertinemment que le gain porte surtout sur l'azote. L'acide phosphorique et la potasse, au contraire, ne correspondent qu'à une fumure tout à fait ordinaire. C'est pourquoi l'on observe que, dans les sols relativement pauvres en acide phosphorique, comme beaucoup de ceux d'Eure-et-Loir, on ne peut obtenir tous les bons effets d'un défrichement de luzerne qu'en donnant un complément de superphosphate.

Au point de vue des matières minérales dont la première

couche du terrain est enrichie, nous pouvons tenir pour certain qu'elles proviennent toutes des couches profondes. Il n'y a donc en vérité qu'un déplacement de fertilité : l'amélioration n'est que relative, mais elle a pour l'agriculture la valeur d'une amélioration absolue, car elle permet d'utiliser des forces productives que nous ne pourrions pas atteindre sans recourir à cette plante précieuse ou à ses congénères.

Examinons maintenant quels sont les effets du trèfle sur l'enrichissement de la terre arable en principes alimentaires pour les plantes. D'après Boussingault, chaque quintal de foin de trèfle produit réduit à l'état de siccité complète laisserait dans le sol 83 kilogrammes de racines sèches. Les débris foliacés, à raison de 15 p. 100, donneraient 15 kilogrammes.

L'analyse des racines de trèfle violet (*Trifolium pratense*), de même provenance que celles de luzerne dont nous avons donné plus haut la composition, nous a fourni les résultats suivants pour 100 de matière sèche :

	kil.
Azote	2,126
Acide phosphorique	0,240
Chaux	0,924
Potasse	0,085

Aux débris foliacés et caulinaires que la fenaison laisse sur le sol, nous attribuerons la composition du foin, et nous pourrons former le tableau suivant, qui donne, pour 100 kilogrammes de fourrage entièrement desséché, le gain de substances alimentaires que fait le sol superficiel :

	Débris. kil.	Racines. kil.	Total. kil.
Azote	0,300	1,764	3,064
Acide phosphorique	0,100	0,199	0,299
Potasse	0,328	0,072	0,400

Pour une récolte de 70 quintaux de foin, renfermant 58^{q},8 de matière sèche, nous aurons pour le gain d'un hectare :

Azote	121	kilogrammes.
Acide phosphorique	18	—
Potasse	23	—
Chaux	66	—

Cet enrichissement équivaut pour l'azote à 24 tonnes de fumier de bonne qualité ; pour l'acide phosphorique, à 150 kilogrammes de superphosphate ordinaire, et, pour la potasse, à 50 kilogrammes de chlorure de potassium. D'où nous tirerons la même conclusion pratique que pour le défrichement de luzerne, à savoir : que, si l'on veut utiliser au maximum l'effet améliorateur de la culture du trèfle, il faut répandre sur le blé qui suit un supplément de superphosphate, au moins dans les terres pauvres en cet élément.

Pour ce qui concerne le sainfoin ou esparcette, nous ne possédons pas de renseignements spéciaux sur la quantité de racines laissées dans la terre arable après le défrichement, ni sur leur composition. Nous croyons que l'on peut admettre pour l'estimation des effets améliorants du sainfoin les mêmes bases que pour la luzerne. De là il résulterait qu'un sainfoin qui durerait trois ans et donnerait 50 quintaux de foin par an enrichirait le sol superficiel d'environ :

Azote.........................	127	kilogrammes.
Acide phosphorique..........	28	—
Potasse.....................	42	—

En résumé, ce qui précède semble démontrer que les légumineuses fourragères que nous avons examinées sont réellement des plantes qui, par leur culture, améliorent le sol arable ; que l'amélioration est beaucoup plus importante en ce qui concerne l'azote que pour l'acide phosphorique et la potasse.

Il n'est pas douteux non plus que les éléments minéraux dont bénéficie la terre à la surface, de même que ceux qui sont enlevés par les récoltes, ne proviennent du sous-sol, lequel par suite est peu à peu épuisé. C'est une des raisons qui expliquent pourquoi ces plantes ne peuvent revenir sur le même sol qu'au bout d'un temps plus ou moins long, après que le sous-sol a pu récupérer par sa lente désagrégation et par les infiltrations du sol les éléments assimilables dont il avait été dépouillé.

Le pouvoir absorbant du sol pour les principes solubles des engrais est, comme nous l'avons démontré en étudiant les engrais, fort énergique; on retrouve après vingt-deux ans de culture, dans la première couche de 22 centimètres, 90 p. 100 de l'acide phosphorique donné comme engrais et non absorbé par les végétaux; on retrouve dans les mêmes conditions 80 p. 100 de potasse. Il en résulte que le sous-sol appauvri en matières minérales ne peut être que fort difficilement remis en bon état de fertilité. Il serait nécessaire, pour arriver d'emblée à ce résultat, de défoncer profondément le terrain et d'incorporer, au moyen de grandes sommes de travail, des engrais appropriés au sous-sol. Il est plus sage de laisser le temps agir, en aidant à la descente de la potasse par le plâtrage pendant la végétation des légumineuses.

Quant à l'azote, qui est accumulé en si forte proportion dans la couche arable, et qui est exporté sous forme de fourrage en proportion plus forte encore, il paraît provenir à la fois du sol et de l'atmosphère.

Nous savons, d'après les recherches de I. Pierre, que le sous-sol, jusqu'à 1 mètre de profondeur et au delà, renferme des quantités de ce principe fertilisant relativement importantes. D'autre part, les nitrates qui proviennent de la transformation de l'azote des matières organiques du sol descendent facilement au travers de la terre, et le sous-sol doit en être constamment réapprovisionné. Mais nous n'ignorons pas que les sels ammoniacaux et les nitrates paraissent être peu favorables aux légumineuses, et les expériences de Lawes et Gilbert sur leur emploi montrent qu'ils n'ont produit aucun excédent de récolte sur les engrais minéraux employés seuls. Dehérain pense, d'après des expériences assez probantes, que les légumineuses peuvent, dans une certaine mesure, absorber les matières azotées organiques qui proviennent de la décomposition du terreau, substances solubles dont la descente dans le sous-sol est favorisée par le plâtrage, comme la descente de la potasse. Quoi qu'il en soit de ces obscurités restantes, il n'en est pas moins aujourd'hui démontré d'une manière complète que les légumineuses peuvent vivre sans demander leur azote au sol qui les porte, comme doivent le faire les graminées, et qu'elles peuvent le tirer entièrement de l'azote atmosphérique. C'est Hellriegell qui, en 1888. a fait cette importante découverte et a montré le rôle si curieux que joue dans le phénomène l'intervention de bactéries microscopiques qui vivent dans les nodosités que l'on observe sur les racines de toutes nos prairies artificielles.

Les légumineuses fourragères nous apparaissent donc comme des *accumulateurs d'azote*, et leur rôle en économie rurale a par là une importance dominante. Grâce à elles, sans jamais espérer réduire à néant l'emploi des engrais azotés, on peut du moins arriver à limiter les dépenses qu'ils nécessitent. L'agriculteur a le loisir, suivant les conditions économiques au sein desquelles il évolue, de baser son système de culture soit sur la captation de l'azote de l'air, soit sur l'emploi des engrais azotés tirés du dehors, soit enfin, dans la grande majorité des cas, sur la combinaison des deux méthodes.

LUZERNE (*Medicago sativa*) (fig. 49).

La luzerne, apportée de Médie en Grèce dès le temps de Darius (Pline), était réputée, chez les Romains, la plus excellente des plantes fourragères. Sa culture, transportée dans la Gaule méridionale, s'y conserva à travers toutes les vicissitudes des siècles, et Olivier de Serre la nommait la merveille du « mesnage des champs ». C'est en France, et surtout dans le Midi, que s'est conservé le culte que les anciens avaient voué à la luzerne ; de là elle s'est étendue chaque jour davantage à mesure que l'on a apprécié ses qualités, dans les pays situés plus au nord, jusqu'au point où le climat donne d'abord l'égalité, puis la supériorité au trèfle, qui devient alors la première des plantes fourragères, comme la luzerne l'est au midi.

En Allemagne, dit Langethal, si le trèfle est comme le roi des légumineuses fourragères, la luzerne est la reine qui l'accompagne,

De même la luzerne le cède au sainfoin dans les terres calcaires du midi et de la France moyenne, qui ont des printemps et des étés habituellement secs ; puis les chances de l'humidité moyenne du terrain devenant plus grandes, soit par l'effet de la position topographique des champs, soit par la facilité de

les **irrigu**er, la luzerne l'emporte. Enfin
l'humidité du prin-
temps et de l'été
s'accroît en mar-
chant vers le nord ;
mais en même temps
la somme de tem-
pérature nécessaire
pour faire croître la
luzerne diminue, les
époques des diffé-
rentes coupes s'éloi-
gnent, et les trois
coupes de luzerne
qu'on o! tient n'équi-
valent plus aux deux
coupes de trèfle :
celui-ci devient alors
la plante prédomi-
nante.

C'est que la luzer-
ne est une plante
d'origine méridio-
nale, comme nous
l'avons vu, et qu'en
conséquence, toutes
les conditions de sol
étant les mêmes,
elle donnera tou-
jours des résultats
d'autant meilleurs
que les circons-
tances climatériques
se rapprocheront
davantage de ce
qu'elles sont dans
son aire naturelle.

Fig. 49. — Luzerne.

Composition et valeur nutritive de la luzerne.

La luzerne fournit un fourrage vert et un foin d'une très grande valeur alimentaire, que tous les animaux domestiques consomment avec avidité. A l'état vert, il faut la distribuer avec précaution, car, bien qu'à un moindre degré que le trèfle, elle peut occasionner, chez les ruminants, la météorisation. D'après les recherches de MM. Müntz et Girard, la luzerne verte de première coupe, récoltée au fur et à mesure des besoins, a la composition moyenne et la digestibilité suivantes :

	Éléments bruts.	Coefficients de digestibilité.	Éléments digestibles.
Eau......................	75,30	»	»
Matières minérales...........	2,38	»	»
— grasses brutes......	0,45	»	»
— solubles dans l'alcool.	2,02	89,6	1,8
— solubles dans l'eau..	5,00	92,4	4,6
Sucre......................	0,44	100,0	0,44
Corps saccharifiables (1)......	2,28	64,0	1,5
Cellulose brute..............	6,28	46,8	3,0
Substances non azotées diverses.	8,69	75,6	6,6
Matières albuminoïdes........	3,11	75,8	2,4
— azotées totales.......	4,18	78,2	3,3

Cent kilogrammes de ce fourrage vert moyen fournissent donc à l'organisme environ $2^{kg},4$ d'albuminoïdes et $18^{kg},8$ d'hydrates de carbone et amides.

Mais la composition de la luzerne est loin d'être constante; elle varie au contraire très sensiblement depuis le moment où elle est fauchable jusqu'à l'époque de la pleine floraison; les analyses suivantes de Wolff en sont la démonstration :

	Luzerne très jeune.	Début de la floraison.
Eau......................	81,0	76,0
Matière organique...............	17,3	24,0
Cendres......................	1,7	2,0
Protéine brute..................	5,5	4,3
Graisse brute..................	0,7	0,8
Cellulose brute.................	4,4	8,2
Extractifs non azotés............	6,5	8,7

(1) Pentosanes.

Éléments digestibles.

	Luzerne très jeune.	Début de la floraison.
Matières azotées.............	4,3	3,1
Graisse....................	0,3	0,3
Hydrates de carbone........	6,7	9,0

Foin de luzerne. — Nous avons trouvé à du bon foin de luzerne, provenant d'un sol du limon des plateaux, en Eure-et-Loir, la composition suivante :

	CLOCHES.		
	1re COUPE.	2e COUPE.	MOYENNE.
Eau...........................	10,60	10,90	10,75
Cendres (1)...................	7,91	6,55	7,23
(2) Matières albuminoïdes......	10,45	13,12	11,78
— azotées diverses...	3,74	2,67	3,20
Matière grasse (3)..............	0,89	0,64	0,76
Chlorophylle et résines (4).......	0,85	0,93	0,89
Résines, tanins, etc. (5).........	1,53	1,63	1,58
Pentosanes ou matières sacchari-fiables.......................	17,70	14,50	16,10
Matières non azotées diversss....	21,13	25,55	23,36
Cellulose	25,20	23,50	24,35
(1) Acide phosphorique.............	0,70	0,72	0,71
(2) Azote total....................	2,52	2,79	2,65

(3) Substances solubles dans l'éther de pétrole.
(4) Substances insolubles dans l'éther de pétrole mais solubles dans l'éther anhydre.
(5) Substances insolubles dans l'éther de pétrole et l'éther anhydre, mais solubles dans l'alcool absolu.

Le foin de seconde coupe est plus fin et plus riche en albuminoïdes que le foin de première coupe. Celui-ci renferme un peu plus de cellulose et de pentosanes.

Sur une luzerne de même provenance, nous avons déterminé les coefficients de digestibilité en opérant sur le mouton, et nous avons trouvé :

Albuminoïdes.......................	69,9 p. 100
Pentosanes........................	60,7 —
Cellulose...........................	44,7 —

Indéterminées...................... 66,7 p. 100
Acide phosphorique...... .... 44.3   —

Les causes d'erreur sont telles, en ce qui concerne la graisse brute, que nous avons dû renoncer à déterminer son coefficient de digestibilité.

En combinant les données qui précèdent, nous avons calculé la teneur en substances digestibles, c'est-à-dire réellement nutritives, de notre foin de luzerne moyen ; on y trouve p. 100 :

Albuminoïdes   8,2
Amides...................................   3,2
Pentosanes   9,8
Cellulose................................   10,9
Matières hydrocarbonées diverses..........   17,5

Total des matières nutritives........   49,6
Acide phosphorique assimilable............   0,31

MM. Müntz et Girard ont étudié avec soin la valeur nutritive de la luzerne. Dans le tableau suivant, nous donnons le résumé des résultats qu'ils ont obtenus de l'analyse de huit foins de luzerne pure, ainsi que les coefficients de digestibilité qu'ils ont déterminés en opérant sur le cheval percheron :

	PRINCIPES IMMÉDIATS.			COEFFICIENT de digestibilité.	ÉLÉMENTS digestibles.
	MAXIMUM	MINIMUM	MOYENNE		
Eau..........................	15,00	9,30	13,36	»	»
Cendres......................	9,00	6,65	7,80	»	»
Matières solubles { dans l'éther.....	2,30	1,26	1,67	»	»
dans l'alcool....	7,48	4,06	6,03	74,6	4,5
dans l'eau.......	19,23	11,25	15,38	78,5	12,0
Sucre	1.54	traces	0,65	100,0	0,6
Corps saccharifiables.......	9,58	7,18	8,37	65,0	5.4
Cellulose brute...........	25,56	17,00	22,35	29,5	6,6
Matière azotée totale.......	17,15	12,70	15,07	74,7	11,2
Albuminoïdes................	15,34	9,51	12,42	72,9	9,0
Indéterminées...............	33,38	23,18	29,32	62,2	18,3

On peut donc assigner au foin de luzerne pur moyen une teneur de 9 p. 100 d'albuminoïdes digestibles et de 49,6 p. 100 d'hydrates de carbone et amides.

Comme le montrent les nombres précédents, la composition du foin de luzerne peut varier dans d'assez larges limites. Cela tient à la nature du sol, où la plante a été récoltée, et à l'époque de la fenaison, comme aux soins apportés à celle-ci.

Après la floraison, la luzerne a perdu une grande partie de sa richesse par la chute des feuilles. Celles-ci, en effet, sont beaucoup plus riches et plus nutritives que les tiges, toujours plus ou moins grossières. On comprendra facilement l'influence de la perte des feuilles sur la valeur nutritive du fourrage, quand on saura que celles-ci, avec les pétioles et les ramifications secondaires, forment de 49 à 52 p. 100 du foin de luzerne bien récolté.

L'analyse des tiges d'une part et des parties fines de l'autre a donné aux mêmes savants les résultats suivants, que nous rapprochons de leur digestibilité propre déterminée sur le cheval :

	TIGES.		PARTIES FINES.	
	Principes immédiats.	Coefficients de digestibilité.	Principes immédiats.	Coefficient de digestibilité.
Eau..................	11,25	»	11,26	»
Cendres..............	4,74	»	1,44	»
Matières solubles { dans l'éther.	0,88	?	1,44	?
Matières solubles { dans l'alcool.	4,93	82,4	5,62	79,9
Matières solubles { dans l'eau...	9,51	78,2	19,8	84,5
Sucre................	0,52	100,0	traces	»
Corps saccharifiables..	8,68	45,2	6,96	75,8
Cellulose brute.......	34,48	40,3	15,98	52,1
Matière azotée totale..	9,56	72,6	20,96	75,5
Albuminoïdes.........	7,50	66,8	16,94	75,6
Indéterminées........	29,89	58,8	34,73	71,2

On voit, d'après cela, que les parties fines de la luzerne, que l'on perd en si grande abondance lorsqu'on opère la fenaison avec peu de soin, sont à la fois plus riches en matières nutritives et plus digestibles que les tiges. On ne saurait donc attacher une importance trop grande au choix d'une méthode

de fenaison qui évite la perte des feuilles. L'appréciation de
la valeur du foin de luzerne doit prendre pour base la proportion des parties fines dans la masse, proportion qu'il est facile
d'estimer à l'œil ou de déterminer par l'essai direct, en froissant rapidement à la main un poids donné de fourrage, en
secouant les parties fines et en pesant ensuite les tiges restantes. Dans les bonnes luzernes, le poids des tiges ne doit
pas dépasser 50 p. 100 de la masse totale.

Dans les foins de luzerne courants, tels qu'on les livre au
commerce, il y a une raison de plus pour faire varier la composition ; nous voulons parler d'une proportion plus ou moins
forte de graminées, souvent de mauvaise qualité. Dans certains
foins de luzerne, on a vu tomber le taux des matières azotées
totales à 7 p. 100. Voici un exemple de cette influence de
l'invasion des luzernes par les graminées : dans un foin de
luzerne du commerce de qualité moyenne, MM. Müntz et
Girard ont séparé, sur 100 kilogrammes, $66^{kg},2$ de luzerne
pure et $37^{kg},3$ de graminées diverses. Ils ont trouvé dans
ce foin les qualités ci-après de matières nutritives dont ils ont
déterminé la digestibilité :

		Foin brut.	Coefficient de digestibilité.	Éléments digestibles.
Eau		14,40	»	»
Cendres		6,56	»	»
Matières solubles	dans l'éther	1,58	?	?
	dans l'alcool	6,51	85,9	5,6
	dans l'eau	11,97	74,2	8,9
Sucre		0,80	100,0	0,8
Corps saccharifiables		10,82	61,1	6,6
Cellulose		22,95	39,1	9,0
Matière azotée totale		10,88	67,3	7,3
Albuminoïdes		9,17	62,0	5,7
Indéterminées		32,01	66,0	21,1

Ce foin ne renferme donc p. 100 que 5,7 seulement d'albuminoïde, au lieu de 9 qui existent dans la luzerne moyenne
pure, et par contre on y trouve un peu plus d'hydrates de
carbone : 53,6 au lieu de 46,9 p. 100. La luzerne envahie par
les graminées donne donc un fourrage moins riche en matériaux formateurs des tissus et est ainsi moins favorable pour
l'alimentation des jeunes animaux et des vaches laitières.

Lorsqu'on laisse mouiller la luzerne pendant la fenaison, il en résulte un amoindrissement sensible dans le rendement en foin et dans la valeur nutritive de ce dernier.

O. Kelner a étudié le cas sur deux parcelles de luzerne du même champ, dont l'une a été récoltée et séchée sans recevoir de pluie, tandis que l'autre avait été mouillée deux fois pendant la fenaison, en quatre jours.

La seconde a donné un poids de foin de 7,5 p. 100 inférieur à la première. L'analyse de la matière sèche des deux foins a fourni les résultats suivants, exprimés en substances digestibles :

	Sans pluie.	Mouillé.
Matières azotées	12,2	9,9
Cellulose brute	15,3	15,4
Hydrates de carbone	29,1	27,4
Cendres	2,2	1,6
Totaux	58.8	54,3

Dans l'ensemble, le mouillage de la luzerne a fait perdre, pour 100 de foin sec, 4,5 d'éléments nutritifs digestibles, ce qui correspond à 7,6 p. 100 de la quantité totale préexistante. La perte a porté principalement sur la matière azotée : il en a disparu 2,3 p. 100 du foin sec, ou 18 p. 100 de la quantité renfermée primitivement dans le fourrage. Celui-ci est donc devenu beaucoup moins nutritif et moins convenable pour les vaches laitières et les animaux d'élevage, qui exigent un régime riche en albuminoïdes.

Climat et sol.

Cherchons à préciser les conditions climatériques et les conditions agrologiques que la luzerne exige pour bien se développer.

La luzerne, toujours sous la faux renaissante,

entre en végétation quand la température moyenne de l'air s'élève à 8° au-dessus de zéro. Elle pousse plus ou moins épaisse, plus ou moins élevée, selon que la plante trouve en terre la fertilité et l'humidité convenables ; mais dans tous les cas on

la coupe lorsqu'elle est en fleur, et elle fleurit après avoir
reçu 852° de chaleur totale au-dessus de 8° de température
moyenne. Ainsi, à Paris, la température moyenne atteint 8° au
commencement d'avril, pour y redescendre au 15 octobre, et
la chaleur totale, prise au soleil, de l'une à l'autre de ces dates,
est d'environ 3 400 à 3 800°, qui, divisés par 852, donnent à peu
près 4. On y peut faire quatre coupes dans les années positi-
vement chaudes ; on en fait ordinairement trois, et on pâture
la quatrième.

En Bavière, la température atteint 8° au commencement de
mai ; elle y redescend au 1er octobre. La chaleur totale entre
ces deux dates est de 2 500°, et l'on pourrait faire dans l'année
trois coupes ; mais il est probable que la troisième, trop tardive
pour être fanée, est pâturée sur place.

Voilà des faits qui montrent l'action de la chaleur. Pour
l'humidité, nous nous contenterons de dire que la luzerne
irriguée abondamment une fois après chaque coupe peut être
fauchée presque tous les mois, à partir du printemps, en An-
dalousie. Celle qui n'est pas irriguée n'y donne rien ou à peu près.

La luzerne craint les gelées d'hiver tant qu'elle n'est pas
parfaitement enracinée, mais son pivot pénètre bien au-dessous
des couches où la gelée peut parvenir, et dès lors la plante
est à l'abri des atteintes du froid. Cependant il ne faut pas
oublier que ses jeunes pousses redoutent les gelées tardives.

En somme, la luzerne aime la chaleur, une humidité modérée qui soutient sa végétation pendant le cours de l'été. Sa
culture peut s'avancer jusqu'au nord du climat de Paris ; plus
loin, elle cède le pas au trèfle.

La luzerne réclame par-dessus tout un sol perméable et
profond, calcaire, riche en acide phosphorique et en potasse
assimilables. Ses racines, qui peuvent acquérir une très grande
longueur, ont en effet besoin, pour s'allonger, d'un sous-sol qui
se laisse traverser jusqu'à une grande profondeur. Ces longues
racines, presque dépourvues de ramifications latérales, sont
terminées par une houppe de radicelles absorbantes qui ont
bientôt épuisé les sucs nutritifs environnants ; mais, comme
elles s'allongent toujours, elles pénètrent successivement
dans de nouvelles couches non épuisées. Si cet allongement

est arrêté, la plante devient languissante ; sa durée est compromise. C'est donc en réalité la nature du sous-sol qui est surtout importante pour la luzerne.

Rendement et durée des luzernières.

La luzerne est une plante vivace, et, dans la culture, elle peut durer plus ou moins longtemps suivant les circonstances de sol, d'humidité, de climat, etc. Une condition essentielle pour qu'une luzerne ait une grande durée, c'est une grande profondeur et une suffisante richesse des couches meubles du sol. Toutefois il arrive souvent que, même dans les sols les plus fertiles, la présence des mauvaises herbes, et surtout du chiendent qui, quoi qu'on fasse, s'emparent progressivement du terrain, étouffe bientôt la luzerne. La durée utile d'une luzernière ne dépasse pas dix ans dans les circonstances les plus favorables. Dans la plupart des cas, il y a avantage à la rompre quand elle a duré de quatre à six ans, suivant son état.

Le rendement total d'une luzernière est évidemment lié à sa durée. C'est en général lorsque la luzerne est à sa troisième année de coupe que le rendement moyen annuel est maximum, et, à partir de là, il va en diminuant. Sous le climat de Paris dans de bonnes conditions, le rendement annuel de la luzerne ne dépasse pas 80 quintaux de foin sec par hectare. Dans les bonnes fermes de la Brie, d'après M. Joulie, il serait de 70 quintaux environ. La nature du sol, sa richesse en engrais et surtout sa plus ou moins grande dose d'humidité pendant l'été peuvent produire de grandes différences dans le nombre des coupes et le rendement. Dans le climat de Paris, où l'on fait trois coupes, la première est ordinairement la plus abondante, parce qu'elle profite de tous les sucs nutritifs accumulés dans le sol depuis l'automne précédent ; les autres vont en diminuant soit par suite de l'épuisement du sol ou de la sécheresse.

La durée des luzernières est limitée par un certain nombre de causes qu'il nous faut examiner et qui sont : l'épuisement du fond de la terre, la sécheresse ou la dureté des couches inférieures, l'humidité stagdante de ces mêmes couches, l'envahissement par les herbes.

L'épuisement du fond de la terre se manifeste par la diminution progressive de la production, par la disparition successive des plantes : il n'en reste qu'un nombre toujours plus petit, de celles qui ont été placées dans de meilleures conditions que les autres; cet épuisement est bien plus rapide quand on sème la luzerne dans un champ qui en a déjà porté. Il ne se répare qu'à la longue, et les luzernes durent d'autant moins qu'elles se succèdent plus souvent les unes aux autres. Cela s'explique facilement, car les principes nutritifs disparaissent bien plus vite par l'aspiration des racines qu'ils ne sont remplacés; il faut en effet pour cela qu'ils aient pu traverser lentement toutes les couches supérieures après avoir été rendus assimilables par les actions chimiques qui se produisent dans les terres sous l'action du temps, de la chaleur, de l'eau, de l'air et des microbes.

La sécheresse et la dureté des couches inférieures produisent le même effet, parce que les racines, une fois qu'elles y sont parvenues, ou manquent d'humidité, ou ne peuvent plus s'enfoncer. La luzerne, d'un autre côté, périt entièrement lorsque ses racines atteignent une couche imprégnée d'une humidité stagnante.

Mais, dans les sols les plus fertiles, c'est par l'envahissement des plantes adventices que la luzerne périt. Le champ se convertit en gazon, et la luzerne, qui est de toutes les plantes celle qui se plaît le mieux dans l'isolement, ne tarde pas à céder la place à ces plantes plus robustes qu'elle.

Plantes parasites et animaux nuisibles.

Outre ces causes générales de destruction des luzernières, il y en a d'autres accidentelles : nous voulons parler des plantes parasites et des animaux nuisibles.

La Cuscute (*Cuscuta Europæa*), — connue aussi des cultivateurs sous les noms divers de rasque, teigne, tignasse, barbe de moine, cheveux de Vénus, etc., — est un fléau redoutable pour la luzerne qui nous occupe actuellement et pour le trèfle (fig. 50).

La graine de cuscute est très petite, d'une forme arrondie ovoïde et d'une couleur brun jaunâtre. Elle peut séjourner longtemps dans la terre, jusqu'au moment où elle rencontre les circonstances favorables pour son développement. Elle peut même traverser les organes digestifs des animaux sans perdre ses facultés germinatives. La graine met environ quatre semaines pour germer, puis on voit l'embryon venir s'implanter dans le sol ; alors la tigelle s'allonge en restant contournée sur elle-même et portant à son sommet le reste de la graine. Au bout d'un certain temps, celle-ci tombe ; on voit alors la partie contournée de l'embryon s'animer d'un mouvement tournant et se diriger

Fig. 50. — Cuscute.

en cercle vers tous les points de l'horizon. Il épuise les matériaux contenus dans la tige, et le pivot se flétrit à la partie inférieure et tombe sur le sol. Lorsque, dans son mouvement de rotation, le bout contourné de l'embryon rencontre une tige vivante sur son passage, il l'entoure en formant une spirale ; il s'y applique intimement ; alors il produit des suçoirs qui pénètrent dans les tissus de la plante attaquée et avec lesquels il aspire les sucs de sa victime. Si, au lieu de rencontrer une tige de luzerne ou de trèfle, par exemple, l'embryon de cuscute trouve une tige de fer ou de bois sec, etc., il la tâte, mais ne s'y arrête pas, et continue à rechercher une plante vivante. Lorsqu'une fois la cuscute a vécu en parasite, elle entoure très bien des tiges mortes.

Aussitôt que la cuscute s'est fixée, elle développe une tige grêle, déliée comme un fil, très rameuse et d'une couleur roussâtre. Elle enveloppe toutes les plantes voisines, les fait disparaître sous le réseau de ses filaments et enfin les épuise et les tue. Chaque filament en contact avec une tige de luzerne développe des suçoirs; les fragments de filament jouissent eux-mêmes de cette propriété.

Bientôt la plante donne naissance à des fleurs en petits capitules blanchâtres, puis à des fruits. Ce sont des capsules sphériques à deux loges contenant chacune deux graines.

Elle produit aussi de petits tubercules qui jouissent de la propriété de la reproduire. Elle a ainsi trois modes de reproduction : 1º par la graine ; 2º par les fragments de tiges, et 3º par les tubercules.

Cette plante parasite paraît résister à nos hivers; à la vérité, tous les filaments disparaissent, mais ses graines et ses tubercules demeurent et y résistent.

La végétation de la cuscute est si rapide, pendant la belle saison, qu'en trois mois un seul pied peut faire périr tous les plants de luzerne ou de trèfle qui l'environnent, sur un rayon de 3 mètres, correspondant à une surface de plus de 28 mètres carrés.

On voit par là combien il est difficile de détruire cette plante parasite, et cependant les ravages qu'elle exerce sont si grands qu'on ne doit reculer devant aucun soin, quelque minutieux qu'il soit, pour s'en préserver. Il ne faudra jamais employer pour fumer les prairies artificielles les fumiers provenant des bestiaux nourris de fourrages infestés de cuscute. Il ne faudra pas non plus récolter de grains dans les champs qui sont attaqués par cette peste, ou bien chaque tête de graines devra être recueillie à la main. Jamais non plus il ne faudra semer de graine achetée sans avoir examiné si elle est infestée de graines de ce parasite, et dans ce cas sans l'en avoir préalablement débarrassée.

Cette séparation peut être faite facilement, d'abord en froissant avec force la graine de luzerne ou de trèfle entre deux toiles grossières, afin de rompre les capsules de la cuscute, puis en pratiquant un criblage à travers une toile métallique de laiton du n° 9, afin que celle-ci retienne la graine de luzerne ou de trèfle et qu'elle laisse passer complètement celle de cuscute, qui n'a guère qu'un demi-millimètre de diamètre. Quand on achète ses graines dans le commerce, il faut non seulement se faire garantir sur facture l'absence de cuscute, mais encore il ne faut jamais négliger, aussitôt leur réception, de faire vérifier à la station d'essais de semences de l'Institut national agronomique la pureté de la marchandise reçue (1).

Ce sont là des moyens préventifs. Mais y a-t-il des moyens curatifs pour détruire la cuscute dans une luzernière attaquée? Voilà ce que nous devons encore examiner.

Le procédé de l'incendie a donné jusqu'ici de bons résultats : dès qu'on s'aperçoit qu'un champ est attaqué sur quelques-uns de ses points, on coupe les plantes le plus près possible de terre et à un mètre au delà de la surface attaquée. On place dans un sac le produit de cette coupe, et on va le brûler au loin. Puis on répand de la paille et des brindilles sur la surface dégarnie, qu'on arrose de pétrole, et on y met le feu. La cuscute périt, mais aussi souvent la luzerne. Dans ce cas, on bêche la surface incendiée et on y sème une autre plante fourragère. Si l'on suit le mal à la piste sans interruption, on parvient à se débarrasser de cette plante parasite, pourvu que le remède soit appliqué avant la maturité des graines.

Au lieu de recourir au feu, qui est un remède héroïque, on

(1) Outre la cuscute d'Europe ou petite cuscute, on a signalé dans les luzernes et les trèfles la cuscute d'Amérique (*Cuscuta Gronovii*). En voici les caractères : « Tiges fortes, jaunes, fleurs grandes, odorantes, de couleur blanche, réunies en cymes jaunes, lâches, paniculées ; calice gamosépale, lobes de la corolle étalés, ordinairement plus courts que le tube profondément campanulé ; écailles très frangées, stigmates capités, capsule globuleuse, indéhiscente ; graines jaunâtres, grosses, dépassant parfois 1^{mm},50 de diamètre » (Schribaux).

La grosseur des graines de cette espèce rend plus difficile l'épuration des semences de luzerne par les procédés employés jusqu'ici.

peut, après avoir dégarni la tache comme il vient d'être dit, la pulvériser avec soin avec une dissolution à 10 ou 20 p. 100 de sulfate de fer, ce qui détruit ce qui peut rester de cuscute, sans empêcher la légumineuse de repousser.

Un procédé également recommandable consiste à répandre sur les taches du sulfate de potasse brut à la dose de 200 à 300 grammes par mètre carré : la cuscute est tuée, et la luzerne ou le trèfle repoussent.

La destruction de la cuscute est d'autant plus nécessaire que le fourrage vert et sec, infesté de cette plante, répugne aux animaux. Il détermine chez la vache la perte de l'appétit, et il est dangereux en ce sens qu'il détermine dans le tube digestif un feutrage indigeste.

Un autre parasite de la luzerne est la rhizoctone violette (*Rhyzoctonia violacea*), cryptogame qui, sous la forme de filaments violacés, enveloppe la racine, se nourrit de sa sève et la fait mourir. On voit souvent dans les champs de luzerne des places circulaires qui se dégarnissent de plantes et dont le rayon s'étend progressivement. On a cru remarquer que la présence de la potentille rampante sur le terrain annonçait presque à coup sûr que la luzerne y serait attaquée par ce champignon. On cherche à arrêter le mal en le cernant par un fossé profond de 50 à 70 centimètres, dont on rejette la terre à l'intérieur. On laboure ensuite la partie entourée en enlevant avec soin tous les débris de plantes pour les brûler. On recouvre ensuite les parois et le fond du fossé d'une couche assez épaisse de soufre, et on le comble avec de la terre. Enfin on répand à la surface de la partie défrichée une forte couche de chaux. Comme les organes de reproduction de la rhizoctone peuvent rester vivants dans le sol pendant au moins trois ans, il faut éviter de resemer de la luzerne dans les anciens foyers pendant une période au moins égale. On ne parvient pas toujours à arrêter ainsi le mal, soit qu'on ait laissé en dehors de l'enceinte des racines attaquées, soit que la coupure n'ait pas été assez profonde. Quand il continue à s'étendre, il faut défricher la luzerne. C'est l'envahissement de ce parasite qui a empêché Mathieu de Dombasle de continuer la culture de la luzerne à Roville.

La luzerne est aussi quelquefois attaquée par l'orobanche (*Orobanche minor*), plante parasite qui croît sur ses racines. Elle se montre surtout dans les secondes coupes et produit une très grande quantité de graines, d'une extrême finesse, qui se conservent pendant longtemps dans le sol. Quand cette plante abonde, le fourrage est peu abondant et de plus déprécié, sinon nuisible, à cause des propriétés aphrodisiaques de ce parasite. Pour prévenir l'invasion, ne semer que des graines de luzerne exemptes de l'orobanche et faire le semis très dru pour que le fourrage serré empêche l'accès de la lumière indispensable au développement du parasite. Pour combattre l'envahissement, couper la prairie avant la maturité des graines de l'orobanche et, si celle-ci gagne du terrain, défricher.

Il se développe aussi quelquefois sur la luzerne le miellat causé par l'*Eresyphe communis*; la rouille, produite par l'*Uromyces apiculatus*. On rencontre aussi le *Peronospora trifoliorum*, et enfin le *Phacidium medicaginis*, qui détermine la dessiccation prématurée des feuilles. Il ne faut faire consommer qu'avec précaution les fourrages envahis par ces champignons.

Dans le règne animal, la luzerne a un ennemi très sérieux dans la larve de l'eumolphe obscur (*Colapsis atra*), connu aussi sous les noms de Babotte, Nigril, Canille (1). L'insecte parfait est noir, luisant, ovale; le mâle est long de 4 millimètres et demi, et la femelle de 8 millimètres. Il est propre au Midi. Ses larves se montrent au mois de mai. La transformation a bientôt lieu, et, les générations se succédant, les larves deviennent si nombreuses qu'elles détruisent la récolte. Aussitôt que l'on reconnaît le mal, il faut faucher le champ d'une manière réitérée pour détruire l'insecte par la famine.

On a signalé contre le nigril l'efficacité d'un mélange de naphtaline et d'ammoniaque que l'on répand sur la luzerne envahie. Il est bon également de répandre de la poudre de chaux éteinte sur les plantes quand les femelles ont le ventre gonflé par la ponte; la chaux adhère sur le corps visqueux de l'eumolphe, et l'animal tombe; alors on fait passer le rouleau pour l'écraser. On peut enfin faire parcourir les luzernières

___

(1) Voy. GUÉNAUX, *Entomologie et parasitologie agricoles* (ENCYCLOPÉDIE AGRICOLE).

par les troupeaux de dindons ou de poules qui sont très friands de la larve.

On a parfois à redouter pour les luzernes l'envahissement par les mulots, surtout en hiver ; on détruit ces animaux en introduisant dans leurs galeries du blé arséniqué. Les limaces au printemps rongent souvent les jeunes feuilles, etc.

Culture de la luzerne.

Préparation du sol. — Les racines de la luzerne ayant, comme nous l'avons dit, une tendance à s'enfoncer profondément dans le sol, on conçoit la nécessité d'ameublir celui-ci à la plus grande profondeur qu'on le pourra. Dans le Midi, le défoncement s'opère à 45 centimètres. On le faisait autrefois à la bêche, mais l'emploi des charrues fouilleuses est bien plus économique ; le travail en est excellent et bien plus rapide. Le meilleur mode de défoncement consiste à ouvrir avec la charrue ordinaire un sillon de 20 à 25 centimètres de profondeur, puis à la faire suivre par une charrue fouilleuse qui remue le fond de la raie sans ramener la terre à la surface, sur une profondeur de 15 à 20 centimètres. Ce défoncement doit s'exécuter au plus tard avant l'hiver qui précède l'ensemencement (fig. 51).

Cette nécessité du défoncement conduit naturellement à faire précéder la mise en luzerne d'un champ par la culture d'une plante sarclée. Parmi toutes ces plantes, celle qui convient le mieux est la pomme de terre, à laquelle on fait succéder, dans le présent cas, une céréale de printemps, où l'on fait le semis de la légumineuse. Nous indiquons ailleurs la fumure à appliquer à cette solanée. Ses résidus seront très propres à favoriser le bon développement de la jeune luzerne, de même que la propreté du sol assurera une plus grande durée de la prairie artificielle en prévenant son envahissement par les plantes adventices. On doit s'appliquer en effet à assurer à la plante fourragère qui nous occupe la plus longue durée possible et, pour y parvenir, en dehors de cette préparation soignée du terrain, favorisée, s'il est nécessaire, par le marnage qui apporte le calcaire indispensable, il ne faut rien négliger pour l'enrichissement du sol en éléments nutritifs.

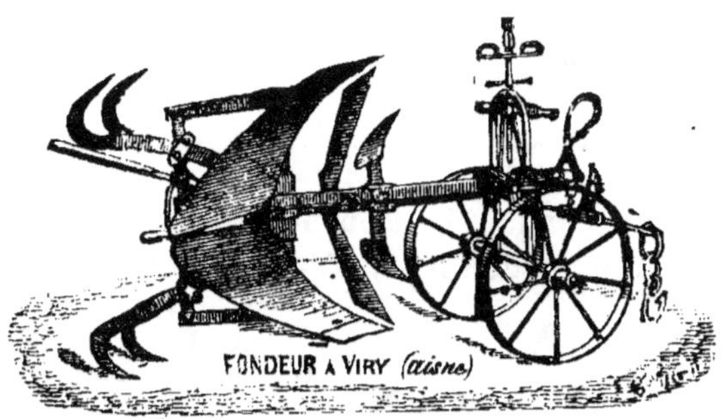

Fig. 51. Brabant double à griffes fouilleuses.

Fumure de la Luzerne.

Dans nos régions, la luzerne ne peut que rarement être conservée plus de trois ou quatre années.

Les rendements sont variables suivant la nature des saisons. M. Joulie, qui a étudié cette culture dans les bonnes fermes de la Brie, a constaté la production suivante en matière sèche récoltée :

Première année .... 5.000 kgr.
Deuxième année .... 7.250 —
Troisième année .... 5.488 —
Total des 3 années.............. 17.738 kgr.

Le produit moyen annuel de matière sèche récoltée s'élève donc à 5.912 kilogrammes, correspondant à 6.955 kilogrammes de foin desséché à l'air et retenant environ 15 p. 100 d'eau.

(1) Voyez GAROLA (C.-V.). — Engrais, 6e édition (*Encyclopédie agricole*). I. *Les matières fertilisantes*, 1921, 1 vol. in-16 de 348 pages avec 47 figures ; II. *La Pratique de la Fumure*, 1922, 1 vol. in-16 de 350 pages avec 45 figures.

D'après la moyenne des analyses au même auteur et les nôtres, la matière sèche renferme :

Azote	2,622
Acide phosphorique	0,770
Chaux	1,878
Potasse	2,883

De sorte que, pendant les trois premières années de son existence, la luzerne tire du sol pour former le foin récolté :

	Azote	Acide phosphor.	Potasse	Chaux
	kgr.	kgr.	kgr.	kgr.
Première année	131	38,5	94	144
Deuxième année	190	55,8	136	209
Troisième année	144	42,3	103	158
Total	465	136,3	333	511

Par année moyenne de production, le foin récolté renferme donc 155 kilogrammes d'azote, 45 kgr. 5 d'acide phosphorique, 111 kilogrammes de potasse et 170 kilogrammes de chaux. Par quintal de foin produit, il a été prélevé 2 kgr. 228 d'azote, 0 kgr. 654 d'acide phosphorique, 1 kgr. 596 de potasse et 2 kgr. 450 de chaux.

Mais la luzerne doit également trouver dans le sol les éléments nécessaires à la constitution de ses racines, ainsi que des chaumes et débris qui restent sur le sol après l'enlèvement du foin. Le poids des racines de luzerne est assez considérable. De Gasparin a recueilli sur 1 hectare de luzerne défrichée 37.000 kilogrammes de racines desséchées à l'air renfermant 0,8 p. 100 d'azote. Cette luzernière avait produit, dans les huit ans de sa durée, 64.000 kilogrammes de foin. Heuzé a trouvé dans un défrichement de luzerne de cinq ans ayant donné 30.000 kilogrammes de foin sec, 20.000 kilogrammes de racines à 1 p. 100 d'azote. Une production de 100 kilogrammes de foin correspond, d'après cela, à 57 ou 66 kilogrammes de racines.

Les autres débris laissés par le fanage ont été estimés à 25 p. 100 du foin récolté par Perrault de Jotemps, et à 10 p. 100 seulement par Heuzé, soit en moyenne à 18 p. 100. De sorte

que nous pouvons admettre que la production totale de la
luzernière est, par quintal de foin récolté, de :

Foin à 15 p. 100 d'eau.....................   100 kgr.
Débris divers à 15 p. 100 d'eau.............   18 —
Racines à 58 p. 100 d'eau..................   62 —

Nous avons trouvé dans les racines de luzerne provenant
d'un défrichement en Beauce, 58,15 p. 100 d'eau. L'analyse de
la matière sèche nous a donné d'autre part :

Azote   1,663
Acide phosphorique...........................   0,306
Potasse   1,329
Chaux   0,134

D'après le taux d'azote, on peut admettre que les racines
récoltées par de Gasparin renfermaient environ 52 p. 100 d'eau
et que celles récoltées par Heuzé en renfermaient 40 p. 100.
Pour ce qui est des débris laissés sur le terrain, nous leur assi-
gnerons la même composition qu'au foin.

D'après ces données nous pouvons admettre qu'à 100 kilogrammes de foin de luzerne récolté correspond une production
de matière sèche de 12 kgr. 6 pour les débris aériens et de 32 kgr. 5
pour les racines. Cela posé, nous pouvons calculer la quantité
des principes fertilisants prélevés par la luzerne : 1º par quintal
de foin récolté ; 2º par la récolte moyenne pré-indiquée :

1º *Pour cent de foin récolté*

	Foin	Débris	Racines	Total
	kgr.	kgr.	kgr.	kgr.
Azote	2,228	0,295	0,557	3,080
Acide phosphor.	0,654	0,097	0,103	0,854
Potasse	1,596	0,230	0,045	1,871
Chaux	2,450	0,396	0,445	3,291

2º Pour 6.955 kilogrammes de foin

	Kilogr.
Azote	214,2
Acide phosphorique	59,4
Potasse	130,1
Chaux	228,9

La luzerne se fait donc remarquer par sa grande consommation de chaux. Elle absorbe un peu moins de potasse qu'une belle récolte de froment et moins aussi d'acide phosphorique si elle consomme plus d'azote. Mais ce dernier, nous le savons, a une origine différente, et nous n'avons guère à nous en inquiéter au point de vue pratique. Nous n'avons pas encore pu étudier chez cette plante la marche de l'absorption ni le travail radiculaire. A défaut de ces données, nous allons nous baser sur nos expériences de culture pour juger de ses besoins d'engrais.

Au champ d'expériences de Cloches, dans un sol pauvre en acide phosphorique et en potasse assimilable, nous avons fait huit récoltes de luzerne, et obtenu en moyenne générale, avec les divers engrais, les excédents ci-après :

	Qx
I. — Fumure mixte	13,35
II. — Fumier seul (en tête d'assolement)	17,20
III. — Engrais complet au phosphate naturel	10,40
IV. — Engrais complet au superphosphate	15,25
VI. — Engrais sans potasse	11,80
VII. — Engrais complet (sans plâtre)	13,66
VIII. — Engrais sans acide phosphorique	— 0,50
IX. — Engrais sans azote	15,30
Moyenne de IV, VII	14,45
Moyenne de IV, VII et IX	14,73

Le graphique ci-contre fait ressortir à l'œil ces différences (fig. 52).

De ces expériences, il résulte :

1º Que l'excédent de récolte le plus élevé a été obtenu par l'emploi du fumier de ferme à la dose de 30.000 kilogrammes tous les trois ans, fumure appliquée aux racines et agissant sur la luzerne par ses reliquats. Il est très important de noter ici

que le fumier de Cloches est d'une richesse en acide phosphorique tout à fait remarquable, aussi bien qu'en potasse et en
azote. Le fumier seul donne un excédent de 17 qx. 2 ;
l'engrais complet azoté, de 14 qx. 45, l'engrais minéral

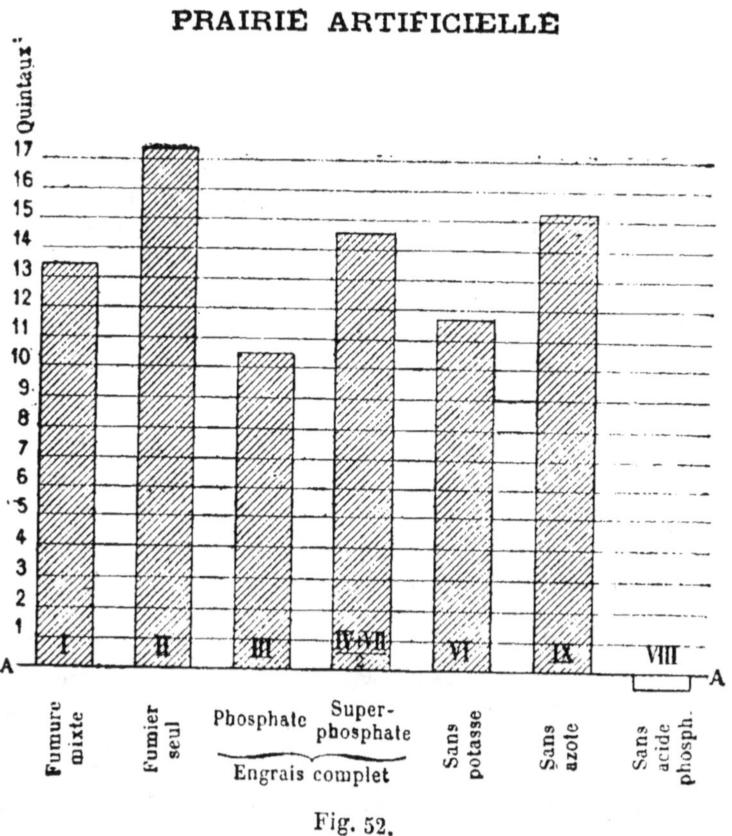

Fig. 52.

sans azote de 15 qx. 30. La légumineuse n'a pas manqué
d'éléments minéraux dans la parcelle II, mais elle a eu en plus
que dans les parcelles IV, VII et IX des substances humiques,
substances qui sont si favorables au développement des légumineuses comme l'a reconnu Dehérain.

2° Grâce à l'emploi d'une fumure minérale exclusive on a
obtenu un rendement égal, sinon supérieur, à celui fourni par

l'engrais complet. L'azote ne semble donc pas devoir figurer dans la fumure de la luzerne.

3° L'acide phosphorique et la potasse, au contraire, sont, dans le sol de Cloches et les terres analogues, des éléments indispensables à la culture de la prairie artificielle. En supprimant la potasse, en effet, nous voyons l'excédent tomber de près de 3 quintaux, et en supprimant l'acide phosphorique, nous faisons disparaître toute augmentation de rendement.

4° Le phosphate minéral a une efficacité moins grande sur la prairie artificielle que le superphosphate. Le remplacement du dernier par le premier fait baisser l'excédent de récolte de 4 qx. 3. Si l'on admet que l'action de l'acide phosphorique soluble à l'eau et au citrate soit égale à 100, celle de l'acide phosphorique insoluble n'est ici que de 70.

Au champ d'expériences de Bonneval, M. Singlas a pesé neuf récoltes de luzerne en quatre ans et a constaté les excédents suivants :

II. — Fumier seul	6,4
III. — Fumure mixte	7,4
IV. — Engrais complet	18,8
V. — Engrais sans potasse	1,0
VI. — Engrais sans azote	12,6
VII. — Engrais sans acide phosphorique	12,9

Le sol du champ de Bonneval est pauvre en potasse et manque aussi dans toutes les parcelles, sauf, le n° VII, d'acide phosphorique assimilable. Les parcelles II et III ont bénéficié des reliquats des fumures antérieures de fumier, III a reçu en outre une demi-fumure d'engrais complet. La parcelle IV a reçu 400 kilogrammes de superphosphate, 200 kilogrammes de chlorure de potassium et 100 kilogrammes de nitrate de soude. Dans les parcelles à engrais incomplets, les doses des éléments apportés étaient les mêmes que dans la parcelle IV.

Dans cette terre, l'effet de la potasse est remarquable. L'azote à petite dose ne semble pas avoir été inutile.

Nous pouvons conclure de ce qui précède que dans les sols pauvres en acide phosphorique et en potasse assimilables, comme les nôtres, la fumure de la luzerne doit être surtout potassique et phosphatée. Comme nous le verrons pour la féverolle, un peu de nitrate de soude est aussi utile au début de la végétation ; cependant nous ne croyons devoir recommander son emploi qu'en cas exceptionnel. En partant des expériences de Cloches et de Bonneval, nous pouvons essayer de déterminer les quantités d'engrais nécessaires à la luzerne dans les différents sols.

Nous donnons dans le tableau suivant les rendements moyens **obtenus sans** engrais et avec les engrais incomplets :

	Sans engrais	Engrais sans		
		Azote	Acide phosphor.	Potasse
	qx.	qx.	qx.	qx.
Cloches (8 récoltes)..	34,2	49,5	33,7	46,0
Bonneval (12 récoltes)	38,6	54,7	53,8	42,8
Moyennes géométriques des 20 récoltes	36,8	52,6	45,8	44,1

En admettant comme nous l'avons établi plus haut que la production de 1 quintal de foin de luzerne exige :

Azote .... 3 kgr. 08
Acide phosphorique...................... 0 — 854
Potasse .... 0 — 871

nous voyons que le sol sans engrais a pu fournir à la plante 113 kgr. 3 d'azote, 31 kgr. 4 d'acide phosphorique et 68 kgr. 8 de potasse.

Dans les parcelles à engrais sans azote, où la plante ne manquait ni d'acide phosphorique, ni de potasse, elle a pu tirer du sol et de l'air 162 kilogrammes d'azote.

Dans les parcelles sans acide phosphorique, où la luzerne ne manquait ni d'azote, ni de potasse, elle a pu extraire du sol 39,1 kilogrammes d'acide phosphorique.

Enfin dans les parcelles sans potasse, où l'azote et l'acide phosphorique étaient en excès, elle a pu prélever sur les ressources du sol 82 kgr. 9 de potasse.

La luzerne a donc pu tirer de ces terrains de 113 à 162 kilogrammes d'azote, de 31 à 39 kilogrammes d'acide phosphorique et de 69 à 83 kilogrammes de potasse.

La composition moyenne géométrique de ces sols ressort comme il suit :

Azote	1 gr. 38	par kgr.
Acide phosphorique.	0 — 085	—
Potasse	0 — 146	—

Nous pouvons, par conséquent, estimer que dans le sol **type** dosant 1 gramme d'azote total, 1 gramme d'acide phospho-rique total, dont 0 gr. 12 soluble à l'acide citrique à 2 p. 100 et 0 gr. 20 de potasse soluble à l'acide azotique faible (d'une acidi-té de 0,013 p. 100 exprimée en hydrogène), la luzerne peut nor-malement prélever, quand les autres éléments fertilisants sont **en** excès :

Azote	Mémoire
Acide phosphorique.....................	54 kgr.
Potasse	114 —

En partant de ces données nous avons établi les diagrammes (fig.53-54) suivants, pour l'acide phosphorique et pour la potasse, qui permettent de déduire de la composition du sol les quantités nécessaires pour obtenir une bonne récolte.

Nous avons laissé de côté l'azote parce que la plante peut en puiser une importante proportion dans l'air, quand son alimen-tation minérale est suffisante :

Si nous considérons le limon de Beauce moyen dosant 0 gr. 09 d'acide phosphorique assimilable et 0 gr. 20 de potasse assimi-lable par kilogramme, nous donnerons à la luzerne 333 kilo-grammes de superphosphate par année de durée. L'emploi du chlorure de potassium sera peu nécessaire.

En argile à silex moyenne il conviendrait de donner 400 et quelques kilogrammes de superphosphate et 50 kilogrammes de chlorure de potassium par année de durée.

Dans les sols provenant de la craie de Rouen, on donnerait 400 kilogrammes de superphosphate et 60 kilogrammes de chlorure par an.

Comme ces apports d'engrais doivent autant que possible être incorporés intimement au sol, on voit qu'il faudra répandre en général, dans ces formations, en préparant la céréale de prin-

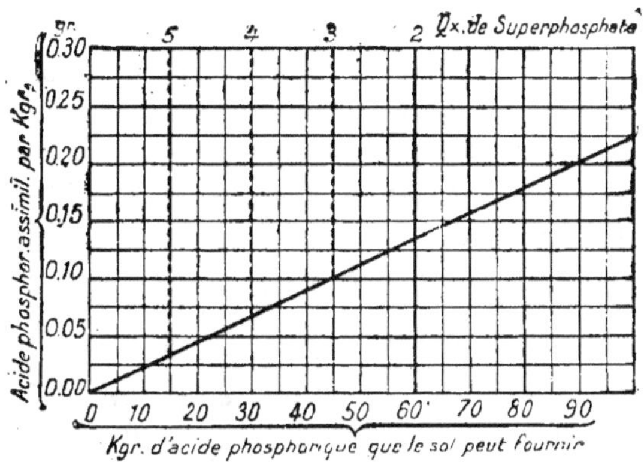

Fig. 53 — **Luzerne. Diagramme de l'acide phosphorique.**

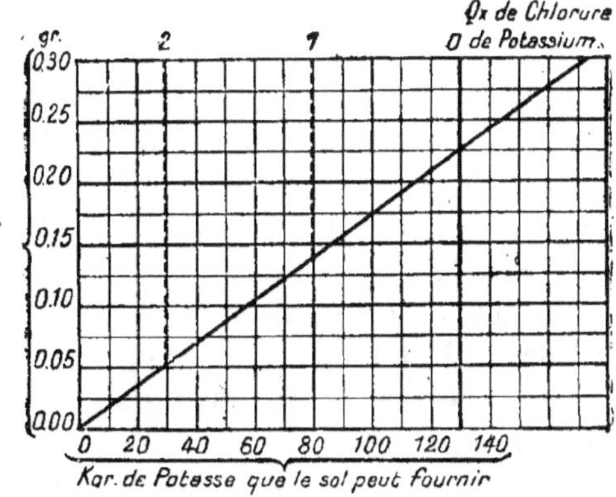

Fig. 54. — Luzerne. Diagramme de la potasse.

temps où sera fait le semis, de 600 à 800 kilogrammes de superphosphate, soit :

pour la 1re année : 133 à 200 kilogr. de superphosphate à 15 p. 100.
pour la 2e année : 133 à 200 kilogr. de superphosphate à 15 p. 100.
pour la 3e année : 133 à 200 kilogr. de superphosphate à 15 p. 100.
et comme supplé-
ment général . . . . . : 200 à 300 kilogr. de superphosphate à 15 p. 100,

ou en somme . . . . . : 599 à 800 kgr.

avec 100 à 200 kilogrammes de chlorure de potassium. Dans les sols plus pauvres en potasse on se trouvera bien de répandre en couverture chaque année 100 kilogrammes de chlorure.

Semaille. — La bonne graine de luzerne doit être jaune, luisante et pesante. Lorsque les grains sont blancs, c'est qu'ils ne sont pas mûrs ; s'ils sont bruns, c'est qu'ils ont été soumis, pour les séparer de leurs cosses, à une chaleur artificielle **trop forte.** Il faut que la semence soit exempte de cuscute et de graines étrangères. La pureté moyenne de la bonne semence de luzerne est de 97 p. 100, et la faculté germinative est de 89 p. 100. L'hectolitre pèse de 76 à 79 kilogrammes. La semence de Provence présente les grains les plus gros et est la plus estimée. La durée de la faculté germinative de la luzerne est de trois ou quatre ans. Une semence d'un an, de deux ans ou de trois ans, germe souvent mieux qu'une graine toute récente.

On peut semer la luzerne au printemps ou à l'automne. Dans le Midi surtout et dans les pays à printemps sec, il faut préférer cette dernière époque. On doit, dans le cas de semailles d'automne, les faire assez tôt pour que la plante ait le temps d'acquérir assez de force pour résister à l'hiver. Dans le Midi, il faut semer au milieu de septembre ; dans le climat parisien, c'est dans la seconde quinzaine d'août.

Pour les semailles de printemps, que l'on exécute dans les contrées où l'air est humide à cette époque, il faut attendre que les gelées tardives ne soient plus à craindre. Le moment de la semaille est indiqué par la floraison de l'aubépine. Alors les mauvaises graines ont poussé, et on aura pu les détruire.

Dans les pays où les semailles d;automne sont préférables, il convient de semer la luzerne seule. Après avoir parfaitement ameubli le sol, à l'aide de hersages et de roulages, on répand la semence à la volée ou en lignes espacées de 12 à 25 centimètres, à raison de 30 à 40 kilogrammes par hectare. On doit préférer les semis épais. On recouvre la graine par un hersage avec une herse garnie d'épines.

Quand on sème au printemps, il vaut mieux associer à la luzerne une céréale, l'orge ou l'avoine, par exemple. On sème d'abord la céréale à la volée ou de préférence en lignes distantes de 18 à 20 centimètres ; puis, le moment venu, on répand la graine de luzerne à la volée. On l'enterre par un coup de rouleau. Naturellement, la céréale doit être semée moins drue que dans les conditions ordinaires. Cette dernière protège les jeunes pousses de luzerne contre les froids tardifs et plus tard contre la sécheresse et la trop grande chaleur. En outre, elle paye la rente du sol et les frais de mise en culture au moins en grande partie. Si l'on semait la luzerne seule, on n'aurait qu'une coupe à la fin de l'été en général ; toutefois, nous avons obtenu dans ces conditions deux coupes moyennes sur un sol très bien préparé.

Entretien des luzernières. — Sur les luzernes semées à l'automne, on applique souvent avec avantage, dans certains sols, un demi-plâtrage (200 à 250 kilogrammes de plâtre par hectare) aussitôt que les feuilles commencent à couvrir le terrain ; cela stimule la végétation et fait acquérir à la luzerne plus de force pour résister à l'hiver. Quand on fait le semis au printemps, on donne ce demi-plâtrage aussitôt l'enlèvement de la récolte associée à la luzerne. On donne ensuite tous les ans un demi-plâtrage à chaque coupe (Voy. *Engrais*, p. 78).

Il faut environ trois ans à la luzerne pour former ses fortes racines et ses souches ramifiées qui assurent un plein produit. Pour favoriser cette ramification, il faut herser vigoureusement et chaque année la luzernière. Le travail de la herse doit être tel que la surface se présente comme si elle avait été labourée. Cette opération a pour résultat de détruire le chiendent et les autres graminées envahissantes qui auraient bientôt pris le dessus sur la luzerne en la privant d'air et de lumière et en l'empêchant d'émettre de nouveaux bourgeons. Ce travail s'exécute avec de fortes herses de fer articulées ou même avec le scarificateur, soit à l'automne pourvu qu'on le fasse assez tôt, soit de préférence au printemps, parce que la destruction des plantes adventices est alors mieux assurée. Nos cultivateurs emploient trop peu la herse dans les jeunes luzernes, et jamais assez dans les vieilles. Quelque temps après le passage de la herse, on donne un coup de rouleau. Il serait à recommander de herser après chaque coupe.

Nous avons recommandé l'emploi d'une forte dose d'engrais phosphatés lors de la création de la prairie artificielle ; en général, cela suffit pour assurer une bonne végétation. Toutefois on ne doit pas hésiter, quand on voit fléchir la production, à ajouter au chlorure de potassium qu'il faut répandre chaque année une dose de superphosphate.

Les luzernes semées au printemps ne doivent pas en général être fauchées à l'automne. Quand elles sont très fortes, on peut les faire pâturer modérément par les bêtes bovines, par un temps sec. Il faut faire cesser le pâturage assez tôt pour que la plante puisse repousser avant l'hiver, afin d'être mieux protégée contre le froid. Les années suivantes, on fait deux ou trois coupes. Le fauchage réussit mieux à la luzerne que le pâturage. On la récolte beaucoup en vert, et sa précocité est alors précieuse. On peut la faucher huit à dix jours avant le trèfle violet. On commence à la faire consommer bien avant la floraison ; elle repousse plus activement alors que si on la fauche après la fleur.

Récolte de la graine. — Lorsqu'on veut récolter la graine, on choisit de préférence une vieille luzernière que l'on rompra bientôt. C'est à la seconde coupe que l'on laisse mûrir les semences, parce qu'en général elle est plus propre que la première. On attend pour faire la récolte que les gousses soient noires, et on fait sécher avec précaution. On emmagasine dans un endroit sec, si l'on ne bat pas de suite. On passe la luzerne dans une machine à battre ordinaire pour détacher les gousses. On sépare la graine de celles-ci en les passant à l'égreneuse, on nettoie à l'aide du tarare et du petit van. Lorqu'on veut battre de la luzerne en hiver, il faut choisir les jours de forte gelée ; par les temps humides, les graines se séparent difficilement. Le rendement en graines peut atteindre de 300 à 500 kilogrammes par hectare.

Défrichement des vieilles luzernières. — Dès que les rendements faiblissent sensiblement, il faut défricher les luzernières, sans attendre qu'elles soient complètement envahies par le chiendent et les graminées vivaces, car on perdrait ainsi tout l'effet améliorant de la légumineuse. On opère le défrichement à la fin de l'été, par un seul labour profond, en ameublissant ensuite la surface par de nombreux coups de herse de fer et de rouleau Crosskill. En général, on sème au printemps suivant de l'avoine qui atteint un rendement très élevé, et l'on fait suivre celle-ci d'un blé. Pour que l'azote accumulé dans le sol par la prairie artificielle produise tout son effet, il ne faut pas négliger d'employer une forte dose de superposphate, qui assure la grenaison et prévient la verse ou la rouille. Enfin, dans le cas où l'on veut semer directement sur le défrichement un blé d'automne, il convient de rompre la luzernière après la première coupe, pour qu'on ait le temps de bien travailler le sol et que celui-ci puisse se rasseoir suffisamment avant l'époque du semis, car le froment ne réussit que dans les sols d'une bonne consistance et non soulevés.

TRÈFLE VIOLET ORDINAIRE (*Trifolium pratense*).

Le trèfle violet est une légumineuse vivace, à racine pivotante, très précieuse par la qualité et l'abondance de ses produits. Elle jouit, en outre, de l'avantage remarquable d'améliorer très sensiblement le sol qui l'a produite, en l'enrichissant en azote et en humus. Ce trèfle est le résultat de l'amélioration par la culture du trèfle des prés, que l'on rencontre dans toutes les bonnes prairies de notre pays.

Il était déjà très cultivé en Flandre au xve siècle. Yvart rapporte que, dès le vi^e siècle, on le faisait entrer dans les assolements de la Bresse. Il est passé de Flandre sur les bords du Rhin en Allemagne vers 1550, et en Angleterre vers 1633. Mais ce fut le pasteur Meyer qui, en 1765, contribua le plus à l'extension de sa culture à la suite des remarquables résultats qu'il obtint du plâtre sur la végétation de cette plante.

La généralisation de la culture du trèfle en France est due aux efforts de M. de Dombasle et Bella au commencement du siècle dernier.

Son introduction dans la culture peut être considérée comme un des plus grands progrès de l'époque moderne. Elle a été une des causes principales de l'adoption de la culture alterne et a porté à l'ancien système de la jachère nue un coup dont elle ne s'est pas relevée.

Composition et valeur alimentaire du trèfle.

Le trèfle fournit un fourrage vert excellent et très abondant, et son foin, quand il est bien récolté, est très nutritif et bien accepté par tous les animaux de la ferme. Quand on le fait consommer à l'état vert, il est indispensable de le distribuer avec précaution, car, plus encore que la luzerne, il expose les animaux ruminants, qui l'absorbent avec une très grande avidité, à la météorisation. Cet accident est d'autant plus à redouter que le trèfle a été plâtré et que l'on a été assez négligent pour laisser le fourrage s'échauffer en tas, alors qu'on l'a rentré couvert de rosée. On évite tout dan-

ger en le donnant en quantité ménagée et en le mélangeant avec
des aliments secs. On peut assigner au trèfle récolté en vert la
composition suivante :

	Avant la floraison.		Pleine floraison.	
	Brut.	Digestible.	Brut.	Digestible.
Eau.................	82,0	»	80,0	»
Matière sèche........	18,0	»	20,0	»
Albuminoïdes	2,5	1,5	2,5	1,1
Amides	0,9	0,9	0,6	0,6
Graisse	0,7	0,4	0,6	0,4
Hydrates de carbone.	7,9 }	7,8	9,1 }	9,0
Cellulose	4,5 }		5,8 }	
Cendres	1,5	»	1,4	»

D'après les expériences de G. Kühne, l'époque à laquelle on
récolte le trèfle vert pour le faire consommer par les animaux
a une influence marquée sur la digestibilité de ses principes
nutritifs comme sur sa composition. Le tableau suivant reproduit les coefficients de digestibilité des principaux éléments nutritifs aux divers stades du développement du trèfle :

	Avant la floraison.	Commencement de la floraison.	Fin de la floraison.
Matières azotées totales..	70,9	65,0	58,8
Cellulose	50,6	46,6	39,8
Hydrates de carbone....	70,2	68,4	66.8

Après la floraison, à cause de la diminution relative de la
matière azotée, et surtout par suite de l'exagération de la
proportion de cellulose, le trèfle coupé en vert constitue un
fourrage très grossier, dont la digestibilité est très faible. Aussi
a-t-on soin de le récolter toujours avant la pleine floraison.
Si le bétail n'est pas assez nombreux pour le consommer, on
le convertit en foin. Le foin de trèfle violet nous a donné à
l'analyse les résultats suivants :

Eau...	15,90
Cendres	6,40
Albuminoïdes....................................	12,70
Amides...	0,32
Graisse brute...................................	0,48
Pentosanes......................................	12,29
Hydrates de carbone divers.....................	32,46
Cellulose.......................................	19,45

Mais la composition du foin de trèfle est très variable suivant les procédés de fenaison et suivant aussi l'époque de la récolte. Comme pour la luzerne, ce sont les feuilles qui renferment le plus de substances azotées et non azotées digestibles. Il y a donc aussi un très grand intérêt à les conserver dans le foin, en ayant recours à un système de séchage approprié. D'après Diétrich, la plante de trèfle est constituée, aux diverses époques de sa croissance, comme il suit :

	Commencement de la floraison. P. 100.	Pleine floraison. P. 100.	Fin de la floraison P. 100.
Feuilles..........	24	19	18
Pétioles	12	11	10
Capitules........	6	11	12
Tiges...........	58	59	69

Les parties grossières forment donc environ 59 p. 100 du produit total, et les pertes de la fenaison ne portent guère que sur les parties fines ; on ne saurait donc prendre trop de précautions pour les éviter.

Voici d'après Wolff, les variations de la teneur du foin de trèfle en éléments nutritifs bruts, suivant l'époque de la récolte :

	Avant floraison.	Pendant la floraison.	Fin de la floraison.
Matière azotée............	15,5	12,5	9,0
Graisse.................	3,0	2,5	2,0
Hydrates de carbone.....	36,0	38,0	38,0
Cellulose................	22,0	25,0	30,5

En même temps que la matière azotée diminue, la cellulose augmente beaucoup et, par suite, le fourrage devient moins digestible, comme on l'a vu plus haut pour le trèfle vert. En combinant ces coefficients de digestibilité avec les données du tableau précédent, on obtient les résultats suivants :

	Protéine.	Hydrates de carbone.	Cellulose.	Total.
Avant la floraison.....	11,0	27,7	11,1	49,5
Pendant la floraison...	8,1	27,7	11,7	47,5
Fin de la floraison....	5,3	26,7	12,4	44,1

Il en découle que la valeur nutritive totale diminue de 5,5 p. 100 du début à la fin de la floraison et que, de plus, la matière albuminoïde diminue de près de 50 p. 100. Il faut en tenir grand compte pour l'alimentation des jeunes et des vaches laitières qui réclament un régime riche en albuminoïdes.

Climat et sol.

Le trèfle est devenu la base de la production fourragère des pays à climat humide. Dans les régions méridionales ou continentales à atmosphère sèche, il ne réussit qu'à l'aide de l'irrigation. Dans sa première évolution, la sécheresse du printemps lui porte un extrême préjudice; et, plus tard, les mêmes circonstances atmosphériques empêchent son développement vigoureux. Il craint moins le froid que la luzerne; cependant, par les hivers sans neige, les fortes gelées éclaircissent les plants, principalement dans les endroits humides. Les gelées tardives au printemps tuent les jeunes pousses et nuisent énormément aux jeunes trèfles, surtout quand ils ont été pâturés un peu tard à l'automne.

Cette plante ne donne de bonnes récoltes que dans les sols frais, qui ne redoutent pas les sécheresses de l'été. Elle prospère surtout dans les sols argilo-calcaires et argileux. Elle donne aussi de bonnes récoltes dans les terres limoneuses et sablo-argileuses qui demeurent fraîches en été par suite de leur position, ou d'un sous-sol argileux. Le trèfle réussit bien aussi dans les terres légères, où l'on voit pousser la prèle des champs (*Equisetum arvense*), qui indique un sous-sol argileux et frais. Il ne faut pas, d'autre part, que le sous-sol soit complètement imperméable, car cela ferait pourrir les racines et périr le trèfle. Comme la racine est pivotante, il faut que le sol soit profond. Mais le trèfle est une plante très avide de chaux et de potasse. Il en puise une quantité considérable dans le sol, qui doit en être abondamment pourvu. Tous les terrains qui manquent de calcaire sont rebelles à sa culture. Ils doivent préalablement être chaulés ou marnés. Les terrains absolument calcaires ne lui conviennent pas non plus; partout où le sainfoin se plaît, le trèfle vient mal. M. de Dombasle a remarqué qu'il réussit souvent mal pendant huit à dix ans après les défrichements de bois.

En résumé, le trèfle violet demande des sols argileux un peu compacts, bien ameublis, profonds, renfermant suffisamment de calcaire, et dont le sous-sol soit assez perméable pour que les eaux ne soient jamais croupissantes. Les bonnes terres à blé lui sont donc très favorables.

Culture, place dans l'assolement.

On a trouvé quelquefois des racines de trèfle des prés qui avaient pénétré jusqu'à 1^m,50 dans le sol ; mais, en général, la profondeur qu'elles atteignent en moyenne ne dépasse pas de 40 à 50 centimètres. Quoi qu'il en soit, il convient de semer cette plante dans un sol naturellement meuble, à une profondeur suffisante, ou, dans le cas contraire, profondément ameubli par les façons données aux cultures précédentes. Cependant il faut observer que le trèfle ne s'accommode pas d'une terre trop creuse. En partant de là et de ses besoins alimentaires, que nous étudierons plus loin, les meilleures conditions de réussite sont réunies quand on fait le semis de trèfle dans une céréale qui succède à une racine sarclée, pour laquelle on a eu soin de faire un labour de sous-solage. Comme pour la luzerne, c'est la pomme de terre qui est le meilleur précédent pour le trèfle semé dans une céréale d'automne ou de printemps ; puis viennent les betteraves et les carottes.

Comme les autres prairies artificielles vivaces, le trèfle ne peut pas revenir trop fréquemment sur le même terrain. Les praticiens disent que la terre se fatigue de trèfle. Ce n'est qu'au bout de six à neuf ans que l'on peut obtenir d'un sol une nouvelle récolte bien réussie. Toutefois, quand l'assolement comprend une grande quantité de plantes sarclées et qu'on ne demande au trèfle que la première coupe, en ayant soin d'enfouir ou de faire pâturer la seconde, sa culture peut revenir plus souvent sans inconvénient. Quand, au contraire, on maintient le trèfle plusieurs années, le sol ne redevient que plus lentement apte à en produire de nouveau. On voit alors les semis bien levés à l'automne disparaître en hiver et au printemps suivant.

A l'exception des légumineuses, presque toutes les plantes agricoles réussissent bien après le trèfle. Mais c'est surtout le cas des céréales d'automne et du blé en particulier ; on peut aussi le faire suivre par du colza repiqué. Dans certains pays à terres légères, la pomme de terre faite sur défrichement de trèfle réussit très bien. Parmi les céréales de printemps, le blé de mars et l'avoine sont celles qui donnent les meilleurs résultats.

L'amélioration du sol par une année de trèfle est très notable ; on peut l'estimer à 120 kilogrammes d'azote par hectare. La plante qui vient après trèfle n'a donc pas besoin de fumure azotée ; mais, dans les sols pauvres en acide phosphorique et en potasse assimilable, il est bon d'employer les engrais potassiques et phosphatés, à cause de l'excès relatif d'azote que renferme le sol, excès qui pourrait occasionner la rouille et la verse des céréales.

Fumure du trèfle violet.

Une bonne récolte de trèfle violet peut atteindre 7.000 kilos de foin sec à l'hectare, dans des conditions favorables. Ce rendement correspond à 5.950 kilogrammes de substances sèches.

D'après Boussingault, chaque quintal de matière sèche de trèfle a pour contre-partie dans le sol 83 kilogrammes de racines sèches et les débris de toutes sortes laissés sur le champ par la fenaison atteignent 15 p. 100 du foin sec récolté.

On trouve dans le foin réduit à l'état sec 2,66 d'azote, 0,58 d'acide phosphorique, 2,26 de potasse et 2,39 de chaux.

Nous avons trouvé dans la matière sèche des racines, 2,126 d'azote, 0,24 d'acide phosphorique, 0,085 de potasse et 0,924 de chaux.

Il en résulte que la production d'un quintal de foin desséché à 100° absorbe les quantités suivantes d'éléments nutritifs.

	Foin	Débris	Racines	Total
Azote	,66	0,40	1,76	4,82
Acide phosphorique	0,58	0,09	0,20	0,77
Potasse	2,26	0,34	0,07	2,67
Chaux	2,39	0,36	0,77	3,52

La récolte que nous considérons absorbe donc en somme :

Azote .... 286 kgr.
Acide phosphorique....................... 46 —
Potasse .... 159 —
Chaux .... 209 —

En laissant de côté l'azote, qui est fourni en grande partie par l'air, nous voyons que le trèfle est surtout exigeant en chaux et en potasse. Il absorbe beaucoup plus de chaux et autant de potasse au moins qu'un excellent blé, mais il lui faut moins d'acide phosphorique. Dès que le sol où l'on cultive le trèfle ne présente pas une richesse moyenne en potasse assimilable, il convient de recourir au chlorure de potassium. Dans les terres d'Eure-et-Loir, généralement mal pourvues d'acide phosphorique assimilable, et peu calcaires, les superphosphates produisent un effet très favorable.

Dans nos champs de démonstration, nous avons fait des trèfles sur de l'orge. Celle-ci avait reçu, en dehors des parcelles témoins, 400 kilogrammes de superphosphate à 15°, dans les parcelles n° 2, et 400 kilogrammes de superphosphate avec 200 kilogrammes de nitrate dans les parcelles n° 3. Les essais ont été faits dans trois exploitations et ont donné les moyennes de rendements ci-après :

	Sâns engrais	Arrière-fumure	
		Superph.	Superphos. et nitrate
	kgr.	kgr.	kgr.
Trèfle violet.............	3.904	5.528	5.764
Trèfle hybride	5.452	7.672	8.152
Anthyllide...............	7.508	8.400	8.263
Moyennes	5.621	7.200	7.393

L'action du superphosphate est donc très nette sur le rendement des trois trèfles considérés. L'excédent moyen de foin est de 1.579 kilogrammes. D'autre part, dans ces champs, où la verse ne s'est pas produite d'une façon trop intense, l'adjonction du nitrate n'a pas été nuisible à la récolte de trèfle subséquente, puisque les excédents sont partout un peu plus forts qu'avec le superphosphate seul : 1.772 kilogrammes contre 1.579.

Bien que l'acide phosphorique ne soit pas absorbé en très forte quantité par le trèfle, il joue cependant un rôle très important dans la production. Cela tient à ce que, pendant la première période de la végétation, il est absorbé avec une certaine avidité. Jusqu'à la floraison en effet, d'après les recherches de

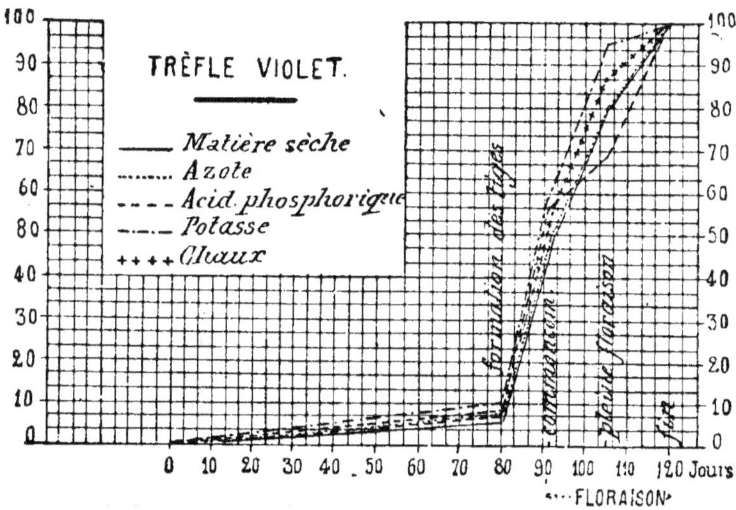

Fig. 56 . — Marche de l'absorption des éléments nutritifs.

Dietrich (fig. 56), rapportées par Liebscher, la courbe de l'acide phosphorique est supérieure à celle de la matière sèche et sa direction est légèrement divergente avec elle. Les courbes de la potasse et de la chaux sont encore au-dessus de celles de l'acide phosphorique et cela pendant toute la végétation ; tandis que celle de l'azote est sensiblement parallèle à celle de la matière sèche, sauf avant la formation des tiges : et cette observation nous explique pourquoi, dans les essais rapportés plus haut, le nitrate de soude employé à la fumure de l'orge dans laquelle on avait semé les trèfles a eu une influence plutôt favorable sur le rendement.

Le tableau suivant donne la marche de l'absorption des éléments nutritifs en centièmes des maxima, d'après la moyenne des données de Dietrich :

	Formation de la tige	Commenc. de la floraison	Pleine floraison	Fin de la floraison
Durée de la période.	80 jours	12 jours	13 jours	15 jours
Matières organiques	5,4	48,2	80,0	100,00
Azote	7,8	49,9	79,9	100,00
Acide phosphorique.	7,7	56,5	67,7	100,00
Potasse	9,5	58,3	·92,8	100,00
Chaux	8,2	56,8	87,6	100,00

Nous conclurons de ce qui précède que, dans une terre de fertilité moyenne et suffisamment calcaire, il conviendra d'employer, pour la fumure du trèfle violet et des plantes analogues, une dose moyenne de superphosphate, soit environ 200 kilogrammes par hectare. Si le sol est pauvre en acide phosphorique, on augmentera la dose de superphosphate jusqu'à 400 kilogrammes.

Dans les terres pauvres en potasse assimilable, on ajoutera, suivant le déficit de cetté matière fertilisatne, de 100 à 200 kilogrammes de chlorure de potassium.

D'un autre côté, le plâtrage, à raison de 400 à 500 kilogrammes par hectare, est souvent très efficace, et il ne doit pas être négligé, quand on s'est assuré de son heureux effet, car la dépense est minime en comparaison des excédents que l'on obtient.

Les expériences de Lawes et Gilbert, exécutées plusieurs années de suite sur les mêmes sols, ont donné les résultats suivants :

	RENDEMENTS A L'HECTARE	
	pour 4 années.	par an.
Sol non plâtré	35.200 kilog.	8.800 kilog.
Sol plâtré.................	47.500 —	11.875 —
Excédents.....	12.300 kilog.	3.075 kilog.

Dans la Haute-Garonne, M. de Villèle a obtenu sans plâtre 2.500 kilogrammes de trèfle sec, et avec 500 kilogrammes de plâtre, 5.000 kilogrammes, soit un excédent de 2.500 kilogrammes par hectare.

Semailles, choix de la graine.
Variétés.

Comme la première croissance du trèfle est très lente, il faut protéger le semis contre l'envahissement des mauvaises herbes.

Il faut aussi l'abriter contre les ardeurs du soleil.

Enfin, il faut le préserver des gelées tardives.

C'est pourquoi la coutume la plus générale est de faire le semis de cette légumineuse dans une céréale d'automne ou de printemps.

En opérant ainsi, outre les avantages précités, on obtient celui, très appréciable, de diminuer le prix de revient du fourrage, car la première année de fermage du sol se trouve payée par la plante-abri.

Le choix de la plante-abri a moins d'importance pour la réussite du trèfle que la place qu'occupe ce dernier dans la rotation, place qui détermine la richesse et l'état physique du sol.

Quand on fait le semis dans une céréale d'automne, on préfère, en général, l'exécuter dans un seigle plutôt que dans un blé.

Le premier, en effet, talle moins que le second ; il ombrage plus rapidement la jeune plante au printemps, et, comme sa récolte se fait plus tôt, il laisse plus de temps à la prairie artificielle pour se développer et se fortifier à l'air libre avant l'hiver.

Lorsqu'on fait le semis dans une céréale de printemps, on peut choisir l'orge ou l'avoine ; mais c'est surtout à cette dernière qu'il faut donner la préférence.

L'orge, étant plus précoce, présente cependant, au point de vue du trèfle lui-même, les mêmes avantages que nous avons reconnus au seigle, mais la récolte étant garnie de trèfle est

(1) Voyez Garola. — *Céréales*, blé, seigle, avoine, orge, sarrasin, maïs, millet, 3e *édition*, 1914, 1. vol. in-18 de 554 pages avec 156 figures (*Encyclopédie agricole*).

beaucoup plus difficile à sécher, ce qui diminue sensiblement la qualité du grain et, par suite, son prix de vente.

Le même inconvénient ne se présente pas pour l'avoine ; souvent même on a l'habitude de faire consommer en gerbes l'avoine garnie de trèfle, soit par les chevaux, soit par les moutons.

Le mélange constitue un excellent fourrage (1).

Si le semis, dans les céréales de printemps, est la règle la plus générale, il est cependant préférable de le faire dans les céréales d'automne dans les terres un peu sèches, ou dans les climats à printemps secs. Alors on répand la graine dès le mois de février. On sème aussi quelquefois le trèfle dans un sarrasin ou dans une navette d'été.

Dans tous les cas, il est très important que la céréale associée au trèfle soit semée assez clair pour ne pas couvrir et ombrager trop la terre, afin d'assurer au jeune trèfle assez d'air et de lumière pour qu'il prenne un peu de développement. Une céréale trop touffue le ferait périr, comme on le constate dans le cas de verse, ou si on laisse séjourner en place trop longtemps les dizeaux lors de la récolte.

C'est pour la même raison que nous conseillons ailleurs (2) de ne pas donner d'engrais azotés aux céréales associées à une légumineuse.

On pourrait semer le trèfle à l'automne dans les céréales d'hiver ; mais si la terre se soulève par les gels et dégels successifs, il ne résisterait pas. Souvent aussi il serait mangé par les limaces. Aussi est-ce toujours au printemps, dans notre climat, que l'on sème le trèfle, depuis le commencement de février jusqu'en avril. C'est dans les céréales d'hiver qu'on fait les premiers semis sur la neige en février. On peut alors obtenir une coupe à l'automne suivant. On répand la graine après un hersage de la céréale, et on recouvre par un roulage. Pour le cas du semis dans une céréale de printemps, on répand la graine après avoir semé la céréale, qu'on recouvre par un

(1) Consultez : Gouin, *Les aliments du bétail*, 1922, 1 vol. in-16. (ENCYCLOPÉDIE AGRICOLE).

(2) *Céréales* (ENCYCLOPÉDIE AGRICOLE).

hersage suivi d'un roulage ; on enterre la graine de trèfle à l'aide de la herse d'épines ; puis, quand la céréale a quelques centimètres de hauteur, on termine par un léger roulage. On peut attendre huit à quinze jours après le semis de l'orge ou de l'avoine pour faire le semis du trèfle.

Un procédé excellent consiste à semer la céréale en lignes avec un semoir qui permette en même temps de répandre la graine de trèfle à la volée ; on recouvre ensuite par un coup de rouleau.

Dans tous les cas, le trèfle doit être très peu recouvert : ainsi, sur cent graines semées à 8 centimètres de profondeur, il n'en est levé aucune ; à la profo d ur de 6 centimètres, il en est levé 27 en treize jours ; à la profondeur de 3 centimètres, il en st levé 93 en neuf jours ; à celle de 1 centimètre et demi, 97 graines ont levé en six jours. Enfin, pour la graine sans aucune couverture, on a constaté

Fig. 57. — Trieur à cuscute et plantain

la levée de 7 graines entre le cinquième et le huitième jour. La profondeur la plus favorable pour l'enfouissement de la graine est donc comprise entre 15 et 30 millimètres. On sèmera à 30 millimètres dans les sols légers et à 15 dans les terres fortes.

Il est indispensable de ne recourir, pour l'exécution des semis, qu'à des graines de première qualité. La bonne semence de trèfle est d'un jaune clair et vif, mêlé de bleu ; elle est d'aspect luisant. Quand elle est brune, il faut s'en défier. Elle doit être de la dernière récolte, ou au maximum de l'année précédente. Il faut qu'elle présente une faculté germinative d'au moins 80 p. 100 et une pureté de 96 à 97 p. 100. Elle doit être absolument exempte de cuscute, ce dont il faut toujours s'assurer par un examen aprofondi ou par l'envoi d'un échantillon à la station d'essai de semences la plus proche. Pour peu, que la graine puisse être suspectée, il faut la tamiser par petites quantités à la fois sur un crible à mailles de **1** millimètre.

On trouve encore assez souvent dans la semence de trèfle des graines de plaintain lancéolé, de brunelle, de pavot, de camomille, de chardon des champs et de petite oseille (1) (fig. 42).

La graine de trèfle du commerce a quelquefois été altérée par un mauvais procédé de dessiccation ou par la fermentation et a perdu par suite sa faculté germinative. Quelquefois elle est trop vieille. Aucun achat ne doit donc être fait sans exiger du vendeur la garantie sur facture de la pureté, de la faculté germinative et de l'absence absolue de cuscute ; et il ne faut jamais hésiter, à la réception, de faire exécuter la vérification nécessaire.

La quantité de semence à employer varie, suivant les circonstances, de 15 à 25 kilogrammes. En général, on sème un peu plus épais dans les céréales d'automne que dans celles de printemps. Dans les terres fraîches et bien fumées, on se rapproche du minimum, tandis que l'on sème les plus fortes quantités dans les terres de nature sablonneuse et pauvres.

Dans les sols où la réussite du trèfle n'est pas très assurée, on a coutume de lui associer une graminée, comme le ray-grass d'Italie, ou la fléole. On le mélange aussi avec le trèfle hybride ou le trèfle blanc.

Bien que les caractères qu'on leur attribue soient peu tranchés, il y a néanmoins plusieurs variétés de trèfle des prés soumises à la culture. Nous citerons comme exemple le trèfle violet de Bretagne, qui acquiert un très grand développement, est très fourrageux et doit être préféré pour la fauche ; le trèfle violet des Ardennes, qui est remarquable par sa résistance au froid et à la sécheresse ; enfin le trèfle du Brabant, qui est très hâtif et dont le fourrage est fin et très feuillé.

Mais il faut éviter avec soin d'acheter de la graine de trèfle d'Amérique, dont le rendement est très inférieur. Cette plante se distingue des trèfles indigènes par une pubescence plus abondante et des poils dressés et beaucoup plus longs. La

---

(1) Pour la purification des graines de trèfle et de luzerne, **on** construit des trieurs spéciaux qui séparent la cuscute et le **plantain.**

semence renferme souvent de la graine de plaintain majeur et, ce qui est caractéristique, de la graine d'ambroisie (*Ambroisia artemisæfolia*).

Entretien ; plantes et animaux nuisibles.

Les soins d'entretien que réclame le trèfle sont peu nombreux. Dans les sols dont la surface est durcie au printemps, on donne un hersage. Si, au contraire, le sol est soulevé et que certaines racines soient à nu, on donne un roulage. Dans le cas où l'on conserverait le trèfle pour une deuxième année (non comprise l'année du semis), on herserait avantageusement au printemps. Il est utile aussi, dans ces circonstances, de donner au trèfle une fumure en couverture composée de superphosphate et de sels de potasse, que le hersage mélangera au sol superficiel. Dans le sol où le plâtre a de l'action, on répand au printemps, quand déjà le sol est couvert par les jeunes feuilles du trèfle, de 200 à 400 kilogrammes de cet amendement par hectare. On choisit pour faire l'épandage un temps chaud et humide.

Lorsque, après la moisson de la céréale associée au trèfle, on constate qu'il y a des lacunes, il convient de les combler en les ressemant, après avoir ameubli la surface. Si le semis est tout à fait manqué, on déchaume immédiatement ; après que la terre a verdi, on donne un labour léger, et sur un hersage on sème de nouveau du trèfle. Dans les trèfles qui sont par trop clairs, au printemps, après un hersage croisé et soigné on peut semer en lignes, à 15 centimètres d'écartement, un mélange de vesce et d'avoine.

Comme la luzerne, le trèfle est attaqué par la cuscute. Il convient de prendre les mêmes précautions pour prévenir son apparition et de recourir aux mêmes procédés pour détruire les taches constatées aussitôt qu'on les aperçoit. Il en est de même de l'orobanche mineure.

Le trèfle est aussi attaqué par l'*Eresyphe communis*, qui produit le miellat, et par le *Sphaeria trifolii*, qui produit des taches noires sur les feuilles. Enfin la pourriture du cœur, ou chancre du trèfle, est causée par un autre champignon, désigné sous le nom de *Peziza ciboroïdes*.

Parmi les animaux, la limace grise fait souvent d'importants dégâts dans les années humides et dans les sols bas et entourés de haies épaisses. Il en est de même d'une petite araignée. On les détruit par des roulages exécutés avant le lever et après le coucher du soleil (1). Enfin le trèfle est quelquefois attaqué au printemps par une anguillule, le *Tylenchus devastatrix* ; les bourgeons sont renflés, les ramifications courtes et épaisses, les rejets semblent noués. Il convient d'enfouir le trèfle ainsi atteint par un labour profond, après avoir répandu une forte dose de *crud ammoniac*.

Le trèfle violet est surtout excellent comme fourrage vert, et c'est ainsi qu'on l'utilise surtout dans les régions où la trop grande chaleur n'entrave pas la repousse. On commence à le faucher dès qu'il peut être saisi par la faux, pour que la consommation ne soit pas arrêtée par le durcissement des tiges. On peut avoir ainsi du jeune trèfle sans interruption dans les terrains et climats humides. Mais, dans les sols et les pays secs, il n'en est pas ainsi, car le trèfle coupé à moitié de sa croissance est arrêté par la sécheresse et ne repousse pas avant l'automne.

Quand on veut transformer le trèfle en foin, on le fauche un peu avant la floraison ; la repousse de la seconde coupe est ainsi favorisée, et de plus on perd beaucoup moins de folioles par la dessiccation. D'un autre côté, le fourrage sec qu'on obtient est plus riche en matières nutritives assimilables. C'est une grande faute de commencer à le faucher trop tard. Le fanage demande encore plus de soin que celui de la luzerne, parce que, d'une part, la plante est plus aqueuse et que, d'une autre, les folioles se détachent plus facilement. Nous reviendrons dans un chapitre spécial sur les procédés à suivre.

On obtient en général du trèfle violet deux coupes et une repousse d'automne, qu'on peut faire pâturer. La première coupe est toujours plus importante que la seconde dans le rapport approximatif de 3 à 2.

Le rendement en foin par hectare est de 65 à 75 quintaux

---

(1) On combat aussi les limaces en répandant la nuit de la poudre de chaux sur le sol.

métriques pour les deux coupes dans la moyenne des bonnes cultures.

Pour la production de la graine, on réserve en général la deuxième coupe d'un trèfle bien propre, ni trop clair, ni trop touffu, car la seconde coupe fructîfie mieux que la première à cause de la température. Le sol aussi est plus propre. On fait la fauchaison lorsque les capitules ont pris une teinte brune. Les graines sont alors dures, jaunâtres et brillantes. On emploie la même méthode de séchage qu'on indiquera à la fenaison. Le battage se fait comme pour la luzerne. Le rendement en graine pure varie de 250 à 370 kilogrammes par hectare.

Le défrichement du trèfle se fait après que l'on a rentré la seconde coupe, par un labour de 15 à 20 centimètres. On ameublit ensuite le terrain convenablement pour y mettre du blé. Si l'on fait succéder au trèfle une céréale de printemps, on laisse pousser la plante jusqu'à la fin de l'automne, et l'on enterre cette repousse par le labour de défrichement. Enfin, dans certains cas, pour faire du blé d'automne, on préfère enfouir la seconde coupe; c'est une méthode très recommandable, quand on est assez riche en fourrage.

TRÈFLE BLANC (*Trifolium repens*).

Le trèfle blanc est vivace; on le trouve à l'état spontané dans presque toutes les prairies. On le reconnaît à ses fleurs blanches portées sur de longs pédoncules, à ses tiges rampantes, produisant des racines adventives de distance en distance. Son introduction dans la culture est beaucoup plus récente que celle du trèfle violet; il est surtout répandu dans le nord.

Le trèfle ordinaire, le trèfle incarnat sont généralement destinés à fournir des fourrages à faucher. Le trèfle rampant, par sa nature même, est destiné à former des pâturages. Sous ce rapport, il possède la précieuse faculté de repousser rapidement sous la dent des animaux et de supporter avec profit le piétinement. Il sert à créer des pâturages temporaires pour les moutons et pour les vaches. Il entre dans les prairies et les pâturages permanents pour une part importante dans un grand nombre de cas.

Si on l'associe au ray-grass, il peut donner une coupe, parce qu'alors ses tiges sont forcées de s'élever.

Le trèfle blanc en fleurs a la composition suivante :

	Brut.	Digestible
Eau...............................	80,2	»
Matière sèche.....................	19,8	»
Matières albuminoïdes.............	3,2	1,8
Amides...........................	0,8	0,8
Graisse..........................	0,9	0,5
Hydrates de carbone..............	8,0	5,3
Cellulose........................	5,6	2,5

On trouve dans 100 parties de matière sèche :

Potasse............................	1,207
Chaux..............................	2,315
Acide phosphorique.................	1,007

Le trèfle blanc est donc plus riche en matières azotées que le trèfle incarnat ; il l'est également un peu plus que le trèfle violet.

Le trèfle rampant est plus rustique que le trèfle violet ; il supporte mieux que lui d'être cultivé dans les sols secs et légers, ainsi que dans les sols humides. Il donne ses plus beaux produits dans les sols frais, légers et très calcaires.

C'est le trèfle qui profite le mieux du plâtrage, à cause de sa grande avidité pour la potasse et pour la chaux. Les superphosphates et les sels de potasse constituent pour le trèfle blanc, comme pour le trèfle violet, des engrais fondamentaux que l'on devra employer dans les mêmes conditions et dans les même proportions.

La culture du trèfle blanc se fait comme celle du trèfle violet, mais il est moins exigeant que ce dernier. La semaille s'exécute dans les mêmes conditions, dans une céréale d'hiver ou de printemps ; seulement, comme sa graine est beaucoup plus fine, on n'emploie que de 8 à 15 kilogrammes de graines par hectare, et l'on enterre très peu profondément.

On commence à le faire légèrement pâturer à l'automne de

la première année, pour favoriser le tallage. Puis, au printemps suivant, on recommence le pâturage dès que ses pousses peuvent être saisies par les dents des animaux, et l'on continue jusqu'en automne.

Il n'exige pas de soins particuliers pendant sa végétation. On peut le faire durer trois années, sans compter l'année du semis, après lesquelles on le défriche pour le faire suivre par

Fig. 58. — Trèfle blanc.

une céréale. Sans fumure complémentaire, la céréale ne donne pas d'aussi bons résultats que sur le trèfle ordinaire.

Le plus souvent le trèfle blanc est pâturé. Comme il peut occasionner la météorisation, on doit en surveiller attentivement la consommation.

Dans les terres où il prend un grand développement, on peut quelquefois le faucher pour en faire du foin. Il donne alors une première coupe d'un fourrage abondant et supérieur comme qualité au trèfle violet.

Dans les pays où l'on produit sa graine, on le fait pâturer jusqu'en juin au plus tard, et l'on récolte les graines produites par la pousse ultérieure. Quand la maturité est assez avancée, on procède à la récolte et à l'égrenage, comme pour le trèfle ordinaire. Un hectare peut donner de 5 à 6 hectolitres de graine mondée pesant de 75 à 80 kilogrammes l'un. La bonne graine de commerce a une pureté de 93 p. 100 et une faculté germinative de 74 p. 100.

TRÈFLE HYBRIDE (*Trifolium hybridum*).

Le trèfle hybride croît abondamment dans le midi de la Suède et se rencontre à l'état spontané dans l'Europe moyenne. C'est une plante vivace, dont la racine se ramifie beaucoup

Fig. 59. — Trèfle hybride.

dans la couche arable. Ses tiges rougeâtres se tiennent droites dans les semis serrés ; mais autrement elles s'étalent sur la moitié de leur longueur, pour se relever ensuite, ce qui rend le fauchage plus difficile. Ses feuilles sont larges et glabres. Ses fleurs, disposées comme celles du trèfle blanc, forment des capitules plus gros, de couleur rose-chair, à odeur de fleur d'oranger.

Il supporte parfaitement les froids rigoureux même tardifs. Une atmosphère humide lui est favorable, tandis que la sécheresse persistante lui est sensiblement nuisible.

Il vient surtout bien dans les sols frais, argileux et argilo-sableux, à sous-sol marneux, compacts, même froids et humides. Il réussit également dans les sols tourbeux ou ferrugineux. Il n'y a que les sables secs et pauvres qui ne lui réussissent pas.

La culture est la même que celle du trèfle violet. Mais son enracinement étant plus superficiel, il peut revenir plus souvent sur le même sol. La quantité de semence à répandre est de 10 à 15 kilogrammes par hectare. La bonne graine du commerce a une pureté de 95 p. 100 et une faculté germinative de 75 p. 100. L'hectolitre pèse ordinairement de 75 à 80 kilogrammes. Le trèfle hybride produit beaucoup de graine, mais elle se détache facilement ; il faut prendre de grandes précautions lors de la récolte.

Le fourrage qu'il produit est très nutritif. Moins fibreux que le trèfle violet, il est mieux mangé par les vaches, même lorsqu'il est vieux et dur. Nous lui avons trouvé dans différentes localités d'Eure-et-Loir la composition suivante :

	ARCHE-VILLIERS.	BOIS-ROUVRAY.	ROSAY.	MORESVILLE.	MOYENNE.
Eau..............................	9,72	10,90	7,82	11,44	9,97
Cendres (1)......................	6,30	7,57	7,23	6,60	6,92
(2) { Matières albuminoïdes.	10,26	8,76	9,45	9,86	9,58
{ Mat. azotées diverses..	2,19	3,10	2,62	0,59	2,12
Graisse.....	0,79	1,00	1,10	1,20	1,02
Pentosanes..................	15,00	14,20	14,70	13,35	14,31
Mat. non azotées diverses...	31,14	34,07	38,08	36,46	34,94
Cellulose	24,60	20,40	19,00	20,50	21,12
(1) Acide phosphorique.........	0,50	0,53	0,44	0,35	0,455
(2) Azote total.................	2,16	2,11	2,14	1,83	2,06

ANTHYLLIDE VULNÉRAIRE (*Anthyllis vulneraria*).

L'anthyllide vulnéraire, nommée vulgairement trèfle jaune
des sables, n'est cultivée sur une certaine étendue que depuis
1860 en Allemagne. En France, c'est surtout après la guerre
de 1870 qu'elle s'est répandue, par suite de dons de graines

Fig. 60. — *Anthyllis*. — Trèfle jaune.

faits par l'Angleterre pour aider à réparer les désastres causés
par l'invasion.

C'est une plante fourragère bisannuelle qui résiste mieux à
la sécheresse qu'au froid. Elle convient particulièrement aux
terres légères et sablonneuses, ou de ténacité moyenne, suffisamment calcaires, et à sous-sol perméable. Grâce à ses puissantes racines, elle prospère encore dans des terrains impropres
à la luzerne et au trèfle. Les mauvaises herbes et surtout le
chiendent nuisent beaucoup à son premier développement,
qui est très lent.

On fait les semis de trèfle jaune des sables soit de bonne
heure au printemps, dans une céréale, car la germination est

lente, soit à l'automne et même dès la fin d'août, afin qu'il se fortifie avant les froids de l'hiver. Quand on le sème trop tard à cette saison, il ne paraît qu'au printemps. On répand environ 20 kilogrammes de graine nue par hectare, et on enterre légèrement par la herse et le rouleau.

Si l'on destine la prairie artificielle au fauchage, on ne la fait pas pâturer au premier automne, après l'enlèvement de la céréale. Il ne convient pas non plus de herser au printemps. En général, la floraison arrive vers le mois de juin. On obtient une bonne coupe de 50 à 60 quintaux de foin sec par hectare, suivie d'une repousse à pâturer. On laboure ensuite la terre pour une céréale d'automne ou de printemps, pour laquelle cette plante forme un bon précédent.

Le fourrage de cette plante n'est pas météorisant. Il a une bonne valeur nutritive, mais il renferme un principe amer qui répugne aux animaux et surtout aux chevaux. Toutefois, les vaches s'y habituent bien, mais il ne faut pas en abuser, car le lait acquerrait une saveur désagréable. Quand le fourrage est transformé en foin, il est accepté par tous les animaux. A la fenaison, il garde mieux ses feuilles que les autres légumineuses. Nous avons trouvé au foin de trèfle jaune des sables la composition suivante :

	ARCHE-VILLIERS.	BOIS-ROUVRAY.	ROSAY.	MORESVILLE.	MOYENNE.
Eau....................	9,56	10,00	9,08	10,76	9,85
Cendres (1).................	6,74	7,51	6,31	6,11	6,67
(2) {Matières albuminoïdes...	10,49	8,83	9,28	8,07	9,17
(2) }Mat. azotées diverses....	2,30	3,58	2,68	1,98	2,63
Graisse....................	0,98	1,00	1,08	1,21	1,07
Pentosanes................	16,45	14,00	14,40	15,90	15,19
Mat. non azotées diverses..	30,78	33,88	35,77	34,37	33,70
Cellulose.................	22,70	21,20	21,40	21,60	24,72
(1) Acide phosphorique........	0,45	0,51	0,39	0,45	0,45
(2) Azote total.............	2,26	2,21	2,12	1,78	2,09

On obtient un excellent fourrage en associant l'anthyllide avec les ivraies, la fléole, le trèfle blanc, la minette, etc.

La production de la graine peut être très avantageuse ; mais, comme elle se sépare facilement des gousses, il faut faire la fauchaison alors que celles-ci sont à moitié vertes. Le battage et l'égrenage se font comme pour le trèfle. Le rendement en graine est ordinairement de 4 à 6 quintaux par hectare.

SAINFOIN (*Hedysarum onobrychis*).

Le sainfoin ou esparcette croît spontanément dans le centre et le midi de la France, sur les rocs secs et arides, et jusque dans les fentes de rochers, à la condition qu'ils soient calcaires. C'est une plante valeureuse, selon l'expression d'Olivier de Serres, qui vient suppléer à la pénurie des prairies permanentes, dans les sols secs, de bonne heure au printemps, où la luzerne et le trèfle ne pourraient pas couvrir les frais que leur culture exige.

Le sainfoin est une plante vivace, à racine pivotante. Celle-ci s'enfonce parfois jusqu'à 2 mètres de profondeur. Ses tiges sont flexueuses et portent axillairement des épis de fleurs roses. Les fruits sont des gousses monospermes, hérissées de pointes. La hauteur des tiges varie de 33 à 66 centimètres.

Il fournit un fourrage excellent, très sain, n'exposant pas les animaux à la météorisation, comme le trèfle ou la luzerne, lorsqu'il est consommé en vert. Jamais ses tiges ne deviennent aussi dures que celles de la luzerne, et le foin qu'il fournit est de qualité supérieure. Son rendement est inférieur, il est vrai, à celui de la luzerne dans les sols qui conviennent à celle-ci, mais il en donne encore un convenable là où les autres légumineuses ne pourraient pas être cultivées. C'est là son véritable rôle agricole. Il permet aux contrées déshéritées d'entretenir un bétail plus nombreux et d'élever le niveau de leur culture par le fumier qu'il procure et aussi par l'amélioration notable où se trouve le sol après son défrichement. Il est, en effet, comme la luzerne, une plante améliorante de premier ordre.

Climat et sol.

Le sainfoin, dans sa première jeunesse, craint les hivers rigoureux; mais, lorsqu'il a déjà six mois, il les supporte sans souffrir. Il préfère le climat du Midi à celui du Nord, mais il donne toutefois dans ce dernier des produits satisfaisants.

Il préfère avant tout les sols profonds et fortement calcaires. Il donne même des produits avantageux dans ceux qui sont uniquement formés de calcaire, à la condition qu'ils soient perméables pour permettre à ses racines de s'y enfoncer librement. Sa culture peut aussi s'étendre aux sols légers, sablonneux, graveleux, pourvu qu'ils aient reçu des amende-

Fig. 61. —Sainfoin

ments calcaires et qu'on les plâtre, ou bien qu'ils soient naturellement calcaires. Il réussit dans les sols les plus secs; ses racines y vont chercher profondément dans le sol la fraîcheur que lui refuse la surface. Mais, toutefois, quand le sol est desséché à plus de 33 centimètres de profondeur, il cesse de pousser jusqu'au retour de l'humidité. Dans les terres fraîches, il donne deux bonnes coupes ; dans les terres sèches, il n'en donne qu'une et un regain qui ne dépasse pas le quart de la coupe.

Il ne redoute que les terrains argileux, compacts, humides, et en général tous les sols qui retiennent l'humidité stagnante dans les couches inférieures.

Composition.

Nous avons trouvé à du sainfoin de première coupe la composition suivante :

	CLOCHES — 1re COUPE.
Eau	11,00
Cendres (1)	4,50
(2) { Matières albuminoïdes	8,19
— azotées diverses	2,30
Graisse (3)	1,03
Chlorophylle, résines (4)	0,85
Résines, tanins, etc. (5)	3,49
Pentosanes	16,50
Matières non azotées diverses	28,44
Cellulose	23,70
(1) Acide phosphorique	0.67
Chaux	1,76
Potasse	1,37
(2) Azote total	1,88

(3) Substances solubles dans l'éther de pétrole.

(4) Substances insolubles dans l'éther de pétrole, mais solubles dans l'éther absolu.

(5) Substances insolubles dans l'éther de pétrole, l'éther absolu, mais solubles dans l'alcool absolu.

D'après les expériences des Allemands, on trouverait dans ce foin les quantités suivantes de principes immédiats digestibles :

```
Albuminoïdes........................... 7,3
Amides................................. 2,0
Graisse................................ 1,6
Hydrates de carbone.................... 25,4
Cellulose.............................. 10,3
```

C'est une plante très avide de potasse, de chaux et d'acide phosphorique, comme la luzerne. Elle tire sa nourriture des mêmes couches du sol et puise la plus grande partie de son azote dans l'atmosphère.

Variétés.

La culture prolongée du sainfoin ordinaire dans un sol calcaire, léger, riche et profond, a produit une variété dite sainfoin à deux coupes, qui se distingue par une plus grande vigueur et peut donner deux coupes de fourrages, tandis que le sainfoin ordinaire ne donne qu'une coupe et un petit regain. Mais le sainfoin à deux coupes demande des terres plus riches que l'autre et, dans les sols pauvres, il dégénère, de sorte qu'il est nécessaire de faire venir la graine des pays privilégiés.

Fumure.

Comme pour toutes les légumineuses à racines profondes et particulièrement la luzerne, il importe que le sous-sol soit riche en chaux, en potasse et en acide phosphorique assimilables. Il est donc nécessaire de fournir ces substances aux sols qui n'en sont pas suffisamment pourvus et de favoriser leur descente dans les couches profondes. Nous savons que le plâtrage (Voy. *Engrais*) a pour effet de mobiliser la potasse des couches supérieures et de lui permettre de gagner le sous-sol ; cet amendement sera donc fort utile. Du reste, ce que nous avons dit en traitant de la luzerne s'applique au sainfoin. Plus le sol où l'on cultive l'esparcette est riche, plus les récoltes sont abondantes et, d'autre part aussi, plus l'amélioration du terrain à l'époque de son défrichement est grande.

La consommation probable en éléments nutritifs par 100 kilogrammes de foin d'esparcette récoltés, peut être estimée comme il suit :

	Foin	Débris	Racines	Total
Azote	2.00	0.30	0.55	2.85
Acide phosphorique......	0.47	0.07	0.10	0.64
Potasse	2.40	0.27	0.04	2.71
Chaux	1.48	0.22	0.44	2.14

Pour une récolte de 5.000 kilogrammes de foin, par année moyenne, la plante absorbe donc environ :

Azote	143 kgr.
Acide phosphorique......................	32 —
Potasse	135 —
Chaux	107 —

Les exigences du sainfoin sont donc un peu moins élevées que celles du trèfle et de la luzerne. C'est la potasse et la chaux qu'il consomme en plus grande quantité en laissant de côté l'azote. L'absorption de l'acide phosphorique est relativement peu élevée. Mais ce serait un tort de conclure que le sainfoin est peu sensible aux engrais phosphatés. En effet, à Gas, dans un sol assez pauvre en acide phosphorique total (0 gr. 5 par kilogramme), M. Ovide Benoist a semé du sainfoin dans une orge avec 300 kilogrammes de superphosphate à 14 p. 100 à l'hectare comme seule fumure. L'année suivante, il obtint les rendements suivants en foin sec par hectare :

Sans superphosphate	36 quintaux.	Excédent 15 q.
Avec superphosphate...........	51 —	

On devra donc donner à cette plante fourragère une fumure de 200 kilogrammes environ de superphosphate à l'hectare, dans les sols de fertilité moyenne, que l'on portera de 300 à 400 kilogrammes dans les sols pauvres en acide phosphorique. On n'hésitera pas à répandre du chlorure de potassium à la dose de 100 à 200 kilogrammes dans les sols dosant moins de 0 gr 20 de potasse assimilable. Si enfin on voit la récolte baisser, on répandra en couverture une nouvelle dose d'engrais pour la troisième récolte.

Culture.

Le sainfoin demande la même préparation du sol que la
luzerne. Pour être bonnes et bien germer, les graines de sainfoin ne doivent pas être âgées de plus d'une année, et il faut
qu'elles aient été récoltées en pleine maturité. Les bonnes
graines sont grises, luisantes, avec un reflet bleuâtre, ou bien
encore d'un brun luisant avec l'intérieur d'un beau vert. Si
les graines de sainfoin sont ternes, c'est qu'elles ont été échauf-
fées ; si, au contraire, elles sont d'un blanc pâle, c'est qu'elles
ont été récoltées avant d'être mûres. Dans les deux cas, elles
germent très mal. Il faut donc les rejeter. En achetant la
graine de sainfoin, il faut toujours la soumettre à l'essai, en
décossant un certain nombre de semences et en les faisant
germer sur du coton humide. Une bonne semence doit avoir
une pureté de 98 p. 100 et une faculté germinative de 80 p. 100.
Elle doit être exempte de pimprenelle.

Le sainfoin peut être semé pendant toute la durée de la
belle saison, et, pourvu qu'une sécheresse persistante ne
succède pas au semis, il réussit. On peut donc le semer à l'automne, dans une céréale, si le climat n'est pas trop rigoureux
et si le sol s'égoutte parfaitement, d'une part, et, d'autre part,
ne se déchausse pas par l'action successive des gels et des dégels.
On obtient ainsi, dès la fin de l'année suivante, une bonne
coupe.

Dans les conditions contraires, on sème le sainfoin au printemps dans une céréale d'automne ou de printemps ou une
navette d'été. Dans une céréale d'automne, on ameublit la
surface par un bon hersage avant de semer. Dans une céréale
de printemps, on aura fait la préparation complète, comme
pour la luzerne. On sème parfois le sainfoin seul, en préparant le sol avec les mêmes soins.

Bien que la graine de sainfoin demande à être peu enterrée,
il faut toutefois qu'elle le soit. On l'enterre par un hersage.
A cause de la légèreté de cette graine, un hersage ordinaire
ne suffit pas toujours. On emploie alors les herses articulées
et le rouleau Crosskill.

Pour avoir un fourrage fin, une prairie artificielle bien garnie et qui laisse difficilement accès aux mauvaises plantes, il faut semer le sainfoin très dru. Dans ce but, on emploie 5 hectolitres de graine, à la condition que l'on soit bien sûr de sa valeur ; sinon il faut augmenter la quantité de semence et aller jusqu'à 6. Comme l'hectolitre pèse en moyenne 32 kilogrammes, c'est de 160 à 192 kilogrammes de semence que l'on emploie par hectare.

On doit chercher à faire durer le sainfoin le plus longtemps possible en plein rapport, car l'amélioration que cette plante procure au sol est en raison de sa durée. Pour arriver à ce résultat, il ne faut pas le négliger une fois qu'il est bien pris et en rapport. Les soins qu'il réclame sont des plus simples. Ils consistent, par quelques travaux intelligemment faits, à empêcher l'envahissement des mauvaises herbes. Pour cela, à partir de la deuxième année de l'ensemencement, on devra, tous les ans, au printemps, et tant que durera la prairie, pratiquer un hersage très énergique, qui détruira les plantes adventices dans leur premier développement. Tous les ans aussi, à partir de cette époque, on plâtrera à la dose que nous avons indiquée pour la luzerne, dans les terrains où le plâtre est efficace. Tous les ans aussi on appliquera des engrais potassiques et des superphosphates, si le sol est mal pourvu de ces éléments de fertilité.

La récolte du sainfoin se fait à la floraison, quand les premières graines commencent à se former. La premiere année, à l'automne, pour les semis de printemps, on ne doit ni pâturer ni faucher les jeunes pousses. Le collet dépasse alors souvent la surface du sol de 2 à 3 centimètres, et, s'il était tranché par la dent du bétail ou par la faux, le plant mourrait.

Au commencement de l'automne, le sainfoin donne un regain qui est peu abondant. Il est souvent avantageux de le faire pâturer par les chevaux et par les bêtes bovines ; mais il faut bien se garder d'y faire paître les moutons, qui, rongeant le collet, empêcheraient la repousse de la plante.

Le produit annuel du sainfoin se compose d'une bonne coupe et d'un regain équivalent au quart de celle-ci. La coupe de l'automne de la première année d'un sainfoin semé en même temps qu'une céréale d'hiver donne la même quantité que le regain. Comme pour la luzerne, le produit va d'abord croissant dans les premières années, puis il décroît ensuite. Le rendement total annuel en foin sec est de 40 à 50 quintaux métriques.

Le rendement en graines est de 600 à 1000 kilogrammes à l'hectare.

La durée du sainfoin varie entre trois et sept ans. Elle est subordonnée à la richesse des couches profondes en principes alimentaires. En général, toutefois, il vit moins longtemps que la luzerne. On a intérêt à en prolonger la durée autant que possible. Toutefois, aussitôt que les signes de décrépitude se font remarquer, il faut sans hésiter défricher la prairie, sous peine de perdre tout le bénéfice de l'amélioration que cette plante procure à la terre. Le défrichement se fait comme pour la luzerne.

LOTIER CORNICULÉ

Le lotier corniculé (*Lotus corniculatus*) est une plante fourragère vivace. Ses fleurs sont d'un beau jaune et quelquefois rougeâtres à l'intérieur. Elles sont réunies au nombre de 8 à 10 en capitules à forme d'ombelles, à l'extrémité des pédoncules plus longs que la feuille. La gousse est cylindrique. Les feuilles ont les folioles ovales, plus pâles en dessous. Les tiges sont grêles, rameuses, droites ou rampantes, atteignant de 40 à 60 centimètres. Il fleurit de mai à septembre.

Cette plante est commune dans les diverses régions de la France. On la trouve dans les bois, dans les prés, dans les pâturages. Elle est fréquente dans les lieux humides aussi bien que dans les terrains secs, et les fortes chaleurs n'arrêtent ni sa végétation ni sa floraison. Elle est très rustique et résiste aux froids comme aux grandes chaleurs.

Le lotier est très recherché des bestiaux et surtout des chevaux. Il constitue un excellent fourrage. Il est notamment une bonne plante de pâturage ; on le rencontre dans les meilleurs prés de la Normandie, de la Flandre, de la Belgique, de l'Allemagne et de la Lombardie.

Il mérite d'être cultivé comme prairie artificielle, comme le trèfle et la luzerne, dans les sols pauvres où il donne une production très intéressante.

Le foin de lotier corniculé a la composition suivante :

```
Eau......................................... 12,5
Matières sèches. ............................ 87,5
Protéine brute.............................. 15,0
Graisse brute...............................  3,5
Extractifs non azotés....................... 38,2
Cellulose brute............................. 23,5
Cendres.....................................  7,3
```

Sa richesse en principes nutritifs digestibles est donnée ci-après :

```
Protéine digestible.........................  8,2
Graisse digestible..........................  1,8
Hydrates de carbone digestibles ............ 35,9
    Somme des matières nutritives ..........
    Matières azotées + hydrates de carbone +
      graisse × 2,4......................... 48,4
```

La somme des matières nutritives de 100 kilogrammes de foin de lotier est sensiblement la même que celle de la luzerne prise au début de la floraison et que celle du sainfoin.

Sa qualité fourragère, étant ainsi démontrée, explique l'extension prise par la culture du lotier depuis un certain nombre d'années, spécialement dans les départements de l'est, à hiver rigoureux, car il résiste bien aux froids de ces régions.

Le rendement du lotier dépend naturellement de la nature et de la richesse du sol. Lorsque les conditions sont favorables, cette plante atteint facilement une hauteur moyenne de 40 à 50 centimètres. Les rendements, de 15 à 20.000 kilogrammes de fourrage vert à l'hectare, sont exceptionnels, mais on peut compter sur 9 à 12.000 kilogrammes de produit en vert et sur 30 à 40 quintaux de foin sec. Dans de bonnes conditions une lotière bien installée peut donner 60 quintaux de foin pour la première coupe et 40 quintaux pour la seconde.

Le lotier n'atteint son plein développement qu'au bout de plusieurs années. Aussi lui associe-t-on parfois de la minette. Celle-ci augmente le rendement de la première année et disparaît par la suite.

Cette plante se cultive dans les mêmes conditions que le trèfle. On sème à l'hectare 10 kilogrammes de graines, pesant 78 kilogrammes l'hectolitre.

Pour compléter ce qui précède, nous reproduisons ci-dessous les observations de M. Rabaté, inspecteur général de l'agriculture, sur cette culture :

« Le lotier corniculé est une plante fourragère spontanée en France, signalée à différentes reprises, mais qui n'occupe pas encore, à beaucoup près, toutes les terres où elle pourrait donner de bons résultats. Il est peu exigeant sous le rapport de la terre et des engrais. Il prospère dans des sols variés et réussit particulièrément bien dans les sols silico-argileux, comme les boulbènes du sud-ouest ou les terres bornais du centre, humides en hiver et très sèches en été, où la luzerne et le sainfoin restent chétifs. Cette adaptation aux sols pauvres en calcaire fait du lotier une légumineuse fourragère particulièrement intéressante.

Une fois de plus, en 1921, le lotier a montré sa haute résistance à la sécheresse. Néanmoins, le rendement est en rapport avec la fraîcheur de la terre.

Le lotier corniculé produit deux coupes par an d'un excellent fourrage sec, formé de tiges minces qui conservent leurs folioles. Il fournit, en outre, un bon pâturage, repousse rapidement sous la dent du bétail et ne météorise pas les ruminants. Il peut être conservé plusieurs années et continuer parfois pendant cinq ans, dix ans et plus, à donner des récoltes avantageuses, en même temps qu'il enrichit le sol en azote.

Il n'est pas attaqué par le négril.

La graine, récoltée en août, à la deuxième coupe, se vend un prix élevé. Pour diminuer l'égrenage par éclatement des gousses, le lotier est coupé et mis en petits tas à la rosée, puis rentré avec précautions le matin ou par temps couvert.

La graine est semée en mars, dans une céréale propre, à raison de 10 kilogr. par hectare et couverte par un léger hersage. Le lotier est parfois attaqué par la cuscute, bien qu'il en souffre moins que la luzerne et le trèfle violet. Ces deux légumineuses produisent plus de fourrage, le lotier est plus rustique. Ses tiges fines gagnent à être soutenues par une graminée, comme le dactyle ou le fromental, qui fournissent d'ailleurs un bon pâturage à l'arrière saison.

Les tiges âgées, garnies de fleurs jaune d'or, ont parfois une saveur amère qui rebute les chevaux...

Tout compte fait, le lotier est une excellente plante fourragère, qui gagne, trop lentement, du terrain.

A côté du lotier corniculé il existe d'autres variétés intéressantes, comme le lotier des sables (*Lotus arenarius*) qui est très répandu en Espagne, au Portugal et au Maroc. Son fourrage est très apprécié du bétail. Il atteint de fortes dimensions et mérite d'être expérimenté en grande culture dans ces régions.

Le lotier velu (*Lotus major vel vellosus*) se distingue du lotier corniculé par sa taille plus élevée qui s'élève à 80 centimètres. Ses tiges et ses feuilles sont légèrement velues. Il se plaît dans les sols tourbeux, marécageux, acides. Sa valeur nutritive égale celle du lotier corniculé et il a le mérite rare, pour une plante de cette famille, de végéter dans un sol gorgé d'eau.

LUPULINE (*Meaicago lupulina*).

La lupuline ou minette est une luzerne bisannuelle, dont les fleurs jaunes et très petites sont réunies en épi ovale. Elle a les tiges couchées et dépasse rarement 33 centimètres de hauteur.

Elle croît spontanément dans les terrains légers calcaires ou sablo-calcaires.

Elle est loin de donner des produits comparables à ceux du trèfle ou de la luzerne, mais elle a l'avantage de croître parfaitement sur les terrains secs où ceux-là ne réussissent pas. Elle rend peu de foin, mais elle forme d'excellents pâturages, parce qu'elle repousse sans cesse sous la dent des animaux. Elle forme surtout des pâturages de premier ordre pour les moutons et n'expose pas les animaux à la météorisation.

Elle présente la composition suivante :

Eau	79,0
Matière sèche	21,0
Albuminoïdes	2,7
Amides	0,8
Graisse	0,85
Hydrates de carbone	8,2
Cellulose brute	6,9
Cendres	1,5

La minette convient plutôt aux régions froides ou tempérées de la France qu'à celles du Midi. La sécheresse de ces dernières et l'excès de chaleur l'empêchent d'y prendre tout son développement.

Elle réussit dans presque tous les sols. Elle présente l'avantage de donner des produits passables dans les sables arides, où il n'y a rien à attendre de la luzerne dans les calcaires trop pauvres pour nourrir convenablement le sainfoin.

On la sème dans les céréales d'automne ou de printemps, comme le trèfle, à raison de 20 à 25 kilogrammes par hectare.

En général, on la fait pâturer. Si elle devient assez forte pour qu'on la fauche, elle fournit jusqu'à 30 quintaux de foin par hectare. Cultivée pour la graine, elle rend de 3 à 4 quintaux.

Fig. 62 — Minette.

AJONC ÉPINEUX (*Ulex europæus*).

L'ajonc épineux appartient à la famille des légumineuses. Il a les racines pivotantes et profondes et développe d'abondants rameaux garnis de pointes. C'est une plante améliorante qui agit à la manière de la luzerne et du trèfle pour enrichir le sol en azote.

L'ajonc s'accommode de tous les climats de la France; mais c'est particulièrement dans les départements de l'Ouest qu'il se développe vigoureusement. Il réussit dans les sols de qualité médiocre, qui ne seraient susceptibles de porter ni trèfle ni luzerne; il les améliore, et les céréales qui lui succèdent donnent ordinairement plusieurs récoltes productives. Il se plaît surtout dans les terres argileuses profondes, les sols sablo-argileux et sableux humides, Sur les sols humides et argilo-sableux, il se maintient indéfiniment. Il ne dure que six ou huit ans dans les terres granitiques acides. Il refuse absolument de végéter dans les sols calcaires.

Fig. 58. — Ajonc marin.

On le sème sur un léger labour, sans fumier, de février en avril, lorsqu'on le sème seul. Le plus souvent, il vaut mieux le semer dans une céréale d'été ou d'hiver à la même époque; le terrain n'est pas alors préparé pour l'ajonc, qui ne supporte plus les frais d'un labour. On recouvre la graine par un hersage. La semence s'altérant facilement, doit être choisie nouvelle. On en emploie 20 kilogrammes pour les semis à la volée, et 12 kilogrammes suffisent pour les semis en lignes. Il faut, dans tous les cas, éloigner le bétail du champ afin de préserver les jeunes pousses de la dent avide des animaux.

Le chiendent est l'ennemi principal de l'ajonc. Il faut en débarrasser le terrain avant les semailles par un labour avec écobuage ou par tout autre moyen efficace.

Dans certaines contrées du pays de Galles, la culture de l'ajonc est entrée dans la rotation. Elle ne dure que quatre ans, pendant lesquels on le fauche deux fois. On le défriche alors à la charrue, et on sème du blé pour le remplacer. Mais il paraît préférable en général, bien que l'on puisse agir ainsi, de cultiver l'ajonc comme la luzerne en dehors de l'assolement.

Si la culture réussit, on obtient une coupe abondante de fourrage au commencement de l'hiver de la seconde année. L'ajonc, une fois bien établi, pourra être coupé tous les ans ; mais on augmentera considérablement son produit en ne le coupant que tous les deux ans. M. de Lorgeril a vérifié un produit de 34375 kilogrammes à l'hectare, dans un ajonc coupé après deux ans de végétation, et il a vu des résultats encore plus satisfaisants. On peut donc parfaitement admettre un rendement de 300 quintaux tous les deux ans, soit une production moyenne annuelle de 150 quintaux.

L'ajonc épineux est un fourrage d'hiver. On le coupe du mois de novembre au mois d'avril. Pendant l'été, les pousses sont ligneuses, dures et dédaignées des animaux. Sa composition moyenne est la suivante, d'après M. A.-C. Girard :

Eau	52,67
Cendres	1,57
Graisse	0,90
Albuminoïdes	4,49
Amides	0,27
Cellulose brute	14,32
Hydrates de carbone divers	25,78

La digestibilité de ce fourrage est beaucoup plus élevée qu'on ne serait tenté de le croire d'après son aspect. Le même savant, qui l'a déterminée sur le cheval, a en effet obtenu les coefficients de digestibilité suivants :

Graisse........................... 57,7 p. 100.
Matières azotées brutes............. 51,8 —
Cellulose........................... 33,1 —
Hydrates de carbone................. 53,8 —

On donne l'ajonc épineux à tous les bestiaux. C'est une nourriture excellente et recherchée. De temps immémorial, on nourrit, dans le pays de Galles, tout le bétail avec ses pousses écrasées, pendant toute la saison hivernale. Toutes les bêtes s'en montrent avides et le préfèrent même au foin. Il vient remplacer, pendant la mauvaise saison, le trèfle et la luzerne et n'occasionne ni météorisation, ni aucun autre accident. Les vaches qui s'en nourrissent donnent un lait abondant, de très bonne qualité, et un beurre excellent. Les chevaux s'en trouvent également bien ; il leur donne de l'embonpoint et suffit à l'alimentation des bêtes de labour. Cependant il ne serait pas suffisant pour les chevaux soumis à un fort travail. Il est avantageux pour les jeunes animaux.

En Bretagne, il est utilisé pour la nourriture des espèces bovine et chevaline.

L'emploi de l'ajonc épineux dans l'alimentation des chevaux de ferme est une pratique générale sur les frontières de France et d'Espagne, et la cavalerie anglaise, étant dans les Pyrénées, sous les ordres de Wellington, n'y avait pas d'autre fourrage.

M. Tytler a fait des expériences sur l'emploi de l'ajonc dans l'alimentation des chevaux de ferme. Une femme, munie de gants longs et solides et d'un tablier de peau de mouton, pouvait, en six ou sept heures, couper la nourriture nécessaire à la consommation journalière d'une douzaine de chevaux doués d'un bon appétit ; le fourrage ramené à la ferme y était brisé sous une meule montée comme les meules d'huileries. Il suffisait de trois heures pour écraser toute la ration. Les chevaux recevaient de l'ajonc et de la paille (50 kilos de novembre à février) ; et depuis lors, jusqu'en mars, un supplément d'avoine (12 kilos). Avec cette nourriture économique, ils étaient capables d'effectuer le travail ordinaire des attelages de Berwick, et leur condition s'améliorait. D'un autre côté, M. de Lorgeril a nourri convenablement dans son écurie six chevaux travaillant tous les jours, avec 180 kilos

d'ajonc, 21 kilos de foin et 12 kilos d'avoine (Ille-et-Vilaine).
Dans l'Indre, M. Delaye-Bonnat donnait 34 kilos d'ajonc par
tête bovine et 20 kilos par cheval, ce qui maintenait le bétail
dans un état d'embonpoit supérieur à celui qu'on doit à
l'emploi du foin et de la paille.

Tous ces faits de la pratique agricole montrent bien tous
les avantages que présente l'emploi de l'ajonc. Seulement ces
avantages sont balancés par la difficulté de sa manutention.
Il est nécessaire, avant de le donner au bétail, de l'écraser pour
émousser les épines qui garnissent ses rameaux. On le coupe
donc en tronçons de 10 à 12 centimètres, puis on broie ces
fragments, sans néanmoins écraser complètement la matière
végétale; car, si elle est trop broyée, les animaux ne la recher-
chent plus. Elle a atteint le degré de trituration nécessaire
lorsqu'une main durcie par le travail peut la manier sans être
blessée par les épines.

Pour arriver à ce résultat, il faudra, dans les grandes exploitations, recourir à des broyeurs spéciaux, qu'on trouve aujour-
d'hui chez les constructeurs de la région de l'Ouest (fig. 59).
Dans les petites exploitations, l'opération pourra se faire à la
main par les hommes de la ferme. Sur une plate-forme en
bois, on étend une couche d'ajonc, on la découpe à l'aide
d'une hache, puis avec un pilon ou une dame on le brise convenablement. Un ouvrier peut broyer par jour 250 kilogrammes d'ajonc.

Toutes ces manipulations, du reste, ont lieu en hiver, alors
que les hommes ont peu de chose à faire; les longues soirées
de cette saison peuvent être par là convenablement et lucrati-
vement remplies.

Il est donc évident que l'ajonc épineux constitue une importante ressource fourragère pour les pays de landes, et c'est
avec raison qu'on l'a appelé la « luzerne des pays pauvres ».

Le genêt à balais (*Genista scoparia*) peut être cultivé, comme
l'ajonc, pour l'alimentation d'hiver des animaux. Il a à peu
près les mêmes propriétés.

CHAPITRE IV

FOURRAGES ANNUELS

Nous avons groupé, sous la dénomination de fourrages annuels, les fourrages qui n'occupent le sol que moins d'un an et qui ne sauraient lutter d'importance avec les prairies naturelles ou artificielles.

Ils constituent, pour l'exploitation, des récoltes fourragères accessoires ou dérobées, qui viennent suppléer aux prairies artificielles dans les intervalles de leurs coupes, ou les remplacer quand elles n'ont pas réussi.

On peut varier faire l'époque de leurs semis de manière que la récolte se fasse au moment le plus opportun.

D'un autre côté, ces récoltes permettent de ne faire revenir le trèfle que moins souvent dans la rotation, et ainsi de mieux assurer sa réussite.

Les plantes ainsi cultivées appartiennent soit à la famille des Légumineuses, soit à la famille des Graminées ou à des familles diverses.

Parmi les premières, nous examinerons rapidement le trèfle incarnat, les vesces et gesses, les pois, les féveroles et la serradelle.

Dans les autres familles, nous étudierons successivement, la spergule, qui est une Caryophyllée ; le maïs, le moha et le seigle, qui sont des Graminées ; et enfin la moutarde blanche la navette et le colza, qui sont des Crucifères.

TRÈFLE INCARNAT (*Trifolium incarnatum*).

Le trèfle incarnat, désigné aussi vulgairement sous les noms de trèfle annuel, farouch, farault, etc., est une papillonacée annuelle, originaire du midi de l'Europe, qui périt aussitôt qu'elle a porté ses graines. Il se distingue du trèfle ordinaire par ses feuilles velues et par ses fleurs disposées en longs épis généralement d'un beau rouge. Sa culture est longtemps restée confinée dans quelques départements du Midi, et il n'y a guère que quatre-vingts ans qu'elle s'est répandue un peu dans les pays du Nord.

	LIMON.	ARGILE à silex.	MOYENNE.
Eau	86,60	87,00	86,80
Cendres (1)	1,42	1,39	1,41
(2) Matières albuminoïdes	1,43	1,89	1,66
— azotées diverses	0,85	0,64	0,75
Graisse	0,21	0,17	0,19
Pentosanes	1,67	1,46	1,56
Matières non azotées diverses	5,40	5,14	5,27
Cellulose	2,42	2,31	2,37
(1) Acide phosphorique	0,12	0,11	0,125
(1) Azote total	0,41	0,45	0,45

Le trèfle incarnat ne donne qu'une seule coupe de fourrage vert et ne fournit, par la dessiccation, qu'un foin de qualité médiocre. Il n'a pas, comme le trèfle ordinaire, une action améliorante sur le sol, car il occupe le terrain trop peu de temps, n'y laisse que peu de débris et n'a que de courtes racines. Mais il présente l'avantage de donner un fourrage vert de très bonne qualité, très apprécié des animaux, et surtout plus précoce que les autres. Ajoutez à cela qu'il n'occasionne jamais la météorisation du bétail, comme cela arrive fréquem-

ment pour le trèfle ordinaire ; qu'il n'exige que des frais de
culture tout à fait rudimentaires et remplit toujours le rôle,

Fig. 64. — Trèfle incarnat (1ʳᵉ période).

dans l'assolement, d'une culture intercalaire ; et vous com-
prendrez l'importance qu'il a prise dans certaines régions
comme la Beauce, où il réussit fort bien.

A l'état vert, le trèfle incarnat a la composition suivante,

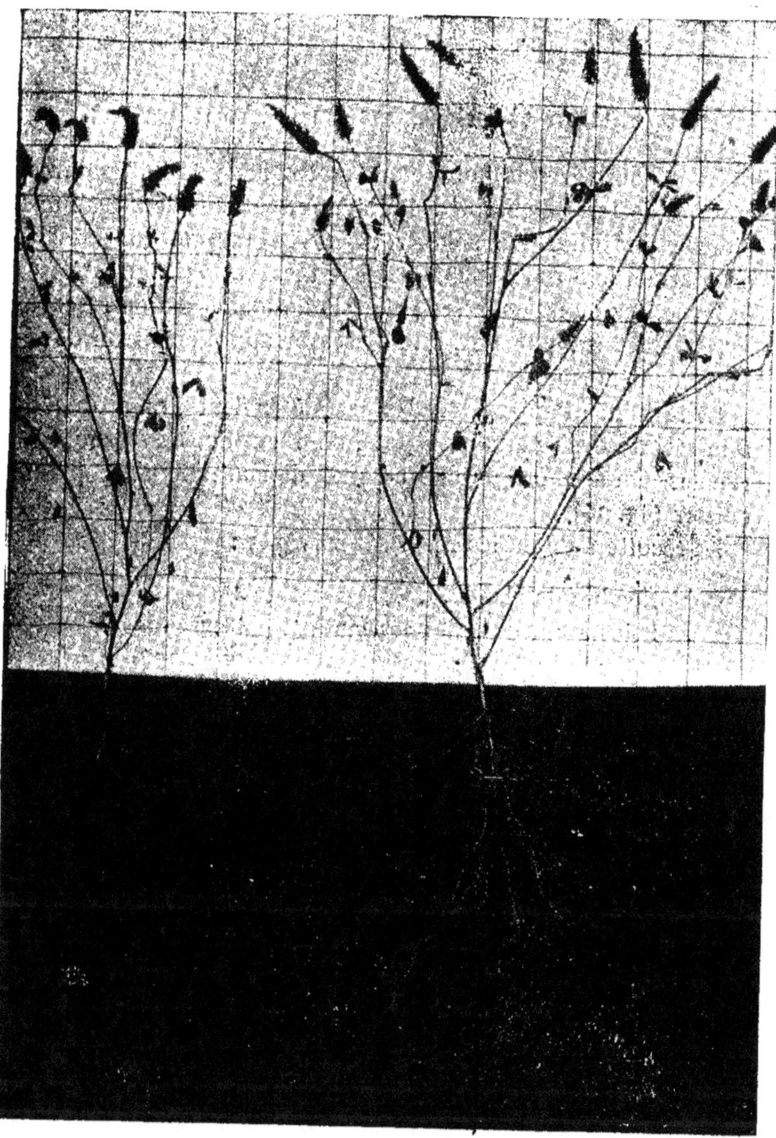

Fig. 65. — Trèfle incarnat (2e période).

d'après nos analyses (Voir le tableau à la page précédente).

On voit que, s'il est un peu inférieur à la luzerne, il est au moins doué d'une valeur nutritive égale à celle du trèfle ordinaire.

Végétation et exigences du trèfle incarnat.

Dans douze grands pots, contenant chacun 28 kilogrammes environ de terre de limon des plateaux, enrichie de 2 grammes d'acide phosphorique soluble et de 1 gramme de potasse, on a semé, le 5 avril 1898, du trèfle incarnat ordinaire. Après la levée, les plants ont été éclaircis de manière à en réserver seulement 6 à 7 par pot, afin d'assurer aux plantes un développement normal.

Le 14 juin, à l'apparition des premières fleurs, on a procédé à la récolte des plants de 4 pots, en recueillant avec soin les racines. On a photographié comme de coutume deux plants entiers (fig. 64).

La récolte a donné les résultats suivants :

Nombre de plants	24
Poids sec des parties aériennes	13 grammes.
— des racines	3 —
Total	16 grammes.

Nous donnons ci-après les résultats de l'analyse de la matière sèche pour les tiges et les racines :

	TIGES ET FEUILLES.	RACINES.
	p. 100.	p. 100.
Azote	4,56	3,22
Acide phosphorique	1,06	1,00
Potasse	3,98	1,44
Chaux	3,79	1,49

Nous pouvons, avec ces données, calculer la composition d'une plante moyenne :

	PARTIES aériennes.	RACINES.	TOTAL.
	gr.	gr.	gr.
Matière sèche...............	0,541	0,125	0,666
Azote......................	0,0247	0,004	0,0287
Acide phosphorique..........	0,0057	0,0012	0,0069
Potasse....................	0,0217	0,0018	0,0235
Chaux.....................	0,0205	0,0018	0,0223

Le 5 juillet, la floraison étant complète, on a fait la récolte de quatre autres pots (fig. 6) et obtenu les résultats suivants ;

Nombre de plants................ 26

Poids sec des parties aériennes... 90 grammes.

—   des racines 9   —

Total................. 99 grammes.

L'analyse de la manière sèche provenant des parties aériennes et des racines est consignée dans le tableau suivant :

	PARTIES aériennes.	RACINES.
	p. 100.	p. 100.
Azote.............................	2,90	2,84
Acide phosphorique................	0,73	0,78
Potasse...........................	3,55	1,34
Chaux............................	2,59	1,04

De ces données, nous déduisons la composition d'une plante moyenne à la fin de la floraison :

	PARTIES aériennes.	RACINES.	TOTAL.
	gr.	gr.	gr.
Matière sèche...............	3,461	0,346	3,807
Azote......................	0,1003	0,0098	0,1101
Acide phosphorique..........	0,0252	0,0026	0,0278
Potasse....................	0,1228	0,0046	0,1274
Chaux.....................	0,0896	0,0036	0,0933

Enfin, le 5 août, les plants des derniers pots étant mûrs,
il a été procédé à leur récolte et à la photographie de deux

Fig. 66. — Trèfle incarnat (3e période).

plantes moyennes avec les précautions ordinaires (fig. 66). On
a obtenu :

Nombre de plants................. 25
Poids sec des parties aériennes.. 128gr,0
— des racines............. 6gr,5
Total................ 134gr,5

L'analyse de la matière sèche des racines et des parties aériennes a fourni les résultats suivants :

	PARTIES aériennes.	RACINES.
	p. 100.	p. 100.
Azote............................	2,05	2,15
Acide phosphorique...............	0,66	0,79
Potasse..........................	2,06	1,77
Chaux...........................	2,04	1,29

Une plante moyenne entière présentait donc à la maturité la composition donnée ci-après :

	PARTIES aériennes.	RACINES.	TOTAL.
	gr.	gr.	gr.
Matière sèche................	5,120	0,260	5,380
Azote........................	0,1049	0,0056	0,1105
Acide phosphorique..........	0,0337	0,0021	0,0358
Potasse......................	0,1050	0,0046	0,1096
Chaux.......................	0,1048	0,0033	0,1081

Nous résumons dans un tableau la composition globale d'une plante entière aux divers stades de sa végétation :

	AVANT FLORAISON.	APRÈS FLORAISON.	MATURITÉ.
	gr.	gr.	gr.
Matière sèche.......	0,6660	3,8070	5,3800
Azote.......................	0,0287	0,1101	0,1105
Acide phosphorique.........	0,0069	0,0278	0,0358
Potasse.....................	0,0235	0,1274	0,1096
Chaux......................	0,0223	0,0933	0,1081

Marche de l'absorption des éléments nutritifs en centièmes
des maxima.

	AVANT FLORAISON.	APRÈS FLORAISON	MATURITÉ.
Matière sèche..............	12,38	70,76	100
Azote....................	25,97	99,64	100
Acide phosphorique.........	19,27	77,65	100
Potasse...................	18,44	100,00	86,03
Chaux....................	20,63	86,21	100

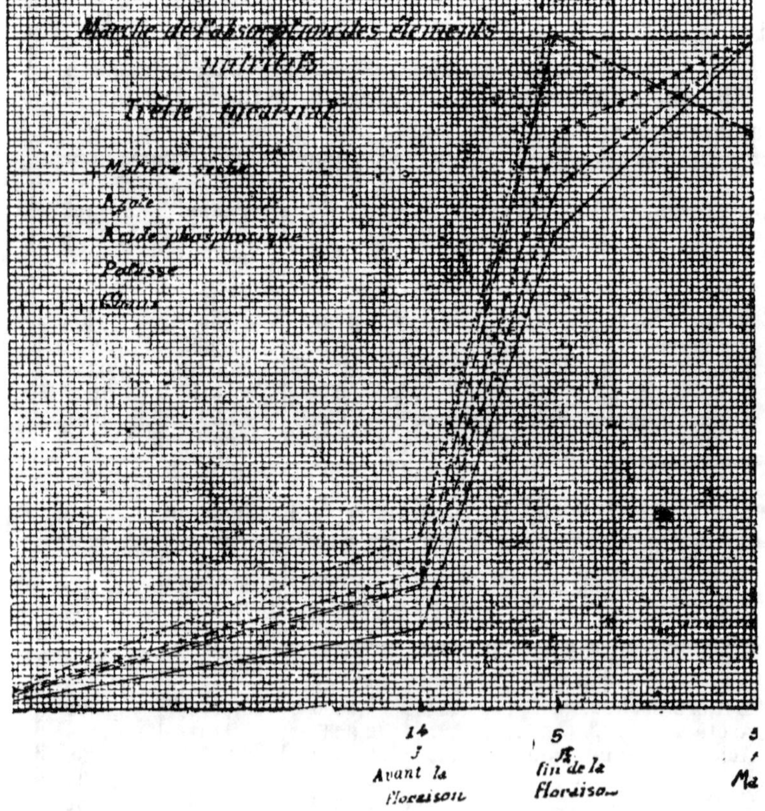

Fig. 67. — Marche de l'absorption des éléments nutritifs.

Pour rendre plus facile à saisir la marche de l'absorption des éléments nutritifs par rapport à celle de la formation de la matière sèche, nous avons égalé à 100 le maximum de chaque substance dosée dans la plante moyenne, puis nous avons calculé la proportion qui a été formée ou absorbée par le végétal aux autres phases de sa végétation. Le tableau et le graphique 67 montrent le résultat

Développement des racines et travail radiculaire.

Le développement des racines aux différentes périodes de l'évolution du plant de trèfle incarnat est résumé ci-après :

	RACINES SÈCHES	
	par plante.	p. 100 de parties aériennes.
Avant la floraison...............	0,125	23,1
Après.......................	0,346	10,0
A la maturité................	0,260	5,08

Nous avons calculé dans le tableau suivant le travail d'absorption journalier de 1 gramme de racines sèches.

	AVANT LA FLORAISON (70 jours).	PENDANT LA FLORAISON (21 jours).	MATURATION (31 jours).
	milligr.	milligr.	milligr.
Azote........................	6,56	16,48	0,04
Acide phosphorique	1,57	4,23	0,85
Potasse	5,37	21,04	0,00
Chaux.....................	5,10	14,36	1,58
Totaux.............	18,60	56,11	2,47

Une récolte de trèfle incarnat atteignant 25 000 kilogrammes de fourrage vert correspond à 6 200 kilogrammes de foin séché

à l'air contenant 5270 kilogrammes de substance sèche.
En admettant que le champ soit peuplé de notre plante
moyenne, une telle récolte a besoin, pour sa formation, des
quantités suivantes d'éléments nutritifs :

Azote...................... 114 kilogrammes.
Acide phosphorique.......... 37   —
Potasse.................... 113   —
Chaux 111   —

Après l'azote, qui est absorbé en plus grande abondance,
viennent la potasse et la chaux, presque sur le même rang;
l'acide phosphorique est consommé en beaucoup moins grande
quantité. Cependant nous savons que, dans le limon de la
Beauce, pauvre en acide phosphorique assimilable, cet élément
de fertilité est celui qui joue le plus grand rôle dans l'augmentation des rendements.

L'examen de la marche de l'absorption des éléments nutritifs, comparativement à celle de la formation de la substance
sèche, nous montre que, pendant la première période du
développement qui précède la floraison, l'activité de la végétation est lente. En soixante-dix jours, en effet, la plante n'a
formé que 12,38 p. 100 de sa matière sèche, et l'absorption
des éléments nutritifs, exprimée en centièmes de quantités
maxima, a été seulement de :

Azote...................................... 25,97
Acide phosphorique......................... 19,27
Potasse.................................... 18,44
Chaux..................................... 20,63

Si ces proportions ne sont pas considérables relativement
à la longueur de la période, il n'en est pas moins vrai qu'elles
sont toutes très supérieures à celle de la matière végétale
formée, et cela implique la nécessité pour la plante de trouver
dans le sol une proportion suffisante d'éléments nutritifs très
assimilables.

La considération du travail d'absorption des racines ne
contredit pas cette conclusion. Bien que l'activité radiculaire,
rapportée au gramme de racines sèches, ne soit que le tiers
de ce que nous observerons dans la période suivante, elle est

en valeur absolue, très supérieure à celle du blé d'automne.
Il est bon d'observer toutefois que, dans la culture normale
du trèfle incarnat, la plante jouit d'un long espace de temps
pour sa première croissance et pour se préparer à la floraison,
puisqu'on sème à la fin août et qu'elle ne fleurit qu'avec le
mois de mai. Dans ces conditions et dans des sols de richesse
moyenne, elle trouve facilement à s'alimenter ; mais il n'en
est pas de même dans les sols pauvres, où l'apport sous forme
d'engrais facilement assimilable des éléments défaillants
s'impose.

C'est la courbe de l'azote qui diverge le plus de celle de la
matière sèche ; puis nous trouvons celle de la chaux et de
l'acide phosphorique. La potasse tient le dernier rang. En ce
qui concerne l'azote, il faut observer que, si les tubercules
à bactéries (fig. 68) ne sont pas encore très abondants sur les
racines, le sol ameubli superficiellement pour faire le semis
est dans de bonnes conditions pour nitrifier et, par conséquent,
très apte à fournir l'appoint nécessaire de cet élément nutritif.

Pendant la période de floraison, qui dure trois semaines
seulement, l'activité végétative du trèfle incarnat est considérable ; plus grande encore est l'activité de l'absorption des
éléments nutritifs. Aussi voit-on les courbes se redresser vers
la verticale. Dans ce court espace de temps, la plante élabore
67,38 p. 100 de sa matière sèche. L'activité relative de la
formation de la matière végétale est plus de seize fois plus
grande que dans la première période.

L'absorption des éléments nutritifs est aussi très grande.
Exprimée en centièmes de quantités maxima, elle atteint la
proportion suivante :

Azote	73,67	p. 100.
Acide phosphorique	58,38	—
Potasse	81,56	—
Chaux	65,58	—

A la fin de la floraison, la plante a absorbé tout l'azote dont
elle a besoin (99,64 p. 100). Comme on constate que, pendant
cette courte période, les tubercules radicaux (fig. 69) ont pris
leur plus grand développement, on est en droit d'admettre,

bien que le travail radiculaire d'absorption de l'azote soit très élevé, qu'il n'y a pas à s'inquiéter de l'alimentation azotée du

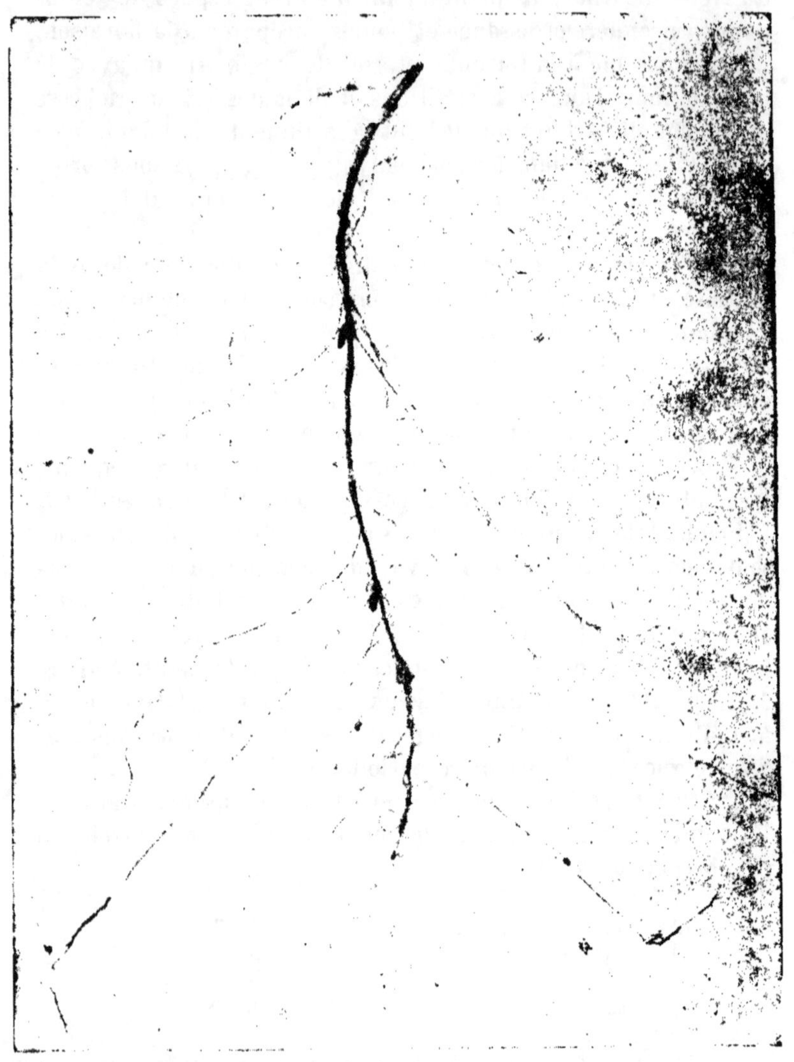

Fig. 68. — Tubercules à bactéries (1re période).

trèfle incarnat dans la question de sa fumure. Il n'en est pas de même des autres aliments minéraux : de la potasse, dont

l'absorption se termine la fin de la floraison ; de la chaux
et de l'acide phosphorique. Il est certain que les engrais phos-

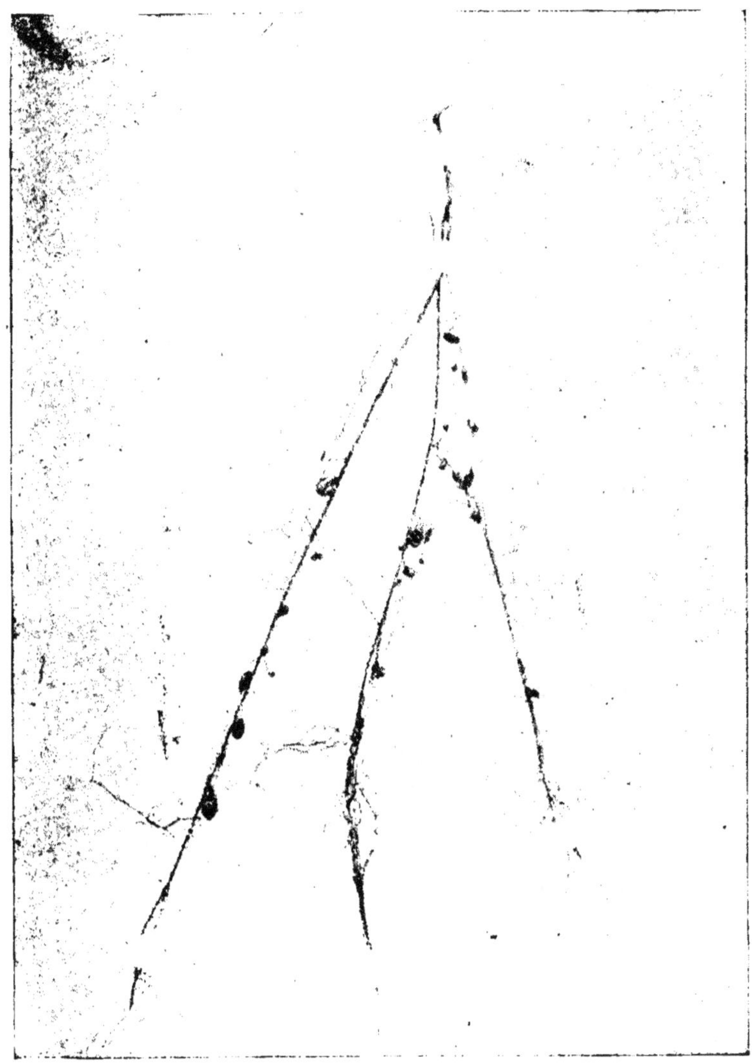

Fig. 69. — Tubercules à bactéries (2ᵉ période).

phatés ou potassiques seraient d'un excellent effet dans les
terres pauvres, même si on les sème seulement en couverture

au printemps; il est indubitable aussi que le trèfle incarnat ne saurait réussir dans les sols privés de calcaire.

C'est dans cette période que le travail radiculaire moyen atteint son maximum. Il est deux fois et demi plus fort pour l'azote, deux fois et deux tiers pour l'acide phosphorique, quatre fois pour la potasse et près de trois fois pour la chaux. Il est donc très important de veiller à ce qu'au début de la floraison le sol soit bien pourvu d'acide phosphorique et de potasse très assimilables, et l'examen du travail des racines confirme ce que nous a appris la considération de la marche de l'absorption des éléments nutritifs.

A partir du commencement de la maturation, le trèfle incarnat, qui a encore 29 p. 100 de sa matière organique à former, n'absorbe plus d'azote ni de potasse. Il continue toutefois à puiser dans le sol de la chaux et de l'acide phosphorique. Il en absorbe dans les trente jours que dure la période, pour la première 13,8 p. 100 et pour le second 22,35. Le besoin d'acide phosphorique se poursuit donc jusqu'à la maturité.

En résumé, le trèfle incarnat exige, pour bien végéter, une terre calcaire franche, riche en potasse et en acide phosphorique. Si la terre manque de ces éléments, il faut y suppléer par le marnage et l'emploi du superphosphate ou du chlorure de potassium, selon les cas. Dans une terre de richesse moyenne il suffira d'employer 300 kilogrammes de superphosphate. On augmentera cette dose dans les sols pauvres en acide phosphorique avec beaucoup d'avantages. Il conviendra, en outre, d'employer des sels de potasse dès que la terre en renfermera moins de 0,25 par kilogramme à l'état assimilable. La dose variera de 100 à 200 kilogrammes suivant la pauvreté du sol.

Dans une expérience faite en 1886, M. O. Benoist, dans un champ qui avait porté un blé, puis une avoine, répandit 300 kilogrammes de superphosphate à l'hectare pour faire du trèfle incarnat, en gardant un témoin sans engrais, il obtint :

Sans superphosphate.................	161 quintaux.
Avec superphosphate	360 —
Excédent................	199 quintaux.

Variétés.

Grâce aux variétés plus ou moins hâtives ou tardives que la sélection a produites, le trèfle incarnat peut voir pendant longtemps se prolonger sa consommation en vert. Le trèfle incarnat ordinaire, semé fin août, donne sa fleur à la fin mai. Une variété hâtive fleurit bien huit jours plus tôt.

Le trèfle incarnat tardif, cultivé depuis très longtemps dans les environs de Toulouse, est appelé aussi trèfle de la Saint-Jean. Il retarde de quinze jours sur le farault ordinaire.

Le farault à fleurs blanches, est plus tardif encore de dix à quinze jours que le précédent. Très recherché des animaux, son rendement est au moins aussi élevé.

Ajoutons-y le farault extra-tardif à fleurs rouges, qui mûrit encore après le précédent et semble plus productif, et nous constaterons qu'en semant ces cinq variétés en égale proportion nous pourrons continuer la consommation du vert depuis le commencement de mai jusqu'à la fin de la première quinzaine de juillet au moins.

Or si, dès les premiers jours de mai, nous avons semé du maïs hâtif dans un sol bien fumé et préparé, nous pourrons commencer à le faucher dès cette époque, et dès lors, jusqu'aux gelées, continuer de soutenir nos étables par cette grande graminée consommée à l'état vert.

Climat et sol.

Le trèfle incarnat réussit très bien dans le Midi, car, parcourant toutes les phases de sa végétation de l'automne à la fin du printemps, il échappe par là à l'action néfaste des chaleurs torrides de l'été. Dans le centre et surtout en Beauce, il est fort cultivé et donne de bons résultats. La région du nord lui est également favorable, et il s'étend en Belgique jusque sur le plateau d'Arlon. Chez nous et dans le nord, il est quelquefois atteint par les gelées des hivers très rigoureux, surtout lorsque, après avoir été semé trop tardivement, il végète dans une terre trop argileuse ou trop compacte.

Partout, les sols qui lui conviennent le mieux sont les

terrains peu tenaces, sains, qui s'égouttent avec facilité. Les terres argileuses ou calcaires, qui se gonflent sous l'action des gelées et le déchaussent, le font périr durant l'hiver. Les terres franches et les limons, les sols sablo-argileux et sableux lui sont très favorables. En somme, il est très peu difficile sous le rapport du terrain et de sa fertilité.

Culture.

Aucune plante n'est moins exigeante que le trèfle incarnat pour la préparation du sol. Il redoute un ameublissement profond. C'est pourquoi l'on se contente, après l'enlèvement de la céréale, d'un déchaumage très léger à la herse et au scarificateur.

On fait le semis depuis le mois d'août jusqu'à la mi-septembre, en choisissant le moment où la terre est rafraîchie par une pluie. On répand de 20 à 25 kilogrammes de graines nues à l'hectare, ou 100 kilogrammes de graines en gousses. On enterre à la herse.

L'incarnat est exposé à être envahi par les limaces dans son premier développement. Quand on a eu soin de brûler les chaumes de la céréale précédente, les limaces apparaissent moins souvent et sont toujours moins nombreuses. On les détruit par le roulage, qu'on effectue au point du jour.

Ensilage du trèfle incarnat.

Dans les sols et les climats qui lui conviennent, nous aurons soin de cultiver le trèfle incarnat sur une étendue beaucoup plus considérable, en variété ordinaire, que ne le comporterait la consommation en vert, afin de l'ensiler et de nous procurer ainsi de précieuses provisions pour l'hiver.

Cette pratique de l'ensilage du trèfle incarnat est déjà ancienne; elle est et a été pratiquée en Beauce par un certain nombre d'agriculteurs qui s'en montrent très satisfaits. C'est ainsi que M. Rabourdin de Beaudreville écrivait, en 1892, qu'il pratiquait depuis quatorze ans l'ensilage du trèfle incarnat, coupé à mi-grain, qui constitue ainsi une nourriture bonne et saine pour les moutons d'élevage et les vaches à lait. Le témoignage d'un praticien qui a ensilé pendant un aussi grand nombre d'années nous semble d'une valeur considérable.

Nous y ajouterons, afin de mieux préciser ce mode d'affour-ragement, le témoignage de Nivière, de Romanèches-La-Saul-saies, en Dombes. L'expérience d'engraissement dont il a autrefois publié le compte rendu dans le *Journal d'agriculture pratique* (mars 1883), et que nous résumons ci-dessous, est pleine d'intérêt.

Elle a porté sur deux bœufs charolais de six ans, mis au repos le 1ᵉʳ décembre 1883, et pesant alors 1 403 kilogrammes. Jusqu'au 15 décembre ils ont reçu, comme le reste de l'étable, depuis la fin du mois de septembre, 60 kilogrammes par jour et par tête d'ensilage d'incarnat. Depuis lors, on ajouta à la conserve une ration individuelle journalière de 3 kilogrammes de tourteau de coton. Pendant cette seconde période, les bœufs qui avaient l'ensilage à volonté n'en ont plus con-sommé chacun que 50 kilogrammes. Du 15 janvier au 6 février pour l'un, et au 6 mai pour l'autre, on porta le tourteau à 4, 5 kilogrammes par tête et par jour. La consommation quotidienne de conserve tombe alors à 40 kilogrammes pour chacun. Le tourteau délayé dans l'eau était donné sous forme de pâte très molle.

La durée de l'engraissement a été en moyenne de quatre-vingt-huit jours : les animaux pesaient à la fin 1 585 kilo-grammes et rendaient 828 kilogrammes de viande nette, soit 52,25 p. 100.

L'acroissement de poids vif total a été de 182 kilogrammes, soit de 1ᵏᵍ,034 par tête et par jour.

La ration moyenne de 50 kilogrammes d'ensilage et de 2ᵏᵍ,470 de tourteau de coton a donc produit un poids vif moyen de plus de 1 kilogramme, sans préjudice de l'accrois-sement de valeur des tissus préexistants, par l'incorporation de la graisse en remplacement d'une partie de l'eau de ces tissus.

Vendus à raison de 115 francs les 100 kilogrammes de viande nette, les deux bœufs ont produit 1 383 fr. 40, dont il faut déduire leur valeur initiale. Nivière n'aurait pu les vendre à cette époque plus de 70 francs les 100 kilogrammes vifs incontestablement, et dès lors la somme à défalquer du prix de vente final pour déterminer la valeur produite durant l'opération de l'engraissement s'élève à 982 francs. La consommation de 8 800 kilogrammes d'ensilage de trèfle incarnat, complétée par 435 kilogrammes de tourteau de coton, a donc été payée 300 francs, et, comme le tourteau de coton ne revenait à la Saulsaie qu'à 13 fr. 53 les 100 kilogrammes. soit pour le tout à 58 fr. 85, l'ensilage total était payé 241 fr. 15, soit 27 fr. 40 les 1 000 kilogrammes.

L'expérience ayant demontré que, par l'ensilage, l'incarnat perd 25 p. 100 de son poids, le prix payé par le bétail, grâce à la conservation en silo, pour 1 000 kilogrammes de fourrage vert, est encore de 20 fr. 55.

A combien peut-on estimer le prix de revient du trèfle incarnat ? Au plus à 209 francs, ainsi répartis :

Loyer du sol, impôts................	90 francs.
300 kilogrammes de superphosphate..	24 —
Semences........	25 —
Scariﬁage, hersage et roulage.......	20 —
Frais de récolte et d'ensilage........	50 —
Total.....................	209 francs.

Encore ferons-nous remarquer que nous avons porté à la charge de notre fourrage la totalité de la rente et que, par suite, le blé qui suivra sur une demi-jachère sera dégrevé de ces mêmes frais.

Si, comme c'est la bonne moyenne, nous récoltons 25 000 kilogrammes de vert, qui par ensilage nous rendront 18 750 kilogrammes de conserve, celle-ci ne nous reviendra pas à plus de 11 fr. 60 la tonne métrique. On voit donc qu'entre le prix de revient et le prix payé par le bétail il y a une marge suffisante pour assurer dans tous les cas un bénéfice élevé. Dans le cas présent, le profit réalisé par l'ensilage combiné avec l'engraissement, rapporté à 1 hectare de trèfle incarnat, est de 246 francs, et du fumier produit en sus que chacun peut évaluer. Il n'est donc pas douteux que cette méthode de conservation et d'utilisation du trèfle incarnat ne soit appelée à rendre de grands services aux agriculteurs pour assurer la nourriture économique de leur bétail.

VESCE (*Vicia*).

On cultive comme fourrage la vesce commune (*Vicia sativa*) dans ses variétés d'hiver et de printemps; la vesce blanche, ou lentille du Canada (*V. alba*); la vesce à gros fruit (*V. macrocarpa*) et la vesce velue (*V. villosu*).

De toutes ces espèces, c'est la première qui est de beaucoup

Fig. 70. — Vesce commune.

la plus importante. La dernière se recommande par sa rusticité, mais se soutient assez mal. Nous nous occuperons ici surtout de la vesce commune (fig. 70).

Cette légumineuse s'accommode à presque tous les climats. Cependant il y aurait imprudence à semer sa variété d'automne dans le nord du continent, en dehors des climats maritimes. On doit se contenter, dans ces situations, de la variété de printemps. Les contrées un peu humides lui conviennent mieux que les régions sèches.

Comme sols, elle préfère les terrains limoneux ou argileux, pourvu qu'ils ne soient pas trop humides; les sols sablonneux, granitiques ou schisteux frais lui conviennent également.

La vesce peut, sans inconvénient, revenir souvent sur le même sol. On la sème ordinairement après des céréales. Elle rend de grands services pour remplacer au printemps les récoltes fourragères détruites par l'hiver.

Elle est peu difficile au point de vue de la préparation du sol. Il suffit d'un labour suivi d'un hersage, immédiatement avant le semis.

La vesce n'est pas très exigeante comme engrais: Une récolte convenable de vesce de printemps donne environ 1 500 kilogrammes de grains et 3 000 kilogrammes de paille. Elle absorbe pour se constituer :

Azote......................	92 kilogrammes.
Acide phosphorique..........	33^{kg},3
Potasse	58 kilogrammes.
Chaux	126 —

Elle exige un peu moins d'azote et d'acide phosphorique, mais un peu plus de potasse et de chaux que le pois nain.

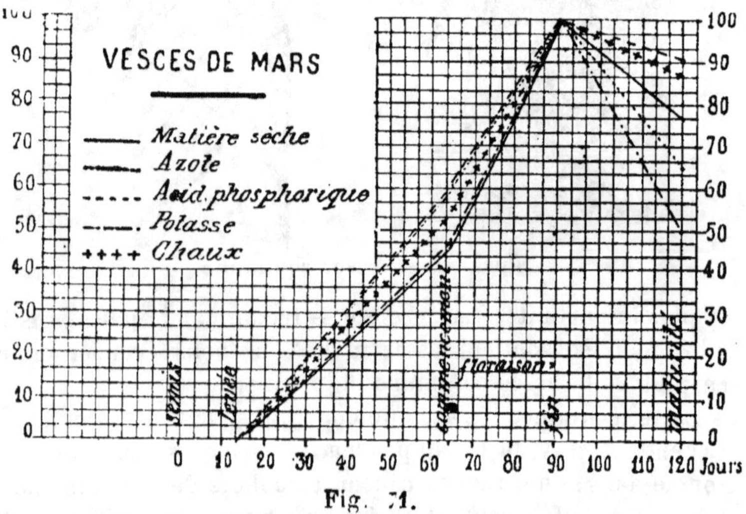

Fig. 71.

La marche de l'absorption des éléments nutritifs (fig. 71), que nous avons déterminée comparativement à celle de la formation de la matière sèche organique, est la suivante, exprimée en centièmes des maxima :

	COMMENCE-MENT de la floraison.	FIN de la floraison.	MATURITÉ
Matière sèche formée......	46,89	100	77,28
Azote absorbé............	61,32	100	65,10
Potasse absorbée..........	47,38	100	50,52
Acide phosphorique absorbé.	61,47	100	90,88
Chaux absorbée...........	55,21	100	87,50

Elle montre qu'avant la floraison la plante est surtout avide d'acide phosphorique, d'azote et de chaux. L'absorption de la potasse suit une marche sensiblement parallèle à celle de la formation de la matière organique. La plante, ne semble donc pas en avoir un besoin spécial, marqué, à aucune époque de sa végétation. L'absorption de tous les éléments nutritifs s'arrête à la fin de la floraison. Il en résulte que les conclusions à tirer de nos essais s'appliquent aussi bien à la·culture pour le fourrage vert qu'à la production de la graine, puisque c'est à la fin de la floraison qu'il convient de récolter le fourrage vert.

Le développement des racines correspond à $0^{gr},165$ de matière sèche par plant moyen au début de la floraison ; il s'élève à $0^{gr},200$ à la fin de cette période, pour tomber à $0^{gr},150$ à la maturité. Le travail radiculaire moyen de l'unité de racines sèches est le suivant :

	AVANT la floraison.	PENDANT la floraison.	PENDANT la maturation.
Durée de la période........	52 jours.	25 jours.	30 jours.
	milligr.	milligr.	milligr.
Azote....................	6,68	3,94	0,00
Acide phosphorique........	1,74	1,05	0,00
Potasse..................	4,41	4,40	0,00
Chaux...................	6,17	4,70	0,00
Total............	19,00	14,10	0,00

Le travail radiculaire, nul pendant la maturation, atteint son maximum avant la floraison. C'est donc alors que la plante a le plus besoin d'engrais facilement assimilables.

En laissant de côté l'azote qui est fourni par l'atmosphère, on reconnaît que les exigences de la vesce ne sont pas élevées. Il lui suffit de trouver pendant ies premiers mois de sa vie un sol suffisamment pourvu de chaux, de potasse assimilable et d'acide phosphorique. Un faible apport de superphosphate (200 kilogrammes par hectare) répondra dans la majorité des cas à ses besoins, et assurera une récolte satisfaisante. Dans les sols pauvres en calcaire et en acide phosphorique, on pourra doubler la dose de superphosphate. La potasse n'est utile que dans les terres pauvres, où elle marque très largement son effet. La dose à employer variera de 100 à 200 kilogrammes de chlorure de potassium.

Au champ d'expériences de M. Allard, professeur spécial d'agriculture à Dreux, champ qui est riche en acide phosphorique assimilable ($0^{gr},30$ par kilogramme), mais très pauvre en potasse assimilable ($0^{gr},11$ par kilogramme), on a cultivé, en 1898, les vesces de printemps avec divers engrais, et l'on a obtenu les excédents suivants par hectare :

	Fourrage vert. qx.
Nitrate de soude (100 kilogrammes)	22,00
Superphosphate seul (500 kilogrammes)	79,75
— et nitrate	63,25
— et chlorure de potassium (400 kil.)	99,00
Chlorure de potassium et nitrate	82,50
Superphosphate, chlorure et nitrate	90,75

C'est avec le chlorure de potassium, additionné de superphosphate, qu'on a obtenu les rendements les plus élevés.

On sème la vesce d'hiver dans le courant de septembre et d'octobre, à raison de 160 litres à l'hectare, qu'on additionne de 40 à 50 litres de seigle ou d'escourgeon, pour soutenir ses tiges. La vesce de printemps se sème depuis le commencement de mars jusqu'à la fin d'avril; on additionne celle-ci d'avoine ou de seigle d'été, ou encore de féveroles.

Le semis se fait à la volée. On enterre la graine par un hersage. Comme c'est le type des plantes étouffantes, elle ne demande aucun soin d'entretien.

On récolte le fourrage au moment de la florai-son pour le faire manger en vert.

C'est du 15 mai au 15 juin pour la variété d'hiver, et, pour celle du printemps, en juil-let.

Quand on veut faner la vesce, on attend que les graines soient for-mées dans les gousses. Voici la composition de ce fourrage en vert et en sec :

Fig. 72 — Gesse cultivée.

	Fourrage vert.	Fourrage sec.
Eau......................	85,0	16,7
Albuminoïdes.............	3,0	13,0
Amides....................	0,7	4,0
Graisse...................	0,6	2,4
Hydrates de carbone.......	6,6	29,5
Cellulose brute...........	5,5	26,4

Le rendement de l'hectare est de 120 à 200 quintaux de fourrage vert ou de 30 à 50 quintaux de foin.

La gesse (*Lathyrus sativus*) (fig. 72) et la jarosse (*L. cicera*) se cultivent comme la vesce. On sème la première au printemps et la seconde à l'automne.

POIS DES CHAMPS (*Pisum arvense*).

Le pois des champs, pois gris, ou bisaille, est une légumineuse qui se distingue des autres espèces du même genre par ses fleurs violettes ou rosées et par ses graines de couleur grisâtre et même roussâtre, douées d'une saveur âpre. Il est cultivé exclusivement pour l'alimentation des animaux. Il a fourni une variété d'hiver et une variété de printemps. Le fourrage qu'il produit est consommé en vert ou en sec. Il est très apprécié des chevaux et des moutons surtout. Sous ces deux états, il présente la composition suivante :

	Fourrage vert.	Fourrage sec.
Eau..........................	81,5	16,7
Albuminoïdes................	2,8	10,8
Amides......................	0,7	3,5
Graisse.....................	0,6	2,6
Hydrates de carbone........	7,4	34,2
Cellulose brute.............	5,5	25,2

On peut le cultiver sous tous les climats, mais il réussit surtout dans les pays moyennement chauds et humides.

Les terres compactes ne lui conviennent pas. Il préfère les limons, les terres franches et les sols silico-calcaires. Dans les terres non calcaires, il réclame le chaulage ou le marnage.

Il n'exige pas l'emploi de fumures très élevées. Pour en déterminer l'importance nous avons étudié expérimentalement la végétation du pois nain et nous donnons ci-après les résultats de nos essais :

Marche de la végétation et exigences en principes nutritifs
du pois nain.

Dans 6 grands pots contenant 28 kilogrammes de terre de la formation du Limon des plateaux provenant de la ferme d'Archevilliers, on a semé, le 21 avril 1905, des pois nains.

Dans chaque pot, qui avait préalablement reçu une fumure renfermant 2 grammes d'acide phosphorique soluble au citrate et 1 gramme de potasse, on a enterré à 3 centimètres de profondeur 20 graines. La levée a eu lieu le 8 mai et, le 2 juin, on a procédé à l'éclaircissement en laissant 15 plants par pot pour la première récolte; 12, pour la seconde; et enfin 10, pour la dernière.

La graine employée pesait en moyenne 0 gr. 23235 par unité. Son analyse a donné pour 100 de matière normale :

Fig. 73. — Pois nains (1re période).

Azote... 3,69
Acide phosphorique............................. 0,84
Potasse.. 1,14
Chaux.. 0,38

Dans une semence il entrait donc :

Azote...................... 8,57 milligrammes.
Acide phosphorique......... 1,95　　　—
Potasse.................... 2,35　　　—
Chaux..................... 0,88　　　—

La première récolte a eu lieu au début de la floraison, le 8 juin 1905. Les racines ont été intégralement récoltées en délayant sous un filet d'eau la terre séparée du pot, et on a pris la photographie de deux plants moyens (fig. 74). Ceux-ci ont été fixés sur un quadrillage en fil de fer dont les mailles ont 5 centimètres de côté, ce qui permet de mesurer exactement leurs dimensions.

Les 30 plants ont fourni, en matière séchée à 100° :

Parties aériennes....................... 21^{gr},0
Racines................................ 6^{gr},5
Total.... .... 27^{gr},5

La plante moyenne était donc constituée par :

Parties aériennes...................... 0^{gr},700
Racines............................... 0^{gr},217
Total........ .... 0^{gr},917

L'analyse de la matière sèche nous a donné les résultats ci-après :

	PARTIES aériennes.	RACINES.
	p. 100.	p. 100.
Azote..........................	4,64	2,67
Acide phosphorique..............	1,03	0,70
Potasse........................	3,40	3,10
Chaux.........................	4,58	3,29

Nous déduisons de ces données que la plante moyenne de pois renfermait au début de la floraison :

Fig. 74. — Pois nains (2e période).

	PARTIES aériennes.	RACINES.	TOTAL.
	milligr.	milligr.	milligr.
Matière sèche.............	700	217	917
Azote..........	32,48	5,78	38,26
Acide phosphorique....... .	7,21	1,52	8,73
Potasse....................	23,80	6,72	30,52
Chaux....................	32,06	7,12	39,18

La seconde récolte a eu lieu à la fin de la floraison (fig. 74), le 22 juin 1905, 14 jours après la première. Pour 24 plantes, elle a donné les résultats suivants en matière sèche :

$$\begin{array}{lr}
\text{Parties aériennes} & \text{49 grammes.} \\
\text{Racines} & \text{9 —} \\
\hline
\text{Total} & \text{58 grammes.}
\end{array}$$

La plante moyenne était donc constituée comme il suit :

$$\begin{array}{lr}
\text{Parties aériennes} & 2^{gr},140 \\
\text{Racines} & 0^{gr},375 \\
\hline
\text{Total} & 2^{gr},415
\end{array}$$

L'analyse de la matière sèche a donné les résultats consignés dans le tableau suivant :

	PARTIES aériennes.	RACINES.
	p. 100.	p. 100.
Azote..........................	3,90	2,92
Acide phosphorique...............	0,87	0,61
Potasse.......................	2,30	4,10
Chaux........................	3,85	3,40

D'où l'on déduit pour la composition de la plante moyenne entière, à ce stade de son développement :

Fig. 75. — Pois nains (3e période).

	PARTIES aériennes.	RACINES.	TOTAL.
	milligr.	milligr.	milligr.
Matière sèche............	2 040	375	2 415
Azote....................	79,56	10,95	90,51
Acide phosphorique	17,75	2,29	20,04
Potasse..................	46,92	15,38	62,30
Chaux....................	78,54	12,75	91,29

Enfin la troisième récolte a été faite à la maturité complète, le 18 juillet 1905 (fig. 75). Elle comptait 20 plantes qui ont fourni en matière sèche :

Tiges et feuilles................. 23 grammes.
Gousses et grains................ 33   —
Racines 3   —
       Total........... 59 grammes.

La plante moyenne mûre était donc constituée comme suit, en matière sèche :

Tiges et feuilles......................... 1^{gr},15
Gousses et grains......................... 1^{gr},65
Racines .... 0^{gr},15
       Total........................... 2^{gr},95

L'analyse de la matière sèche de ces différents organes a donné les résultats rapportés dans le tableau suivant :

	PARTIES AÉRIENNES		RACINES.
	Tiges et feuilles.	Gousses et grains.	
Azote	1,97	3,94	1,55
Acide phosphorique...	0,55	1,44	0,47
Potasse..............	1,94	1,73	0,77
Chaux................	6,60	1,39	3,41

La plante moyenne à sa maturité, d'après ces données, présentait donc la composition suivante :

	PARTIES AÉRIENNES.		RACINES.	TOTAL.
	Tiges et feuilles.	Gousses et grains.		
	milligr.	milligr.	milligr.	milligr.
Matière sèche...............	1 150,00	1 650	150	2 950
Azote......................	22,66	65,01	2,33	90
Acide phosphorique........	6,33	23,27	0,70	30,30
Potasse...................	22,31	28,55	1,16	52,02
Chaux....................	75,90	22,94	5,12	103,96

Enfin nous résumons toutes les constatations précédentes dans le tableau qui suit, où nous reproduisons la composition globale d'une plante entière aux diverses phases de son évolution. Nous en rapprochons la teneur de la semence moyenne en éléments nutritifs :

	SEMENCES.	FLORAISON.		MATURITÉ.
		Commencement.	Fin.	
	milligr.	milligr.	milligr.	milligr.
Matière sèche formée......	»	917	2 415	2 950
Azote......................	8,57	38,26	90,51	90
Acide phosphorique........	1,95	8,73	20,04	30,30
Potasse...................	2,65	30,52	62,30	52,02
Chaux....................	0,88	39,18	91,29	103,96

Pour mieux nous rendre compte de la marche de l'absorption des principes nutritifs par rapport à la formation de

	FLORAISON.		MATURITÉ.
	Commencement. 8 juin.	Fin. 22 juin.	18 juillet.
Matière sèche............	31,0	81,8	100
Azote..................., ...	42,2	100,0	99,4
Acide phosphorique.......	28,8	66,1	100
Potasse...................	48,9	100,0	83,4
Chaux.............	36,7	85,8	100

la matière sèche, nous égalons à 100 le maximum de chaque substance dosée dans la plante moyenne, et nous calculons la proportion qui a été puisée par le végétal aux autres périodes de la végétation. Le tableau précédent donne les résultats du calcul.

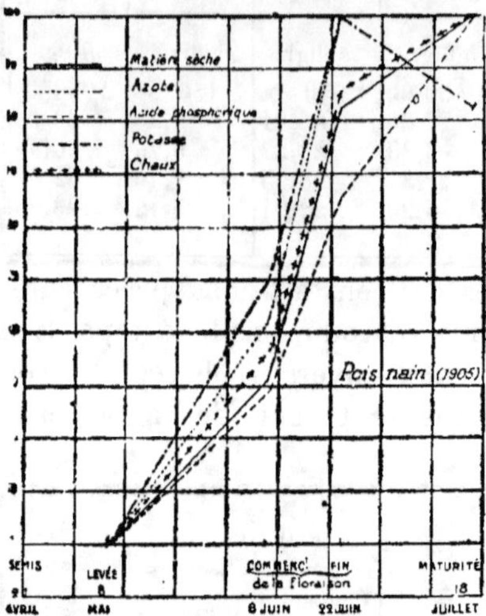

Fig. 76.

Le graphique ci-contre, dressé d'après les nombres proportionnels qui précèdent, traduit à l'œil la marche des phénomènes de formation de la matière sèche et d'absorption des éléments nutritifs.

Travail radiculaire. — Le développement des racines, organes de l'absorption des éléments nutritifs, est résumé ci-dessous :

	RACINES SÈCHES.	
	Par plant.	P. 100 des parties aériennes.
8 juin. Commencement de la floraison	0gr,207	31,0
22 juin. Fin de la floraison........	0gr,375	18,8
18 juillet. Maturité................	0gr,150	5,3

Le travail journalier d'absorption, rapporté à 1 gramme de racines sèches, est consigné dans le tableau suivant :

	FLORAISON.		MATURA-TION.
	Avant.	Pendant.	
	milligr.	milligr.	milligr.
Azote..................	8,83	12,61	»
Acide phosphorique........	2,02	2,67	1,51
Potasse.................	8,28	7,67	»
Chaux.................	11,39	12,57	1,86
Total.............	30,54	35,52	3,37

DISCUSSION DES RÉSULTATS.

Un champ de pois nains, cultivé dans les mêmes conditions que nos essais, compterait un million et demi de plants. La récolte aurait donc pris au sol ou à l'air les quantités suivantes d'éléments nutritifs :

Azote..................................	$123^{kgr},5$
Acide phosphorique....................	$42^{kgr},5$
Potasse................................	$89^{kgr},5$
Chaux.................................	$151^{kgr},5$

La récolte totale atteindrait en matière sèche 4425 kilogrammes, ce qui correspond, en matière séchée à l'air dosant encore 15 pour 100 d'eau, à 52 quintaux renfermant 18 quintaux et demi de grains.

Les quantités d'éléments nutritifs ainsi absorbés ne sont pas très élevées d'une manière absolue, mais elles deviennent importantes si l'on tient compte de la courte durée de la végétation (71 jours).

L'azote est fourni facilement par le sol et par l'air, grâce aux nodosités à bactéries des racines, qui se développent en général abondamment. Quant aux autres principes fertilisants, c'est la chaux, puis la potasse qui sont absorbées en plus grande quantité, mais cette quantité est moins considérable pour la potasse que celle qu'exigent la plupart de nos céréales. On peut déduire de là que le pois ne demande pas de fortes avances de substances fertilisantes.

L'examen de la marche de l'absorption des éléments nutritifs et du travail radiculaire va nous montrer à quelles formes d'engrais il convient de recourir de préférence.

Dans nos essais, le pois nain a mis 71 jours pour arriver à la maturité depuis sa levée. La période est courte ; il en résulte évidemment que le besoin d'engrais est plus élevé que ne l'a fait pressentir l'absorption totale des éléments fertilisants.

La marche de l'absorption exprimée en centièmes des maxima nous montre que de la levée à la floraison la plante forme le tiers de sa matière sèche totale, pendant qu'elle absorbe 42 pour 100 de son azote, 48 pour 100 de sa potasse, 36 pour 100 de sa chaux et seulement 28.8 pour 100 de son acide phosphorique. La proportion absorbée de tous ces éléments, sauf le dernier, dépasse très sensiblement la proportion de la matière sèche formée. Nous devons en conclure que durant cette première période le pois demande à trouver dans le sol, sous forme très facilement assimilable, la potasse et la chaux principalement, l'azote pouvant provenir de l'air. L'absorption de l'acide phosphorique ne dénote de la part de notre plante qu'une exigence relativement faible.

Le travail radiculaire pendant la même période est élevé pour la chaux, la potasse et l'azote ; cela confirme entièrement nos déductions.

Pendant la floraison qui, dans ces essais, a duré 14 jours, nous constatons une activité végétative remarquable. La plante y forme 50,8 pour 100 de sa matière sèche en absorbant :

    57,8 p. 100 de son azote,
    37,3 — de son acide phosphorique,
    51,1 — de sa potasse,
et 49 — de sa chaux.

En même temps nous voyons s'élever encore pour tous les éléments nutritifs, sauf pour la potasse, le travail radiculaire.

Il découle évidemment de ces constatations que durant la courte période de la floraison le pois exige que le sol lui fournisse sous une forme aussi facilement assimilable que possible la moitié des éléments nutritifs qui lui sont nécessaires.

Après la floraison, pendant la période de maturation, la plante continue à accroître le poids de sa matière sèche (18 pour 100); elle absorbe le dernier tiers **de** son acide pnosphorique, et un peu de chaux (14 pour 100). L'absorption de l'azote et de la potasse a cessé. D'autre part, le travail radiculaire total devient très faible; relativement nul pour la potasse et l'azote, il tombe à 1/6 pour la chaux et à 1/2 pour l'acide phosphorique de ce qu'il était précédemment. Nous sommes dans une période d'organisation.

Cette constatation corrobore les conclusions antérieures relatives à la nécessité d'une fumure formée d'éléments très facilement assimilables.

En résumé donc, la culture du pois ne demande pas l'emploi de fumures très élevées. Il lui suffit d'une petite fumure, mais de *forme très assimilable*. Comme pour les autres légumineuses, sauf dans les cas exceptionnels, on n'aura pas à recourir aux engrais azotés, si l'on vise la production de la graine. Avec eux, en effet, on obtient un développement herbacé trop considérable et trop prolongé. Les fleurs ne se forment pas ou coulent, et l'on ne récolterait que de la paille. On se bornera donc à fournir dans un sol moyen 250 kilogrammes de superphosphate à 15 pour 100 d'acide phosphorique soluble au citrate, pour assurer l'alimentation en acide phosphorique et en chaux très assimilables ; dans les terres pauvres on doublera la dose. En ce concerne la potasse, on répandra dans les sols pauvres seulement 100 à 150 kilogrammes de chlorure de potassium.

Pour compléter ce qui précède, nous rapportons les excédents obtenus au champ d'expériences de Dreux, par M. Allard, dans la culture du pois des champs comme fourrage :

	FOURRAGE vert.
	quintaux.
Nitrate de soude (100 kilogrammes)...............	13,75
Superphosphate (500 kilogrammes)...............	55
Chlorure de potassium (400 kilogrammes) et nitrate (100 kilogrammes).......................	66
Superphosphate et nitrate.......................	49,50
Superphosphate et chlorure de potassium........	61,85
Superphosphate, chlorure, nitrate...............	66

L'emploi de l'engrais compiet a donné le rendement le plus fort en fourrage vert, puis vient l'engrais nitro-potassique. Dans ce sol très pauvre en potasse assimilable, il convient

Fig. 77. — Pois des champs.

donc de ne pas négliger l'emploi des sels potassiques : sulfate ou chlorure.

On place généralement le pois entre deux céréales. Sa culture, bien réussie, est étouffante. Comme il épuise fortement le sous-sol, il ne doit revenir sur le même terrain que tous les six ou sept ans.

On donne, aussitôt la moisson. un déchaumage et plus tard

un bon labour. Au printemps, on se contente de scarifier pour rafraîchir le labour avant le semis, car le pois aime une terre reposée.

Dans les climats doux, on peut faire en septembre la semaille de la bisaille d'hiver, mais dans la région du nord, il est plus prudent d'attendre le printemps. On sème alors le pois de printemps depuis le mois de mars jusqu'en mai. On peut faire des semis successifs. On répand de 250 à 300 litres de semence par hectare, à la volée, et on enterre à la herse ou au scarificateur. On additionne les pois de seigle ou de féveroles pour les soutenir, comme la vesce.

On commence la récolte en vert dès la pleine floraison. Pour faire du foin, on attend la formation des gousses. On obtient de 35 à 40 quiutaux de fourrage sec par hectare.

FÉVEROLE (*Faba Equina*).

La féverole est une légumineuse fourragère de grande importance dans les régions de terres fortes. Elle fournit d'abondantes récoltes d'un excellent fourrage vert quand on la coupe en pleine floraison et, si on la laisse aller à maturité, elle produit, outre un rendement élevé de graines excellentes pour la nourriture des chevaux, l'engraissement des bêtes bovines, des porcs et des moutons, une paille qui, bien que d'apparence grossière, a une valeur nutritive double de la paille de froment, et des cosses également supérieures aux balles de blé.

Cette plante est, dit-on, originaire des bords de la mer Caspienne. Elle fournit des variétés d'hiver et de printemps, la première étant un peu plus résistante au froid. Les deux sortes principales cultivées dans les régions septentrionales sont la féverole de Picardie et la féverole de Lorraine. Cette dernière a le grain plus petit et plus arrondi.

Climat. — La féverole se développe bien dans toutes les contrées où réussissent les céréales de printemps. Dans les climats froids et humides, elle mûrit difficilement sur pied. Il faut, après récolte prématurée, laisser les gerbes en dizeaux circulaires pour parfaire la maturation des graines.

Sol. — Parmi tous les sols cette légumineuse préfère les
terres argileuses. Elle réussit dans des sols tenaces et compacts
où le maïs, dans la région qui lui convient, et la pomme de
terre, dans les contrées du nord et de la Loire, ne donnent que de
mauvais produits. Les limons quaternaires qui ne sont pas
trop secs lui conviennent très bien, et surtout les régions pol-
dériennes.

Assolement. — La féverole se sème de préférence en lignes,
de façon à pouvoir être binée; aussi constitue-t-elle, pour les
régions à terres fortes où la culture des racines est difficile,
une plante sarclée de première importance. Elle y remplace
souvent la jachère. Sa puissante racine divise le sol, et y laisse
de riches débris azotés. Sa culture est un excellent précédent pour
le blé d'hiver, meilleur que les pois et les vesces. Elle peut
revenir tous les trois ans sur elle-même, dans les sols qui lui
conviennent.

Préparation du sol. — Cultivée comme plante à graine, la
féverole est traitée comme une plante sarclée. Les dépenses
engagées dans le travail du sol sont rémunérées non seulement
par ces produits, mais encore par ceux du blé qui suit. Après donc
une céréale on déchaume, et avant l'hiver on laboure profon-
dement. C'est alors qu'il convient d'enfouir le fumier quand on
lui en destine, comme c'est l'habitude. Elle ne redoute pas la
verse et paye bien les fortes fumures.

Exigences et fumure des féveroles.

Le 18 mars 1894 nous avons semé des féveroles dans six
grands pots contenant chacun 30 kilos de terre, ayant un diamètre de 40 centimètres avec une profondeur de 31 centimètres.
Ceux-ci étaient placés dans l'une des bâches de la salle de végétation, et noyés dans de la sciure de bois blanc. Dans
chacun d'eux nous avons placé 9 graines de féveroles, régulièrement disposées et enterrées à 3 centimètres de profondeur.

La levée a commencé le 27 mars, et quelques jours après on a
donné à chaque pot sous forme de solution :

1 gramme de potasse à l'état de chlorure.
2 grammes d'acide phosphorique soluble à l'eau.

Le sol a été ensuite recouvert d'une mince couche de sciure de bois blanc pour empêcher qu'il ne durcît sous l'action des arrosages.

Le 4 mai nous avons fait la récolte de deux pots. La hauteur moyenne des tiges atteignait 0^m,39. Les photographies fig. 78

Fig. 78 . — Féveroles (1re période).

et 79) montrent le développement de ces féveroles avant la récolte, et celui de leurs racines.

Les 18 plantes, qui peuplaient nos deux pots, ont donné après dessiccation à 100° les poids suivants :

Parties aériennes........................... 32 gr.
Racines.................................... 9 gr.
          Total.............................. 41 gr.

Le poids d'un plant moyen était dès lors :

Parties aériennes.......................... 1^gr,78
Racines.................................... 0^gr,50
     Poids du plant moyen................. 2^gr,28

A 100 grammes de plante entière sèche correspondaient :

Tiges et feuilles...................... 78,07
Racines 21,93

Si l'on rapporte les racines au poids des parties aériennes qui constituent la récolte proprement dite, on trouve qu'elles atteignent 28,1 pour 100.

L'analyse de la matière sèche des tiges et des racines a fourni, à cette époque, les résultats suivants :

	TIGES.	RACINES.
Azote.................	4,73	3,19
Acide phosphorique...........	0,626	0,626
Chaux.................	2,24	2,01
Potasse...............	4,60	3,29

En combinant les données qui précèdent, nous pouvons calculer la composition de la plante moyenne lors de la première récolte :

	MATIÈRE sèche.	AZOTE.	ACIDE phospho-rique.	CHAUX	POTASSE.
	gr.	milligr.	milligr.	milligr.	milligr.
Tiges.............	1,78	84,19	11,14	39,87	81,88
Racines..........	0,50	15,95	3,13	10,05	16,45
Total.........	2,28	100,14	14,27	49,92	98,33

La floraison des féveroles, qui avait commencé le 4 juin, était dans son plein le 19 du même mois. Après les avoir photographiés, nous avons fait la récolte de deux pots comptant chacun 9 plantes, soit 18 en tout.

Après la séparation de la terre des racines, nous avons fixé l'image d'une plante choisie dans la moyenne par la photographie (fig. 80 et 81

I a récolte desséchée nous a donné les poids suivants :

Fig. 79. — Féveroles (1re période).

Parties aériennes............................ 280 gr.
Racines.................................... 45 gr.
Total.................................. 325 gr.

La plante moyenne de féverole était donc constituée comme il suit :

Parties aériennes	15gr,56
Racines	2gr,50
Plante entière	18gr,06

La proportion des racines à la plante entière est par conséquent de 13,84. Si l'on rapporte les racines à la partie aérienne, seule, qui constitue la récolte agricole, la proportion est 16,06.

L'analyse de la matière sèche des parties aériennes et des racines nous a donné les résultats consignés dans le tableau suivant :

	PARTIES aériennes.	RACINES.
Azote	2,74	2,16
Acide phosphorique	0,468	0,428
Chaux	2,01	1,56
Potasse	3,26	1,44

D'après ces données, nous établissons la composition de la plante moyenne entière, en pleine floraison, comme il suit :

	MATIÈRE sèche.	AZOTE.	ACIDE phosphorique.	CHAUX.	POTASSE.
	gr.	milligr.	milligr.	milligr.	milligr.
Parties aériennes..	15,56	384,33	72,82	312,75	507,25
Racines	2,50	54,00	10,70	39,00	36,00
Plante entière	18,06	438,33	83,52	351,75	543,25

Nos deux derniers pots de féveroles étaient complètement mûrs le 31 août. Après les avoir photographiés, ils ont été récoltés, et nous avons choisi pour la reproduire une plante moyenne avec ses racines (fig. 82 et 83).

Chaque pot comptait 8 plantes. Notre récolte en compre-

Fig. 80. — Féveroles à la floraison.

nait par suite 16 en tout. Après avoir été desséchées, elles nous
ont donné les résultats suivants :

Parties aériennes. { Tiges, feuilles, cosses. 380 gr.
{ Grains............. 310 —
Racines.................................... 49 —

Total...................... 739 gr.

Le poids d'une plante moyenne sèche était dès lors :

Parties aériennes. { Grains............. $19^{gr},37$
{ Paille et cosses..... $23^{gr},74$
Racines .... $3^{gr},06$

Total........ .... $46^{gr},17$

Pour 100 parties de plante entière on trouve par conséquent :

Graines sèches........................ 41,95
Tiges, feuilles, cosses................ 51,42
Racines................................ 6,63

100,00

Si l'on rapporte les racines à 100 parties de récolte aérienne sèche, on trouve la proportion de 7,1.

La proportion des grains à la paille s'élève d'autre part à 81,5.

L'analyse des différentes parties de la récolte nous a donné les résultats suivants :

	GRAINS.	PAILLES.	RACINES.
Azote........................	4,79	1,03	1,44
Acide phosphorique...........	0,893	0,139	0,212
Potasse......................	1,744	2,08	1,05
Chaux........................	0,256	1,23	1,68

La plante moyenne entière présente par conséquent la composition suivante :

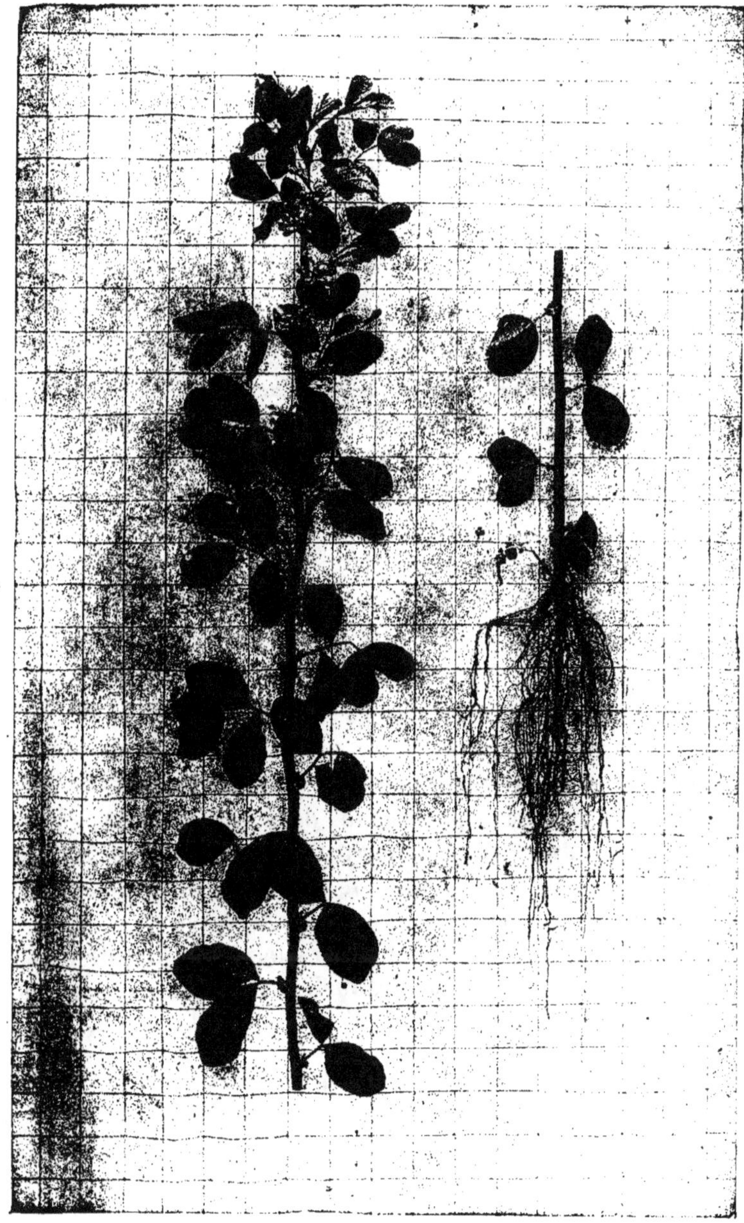

Fig. 81. — Féveroles à la floraison.

	MATIÈRE sèche.	AZOTE.	ACIDE phospho-rique.	CHAUX.	POTASSE.
	gr.	milligr.	milligr.	milligr.	milligr.
Graine...........	19,37	947,26	172,00	49,58	337,80
Pailles et cosses..	23,74	244,50	32,99	292,00	493,80
TOTAL des parties aériennes........	(43,11)	(1491,76)	(205,89)	(341,58)	(831,60)
Racines....	3,06	9,547	14,05	111,40	69,61
TOTAL de la plante entière..........	46,17	1287,23	219,94	452,98	901,21

Nous condensons dans le tableau qui suit la composition de la plante entière aux divers stades de son développement :

	1re PÉRIODE.	FLORAISON pleine.	MATURITÉ.
	milligr.	milligr.	milligr.
Matière sèche.................	2.280	18.060	46.170
Azote......................	100	438	1 287
Acide phosphorique..........	14	83	220
Potasse....................	98	543	901
Chaux....................	50	352	453

C'est à la maturité que le poids de la matière sèche, comme celui des quatre éléments nutritifs dosés, atteint son maximum. A la même époque aussi le poids absolu des tiges et respectivement des racines se trouve le plus élevé.

Au contraire, la proportion des racines pour 100 de parties aériennes va en diminuant graduellement. Elle passe de 28,1 au moment de la première récolte, à 16,06 en pleine floraison, et à 7,1 à la maturité.

Si nous supposons un hectare de féveroles semé en lignes espacées de $0^m,33$, avec une plante tous les 10 centimètres sur la ligne, on y comptera en nombre rond 300 000 plantes. D'après Stoeckhardt, chaque féverole a besoin de 2 décimètres carrés de surface pour atteindre tout son développement; dans notre hypothèse chaque plante jouirait de 3 décimètres et un tiers. Dans ces conditions, un champ peuplé de plantes aussi

Fig. 82. — Féveroles à la maturité.

belles que celles de nos cultures en pots donnerait un rendement
de 58 qnintaux de grain sec à l'hectare ou 67 quintaux de

grain à 14 pour 100 d'eau. A raison de 80 kilos l'un, cela correspond à 76 hectolitres. A. Young en a récolté jusqu'à 120 hec-
litres.

Une telle récolte aurait prélevé les quantités suivantes
d'éléments nutritifs :

	1re PÉRIODE 38 jours.	FLORAISON.	MATURITÉ.
	kil.	kil.	kil.
Matière sèche................	684	5.418	13.851
Azote	30	131	386
Acide phosphorique	4	25	66
Chaux.......................	15	105	.136
Potasse......................	29	163	270

Une belle récolte, comme celle que nous envisageons, exige
donc par hectare :

> 386 k. d'azote.
> 66 k. d'acide phosphorique.
> 136 k. de chaux.
> 270 k. de potasse.

Nous savons que la plus grande portion de l'énorme quantité d'azote qu'on trouve dans la récolte provient de l'azote
gazeux que la plante assimile par l'intermédiaire des bactéries
qui vivent dans les nodosités de ses racines. Ces nodosités se
sont montrées abondantes et volumineuses dans nos cultures.

Quant aux aliments minéraux, tels que l'acide phosphorique,
la potasse et la chaux, ils ne sauraient avoir d'autre origine que
le sol ou les engrais.

Le premier de ces corps est absorbé en moindre quantité
par la féverole que par un blé parfaitement réussi. La chaux
et la potasse, au contraire, sont consommées en quantités beaucoup plus fortes.

Examinons maintenant la marche que suit d'une part la
formation de la matière végétale, et de l'autre l'assimilation
des éléments nutritifs. Dans ce but prenons comme point de
comparaison le maximum de matière formée ou absorbée et,

l'égalant à 100, rapportons-lui les quantités que nous avons

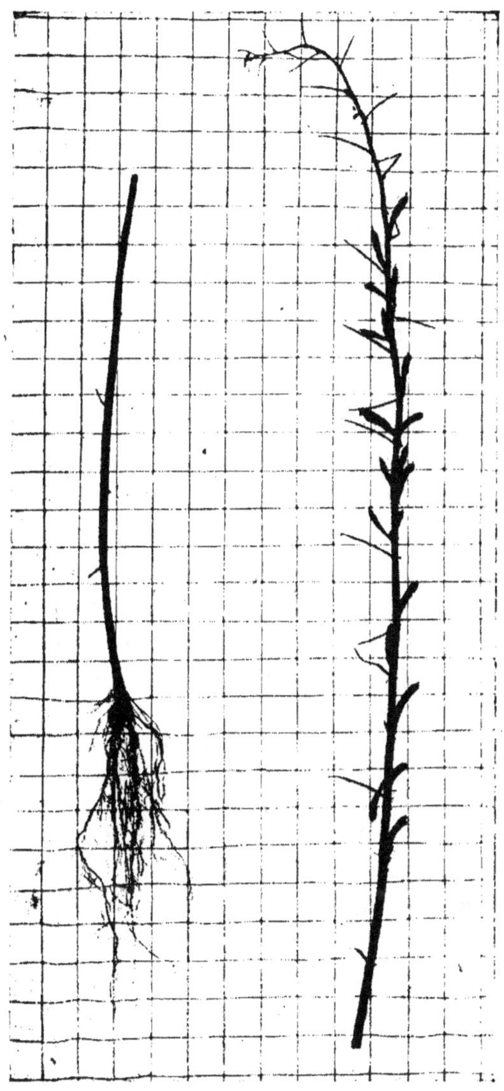

Fig. 83. — Féveroles à la maturité.

constatées dans les plantes lors des diverses récoltes :

	1re RÉCOLTE.	FLORAISON pleine.	MATURITÉ.
Matière sèche formée.............	4,94	39,12	100
Azote absorbé..................	7,77	34,03	100
Acide phosphorique absorbé. ...	6,36	37,73	100
Chaux absorbée................	11,04	77,70	100
Potasse absorbée...............	10,88	60,27	100

Le graphique ci-contre (fig. 80) rend sensible à la vue les phénomènes de nutrition que nous avons à étudier ici. Sur l'axe des x sont reportés les temps, et chaque division correspond à dix jours de végétation. Pour chacune de nos trois récoltes, nous avons porté en ordonnées sur l'axe des y les proportions centésimales par rapport aux maxima des éléments nutritifs absorbés, et de la matière sèche formée. Cela nous a permis de tracer, à côté de la courbe de la formation de la matière sèche, les courbes de l'absorption des éléments nutritifs considérés.

Depuis la levée jusqu'à l'apparition des premières fleurs, la marche de l'absorption des éléments nutritifs est pour tous, sans exception, plus rapide que celle de la formation de la substance végétale. Cela implique chez la jeune plante, comme nous l'avons démontré à propos des céréales (1), un besoin de ces aliments sous forme très assimilable, besoin d'autant plus fort que les courbes des éléments nutritifs forment un angle plus ouvert avec l'axe du temps et s'élèvent davantage au-dessus de la courbe de la matière sèche. Ce sont la chaux et la potasse qui sont absorbées avec le plus d'avidité ; l'azote ne vient qu'au troisième rang et l'acide phosphorique ferme la marche. A partir du quarantième jour après la levée, le besoin de chaux principalement et de potasse s'accentue fortement jusqu'à la pleine floraison, tandis que, au contraire, l'absorption de l'azote et de l'acide phosphorique devient moins intense. A l'apparition de la première fleur, les courbes de ces deux éléments nutritifs passent au-dessous de celle de la matière sèche. La courbe de l'acide phosphorique

(1) Voir le chapitre III de *Céréales*.

devient sensiblement parallèle avec cette dernière, et celle

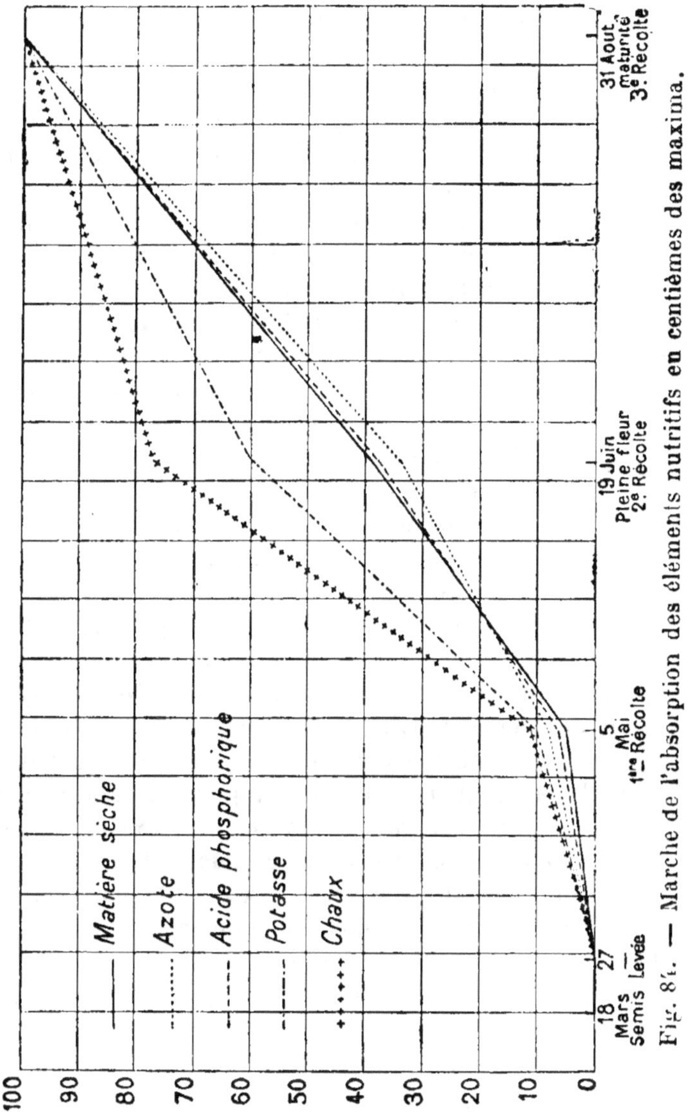

Fig. 84. — Marche de l'absorption des éléments nutritifs en centièmes des maxima.

de l'azote ne s'éloigne pas beaucoup du parallélisme, tout en
se maintenant à un niveau légèrement inférieur.

La plante qui nous occupe nous semble donc être surtout exigeante en chaux et en potasse, et cela principalement jusqu'à la pleine floraison. Elle a en outre besoin d'une petite quantité d'azote et d'acide phosphorique assimilables dans les premières semaines de sa végétation. Ce besoin pour l'azote se conçoit facilement si l'on songe qu'il faut un certain temps pour que se développent et puissent fonctionner efficacement les bactéries des racines.

L'absorption des éléments nutritifs a lieu par les racines dont le suc acide, venant en contact des grains du sol au travers de la membrane végétale des tissus, dissout ceux d'entre eux qui ne sont pas naturellement solubles. Plus les racines sont étendues, plus facile a la plante de tirer parti des éléments du sol, car les points de contact avec les grains terreux sont plus considérables. C'est cette pensée qui nous a conduit à étudier le développement radiculaire des végétaux dont nous cherchons à déterminer les besoins d'engrais. Si les plantes à grand système radiculaire sont plus aptes à se nourrir aux dépens des réserves du sol qu'elles peuvent fouiller dans tous les sens, par contre elles sont moins sensibles à l'action des engrais. D'un autre côté, la durée de la période végétative influe nettement sur l'utilisation des ressources alimentaires propres du sol. Un végétal qui doit absorber 100 kilogrammes d'un élément nutritif à l'hectare en deux cent cinquante jours, aura moins besoin d'engrais qu'un autre qui devra en absorber la même quantité en cent cinquante. Si l'on calcule pour chaque période de végétation la quantité de chaque élément nutritif qu'a dû absorber en vingt-quatre heures l'unité de racines, on obtient des nombres très suggestifs pour la solution du problème qui nous occupe. Pour déterminer le travail radiculaire diurne, nous divisons la totalité du principe nutritif absorbé pendant la durée de la période par le nombre de jours que celle-ci comprend. Le quotient obtenu est ensuite divisé par le poids moyen des racines qui ont concouru à l'absorption. Pour la première période, le poids total de substance absorbé correspond à la quantité qu'en renferme la plante moyenne à la première récolte, et le poids moyen des racines est égal au total des racines à ce moment divisé par deux, puisque les racines ont augmenté progressivement de 0 jusqu'à ce poids. Pour les périodes suivantes, le poids d'un élément absorbé est égal à la différence des poids du principe constaté dans la plante moyenne au commencement et à la fin de la période considérée. Le poids moyen des racines est la moyenne arithmétique entre le poids du système radiculaire au début et à la fin de la phase de végétation dont on s'occupe.

Le tableau suivant donne le travail radiculaire diurne de la féverole, rapporté à 1 gramme de racines sèches :

	I De la levée au 39ᵉ jour.	II Du 39ᵉ jour à la pleine floraison (45 jours).	III De la pleine floraison à la maturité (72 jours).
	milligr.	milligr.	milligr.
Azote.........................	10,27	5,00	4,25
Acide phosphorique..............	1,46	1,03	0,68
Chaux........................	4,60	4,47	0,50
Potasse.......................	10,08	6,59	1,79
TOTAL..................	26,41	17,09	7,22

Avant la formation de la première fleur, la féverole absorbe quotidiennement, en somme, 26^{mg},41 d'éléments nutritifs par gramme de racines sèches. Du quarantième jour à la pleine floraison, le travail radiculaire diminue et n'est plus que de 17 milligrammes. Il tombe enfin à 7^{mg},2 pendant la période de maturation. Si nous prenons pour unité le travail radiculaire le moins élevé, nous arrivons aux nombres suivants :

Maturation.................................... 1,00
Floraison...................................... 2,37
Six premières semaines.................... 3,64

Le besoin d'aliments facilement assimilables est donc trois fois et demie plus fort pendant la première période, et plus de deux fois encore durant la seconde que pendant la dernière.

En examinant le travail radiculaire relatif à l'*azote*, on le trouve double pendant les six premières semaines de ce qu'il est ensuite. Il conviendrait donc de donner à la féverole une petite quantité d'azote soluble pour favoriser le premier début de sa végétation et lui permettre d'attendre que les bactéries des nodosités soient assez développées pour assurer son alimentation azotée ; mais cela seulement dans les sols qui sont peu pourvus d'azote ou qui nitrifient mal.

Pour l'acide phosphorique, le besoin de son addition au sol comme engrais, sauf le cas des sols pauvres bien entendu, est peu intense en général. C'est toutefois au début de la végétation qu'il est le plus utile. Il suffira de le fournir à la récolte en quantité suffisante (400 kilogrammes de scories par exemple) sous une forme moyennement attaquable, car la plante a tout le temps nécessaire pour s'en emparer au jour le jour.

Pour la chaux, le travail d'absorption est sensiblement constant jusqu'à la pleine floraison. Pendant la maturation il devient neuf fois moins intense.

En ce qui concerne la potasse, le travail radiculaire quotidien est énorme avant l'apparition de la première fleur, et il est élevé jusqu'à la phase de la maturation pendant laquelle il tombe beaucoup plus bas que pour l'azote. En prenant le travail radiculaire de cette période pour unité, on arrive aux nombres proportionnels suivants :

```
Maturation...................................  1,00
Floraison....................................  3,67
Six premières semaines.......................  5,73
```

Il en résulte que les engrais potassiques très assimilables doivent être très favorables au développement de la légumineuse qui nous occupe, de même que la nature argilo-calcaire du terrain. Le chlorure ou le sulfate de potassium marqueront leur effet bien plus nettement que les superphosphates.

Ces déductions tirées de nos recherches de laboratoire concordent parfaitement avec les conclusions qu'ont tirées MM. Lawes et Gilbert de leurs belles expériences sur les féveroles, et cet accord est une nouvelle preuve précieuse de la valeur agronomique de la méthode que nous avons suivie pour étudier les besoins d'engrais des principales plantes agricoles. Ils ont reconnu en effet que :

Nous ferons intervenir un peu de nitrate pour fournir aux premiers besoins d'azote, du superphosphate pour donner la chaux soluble si nécessaire, et en même temps un peu d'acide phosphorique assimilable mais surtout les sels de potasse.

Dans les sols pauvres en potasse, on pourra aller jusqu'à 250 kilogrammes de chlorure de potassium et dans les terrains qui manquent d'acide phosphorique jusqu'à 400 kilogrammes de superphosphates. On pourra remplacer ces deux engrais par le sulfate de potasse et les scories de déphosphoration.

1º Avec la potasse seule, comme engrais, l'accroissement de la récolte est considérable ; 2º Avec un mélange de potasse, de soude et de magnésie, on obtient également un excédent de récolte fort élevé ; 3º Les superphosphates de chaux seuls n'augmentent pas le rend, ment des féveroles ; 4º Les superphosphates mélangés à la potasse agissent très sensiblement sur elles, mais moins que la potasse seule ; 5º Les superphosphates mélangés aux sels ammoniacaux sont sans effet utile ; mais l'addition de la potasse au mélange donne un très bon résultat, etc.

Les féveroles ont surtout besoin d'engrais potassiques

Semis et soins d'entretien. — On sème la féverole soit sur un labour d'hiver travaillé au cultivateur canadien, soit sur un labour de printemps. On doit faire les semis aussitôt que possible, car la grenaison est meilleure ; c'est vers la mi-mars et toujours avant le 15 avril. Dans le Midi, on sème à l'automne la féverole d'hiver, mais celle-ci ne résiste pas aux froids de la région du Nord.

Autrefois on semait à la volée de 180 à 200 kilogrammes de grains à l'hectare, que l'on enterrait à l'extirpateur. Mais il est préférable, même quand on veut la récolter comme fourrage vert, à la floraison, de la semer en lignes à 30 ou 35 centimètres d'écartement. On répand alors de 125 à 150 kilogrammes de graines à l'hectare. Souvent, quand on veut la récolter en vert, on y associe 10 à 15 p. 100 de graine de vesce ou de pois. Ces légumineuses grimpantes garnissent les tiges des féveroles et améliorent le produit. Avant le semis des graines il faut avoir soin d'éliminer les semences piquées par les bruches.

Comme soins d'entretien, il convient de passer le rouleau

Croskill après **le semis** ; puis on donne un **binage dès que la** jeune féverole est bien enracinée. Enfin on donne **un** ou deux binages à la houe multiple et un léger buttage **dans les terres** légères. Parfois on pratique l'écimage, dans les champs destinés à la récolte de la graine, à l'aide d'une grande faucille ou d'une faulx. Il ne faut y procéder que lorsque les fleurs sont flétries et que les graines inférieures commencent à se former. Trop tôt fait, l'écimage est nuisible à la fécondation. En supprimant les fleurs dont les fruits n'arriveraient pas à maturité, l'écimage assure un meilleur développement des graines inférieures. On arrête aussi par là les ravages du puceron, qui sont parfois considérables.

Récolte. — C'est en pleine floraison qu'il convient de récolter la féverole que l'on veut faire consommer comme fourrage vert. Elle constitue alors un aliment excellent, car on y trouve :

Albumine digestible....................	1,5 p. 100
Amides digestibles.....................	0,8 —
Graisses digestibles...................	0,5 —
Substances non azotées digestibles....	4,1 —
Cellulose digestible...................	1,6 —

En tenant compte du travail de digestion, la productivité du fourrage correspond à 7,1 d'amidon.

Mais, sauf dans ses mélanges avec le pois et la vesce, on la laisse plutôt venir à maturité. Il convient de la couper quand la plupart des gousses ont noirci. On emploie la faulx ou la grande faucille. Après les avoir laissées en andains ou javelles, on les dresse en petites moyettes coniques. Plus tard on les lie en petites gerbes de 30 centimètres de diamètre, avant leur dessiccation complète, pour éviter l'égrenage, puis on les dresse en dizeaux ou en chaînes. Dans ces conditions, les gousses finissent de mûrir et le tout de sécher. On bat à la machine.

La graine de féverole est supérieure à l'avoine pour la nourriture de tous les animaux. Elle renferme à l'état digestible :

Albumine...........................	22,1 p. 100
Graisse............................	1,2 —
Matières non azotées...............	44,1 —
Cellulose..........................	4,1 —

Déduction faite du travail exigé par la digestion, elle a une valeur en amidon de 66,6, tandis que l'avoine moyenne n'atteint qu'une valeur de 59,7. Elle est aussi beaucoup plus riche en matière azotée et par suite très favorable aux jeunes animaux et aux animaux à l'engrais.

Sa paille est près de deux fois plus nutritive que celle de blé, malgré son aspect grossier, et ne doit pas être rejetée de l'alimentation. On y trouve à l'état digestible :

Albumine	4,0
Graisse	0,5
Matières non azotées	20,5
Cellulose	15,5

100 kilogrammes produisent le même effet nutritif que $19^{kg},2$ d'amidon, alors que 100 kilogrammes de paille de blé ne valent que $10^{kg},9$ d'amidon. Enfin 100 kilogrammes de gousses sèches équivalent à 22 kilogrammes d'amidon.

Rendements. — A l'état de fourrage vert, la féverole bien réussie donne de 20 à 30 mille kilogrammes de fourrage à l'hectare.

Récoltée à graine, elle peut donner de 25 à 70 hectolitres de grains et de 25 à 60 quintaux de paille.

SERRADELLE (*Ornithopus sativus*) (fig. 85).

La serradelle, appelée aussi pied-d'oiseau, est une légumineuse annuelle originaire du Portugal. Sa racine est pivotante, et sa tige atteint de 30 à 40 centimètres de hauteur. Dans les sols frais, sous l'action du pâturage, elle émet des rejets latéraux chargés de feuilles, qui forment un épais feutrage et donnent un fourrage riche et tendre, qui n'a pas l'inconvénient d'exposer les animaux à la météorisation. La serradelle est mangée en vert par tous les animaux de la ferme. Elle est très favorable à la sécrétion du lait et à la production du beurre. Par le fanage, elle donne un foin de première qualité. Voici sa composition en vert et en sec :

	Fourrage vert.	Fourrage sec.
Eau	81,0	16,0
Albuminoïdes	3,0	13,0
Amides	0,7	2,2
Graisse	0,8	3,1
Hydrates de carbone	7,0	33,1
Cellulose brute	5,7	25,6

La serradelle réussit bien surtout dans les sols sablonneux, profonds et un peu frais, et dans les terres sablo-argileuses,

Fig. 85. — Serradelle.

pourvu qu'elles ne soient pas humides. Dans les terrains sablonneux impropres à la culture du trèfle violet, elle est d'une grande ressource et **a** l'avantage de pouvoir revenir à bref délai sur le même sol. Elle ne réussit pas sur défrichement.

Comme son premier développement est lent, on ne la sème pas en général seule, mais plutôt dans une céréale, qui la protège contre l'envahissement des mauvaises herbes, qui lui nuisent beaucoup. On fait le semis, par exemple, dans un seigle d'automne un peu clair, en mars ou en avril. On peut aussi faire le semis dans une avoine ou une orge. On répand 30 kilogrammes de graine par hectare. Celle-ci doit provenir de la dernière récolte, car elle ne conserve sa faculté germinative que pendant un **an**. On recouvre la semence simplement par un roulage.

Il arrive qu'à l'enlèvement de la céréale la serradelle paraisse avoir été étouffée ; mais à la première pluie, on la voit pousser vigoureusement et taller grâce à son bon enracinement.

Elle constitue d'excellents pâturages d'automne, et en même temps elle empêche l'appauvrissement du sol en nitrates par les pluies d'arrière-saison. Son rendement en vert est de 8 à 20 tonnes métriques et en sec de 20 à 50 quintaux par hectare.

Elle produit beaucoup de graine dont la maturité se fait successivement. Il ne faut faucher ni trop tôt, car la graine serait sans valeur, ni trop tard, car on ferait une grande perte de semence. La dessiccation se fait en moyettes. Le rendement est de 4 à 10 quintaux par hectare.

MOUTARDE BLANCHE (*Sinapis alba*) (fig. 86).

La moutarde blanche, ou herbe au beurre, est une crucifère annuelle que l'on peut semer depuis le printemps jusqu'à
la fin de l'été. Comme elle végète jusqu'aux gelées, on peut en
semer sur les déchaumages de cé-
réales. Avec des semis espacés de
quinzaine en quinzaine, on peut
s'assurer une production de fourrage vert longue et régulière. Un
labour suffit pour la préparation
du sol. Le rendement dépendra de
la richesse du sol ou de sa fumure;
le nitrate de soude additionné de
superphosphate est l'engrais indiqué. On sème environ 25 litres de
graine à l'hectare.

On doit faucher la moutarde blanche dès le commencement de la floraison, car elle devient vite ligneuse.
Quand on la fait consommer par
les vaches laitières après la floraison, elle communique au beurre
une saveur amère. On ne fait jamais
sécher la moutarde, mais on peut

Fig. 86.—Moutarde blanche.

l'ensiler. Dans tous les cas, elle doit être récoltée avant les
gelées. Nous terminerons en donnant la composition de cet
excellent fourrage vert :

Eau	83,0
Albuminoïdes	2,0
Amides	0,5
Graisse	0,5
Hydrates de carbone	7,2
Cellulose brute	5,4

NAVETTE ET COLZA.

La navette (*Brassica napus sylvestris*) (fig. 87) est une
crucifère assez épuisante, qui présente deux variétés : la na-

vette d'hiver et la navette de printemps ou quarantaine.

La première a un développement aérien moins grand que le colza (*Brassica napus oleifera*), mais a l'avantage d'être moins sensible aux gelées, à la sécheresse et à l'altise ou puce de terre. Elle est aussi moins sensible au point de vue de la nature du sol et moins exigeante en engrais. On la cultive dans la sole de jachère, après un labour suivi d'un hersage. On donne comme engrais du superphosphate à la dose de 300 kilogrammes dans les terres moyennes et de 400 à 500 kilogrammes dans les terres pauvres. Une addition d'engrais azoté est favorable; on peut employer 150 kilogrammes de sulfate d'ammoniaque ou 200 kilogrammes de nitrate de soude. On fait le semis dans le courant d'août, à la volée, à raison de 8 à 10 litres de semence par hectare, et on enterre à la herse. On obtient au printemps une coupe de fourrage qui précède celle du trèfle incarnat et est ainsi d'un grand secours à cette époque de l'année. On fait consommèr la navette en mélange avec des fourrages secs. Elle est favorable à la sécrétion du lait ; mais, donnée en excès, elle communique à ce liquide et au beurre qui en provient une saveur désagréable.

Fig. 87.—Navette.

La navette d'été peut se semer depuis le mois d'avril jusqu'à la fin de mai, et même en récolte dérobée après un seigle ou un escourgeon, à cause de la rapidité de sa végétation. Elle rend de grands services en année de rareté de fourrages. La composition de la navette est la suivante :

Eau... 84,1
Albuminoïdes....................... 2,2
Amides............ 0,6
Graisse... 0,8
Hydrates de carbone.............. 5,7
Cellulose brute.............................'. 3,5

On peut remplacer la navette par le colza d'hiver au mois
d'août en faisant le semis le plus tôt possible, dans les climats
qui ne sont pas trop durs.

SPERGULE (*Spergula ovensis maxima*) (fig. 88).

La spergule géante, que l'on cultive comme fourrage, est
une caryophyllée originaire des terrains sablonneux de la
Courlande. Dans des conditions favorables, elle peut atteindre
1 mètre de hauteur, tandis que la spergule des champs dépasse
rarement 30 centimètres. Le fourrage
qu'elle donne est surtout consommé
en vert à l'étable ou au pâturage. Il
convient de signaler qu'il a, comme
le trèfle, l'inconvénient de météori-
ser les animaux. Il est surtout très
estimé pour les vaches laitières qui,
à son régime, produisent un beurre re-
nommé. Le cheval ne mange la spergule qu'avec répugnance. On peut
aussi faner ce fourrage ; mais, par les
temps un peu humides, l'opération
est lente et difficile.

Cette plante n'atteint tout son développement que sous un climat humide et pluvieux. Dans les pays secs,
elle fleurit au ras du sol et donne des
produits insignifiants.

Fig. 88. — Spergule.

Les sols qui lui conviennent le mieux sont les terres sablonneuses ou sablo-argileuses très perméables, toujours fraîches
en été.

La rapidité de la croissance de la spergule permet de la cultiver en récolte dérobée, comme en récolte principale. Comme
elle revient très bien sur elle-même, on peut faire plusieurs
récoltes successives sur le même champ. On la sème après
fourrages annuels d'hiver et après seigles à graine ou escour-
geons. Elle a la réputation d'épuiser très peu le sol, sinon de
l'améliorer.

La préparation du sol est très simple. On donne un labour léger, puis on herse avec soin, pour bien ameublir la surface du sol. Comme engrais, le purin et le nitrate de soude (200 a 300 kilos) sont très efficaces. On fait les semis depuis le commencement du mois de mars jusqu'à la fin d'août Huit à dix semaines suffisent pour que la spergule soit fauchable : on doit donc faire des semis successifs pour assurer une consommation longue et régulière.

On répand à la volée de 15 à 20 kilogrammes de semence par hectare, et on l'enterre légèrcment à la herse, puis on roule.

On peut faire pâturer la spergule au piquet, ou mieux la faucher au commencement de la floraison pour la distribuer à l'étable. Pour faire du foin, on réserve de préférence les semis de mars ou d'avril, que l'on coupe en pleine floraison. On fait sécher en moyettes comme le trèfle. Le rendement en foin est de 35 quintaux environ par hectare. Voici la composition de la spergule en vert et en sec :

	Fourrage vert.	Fourrage sec.
Eau	80,0	16,7
Albuminoïdes	1,9	10,4
Amides	0,4	1,6
Graisse	0,7	3,0
Hydrates de carbone	9,7	36,8
Cellulose brute	5,3	22,0

Pour la récolte de la graine, on choisit les premiers semis, car ils fleurissent et fructifient mieux. On fauche aussitôt que les capsules sont mûres, pour éviter l'égrenage. Après avoir laissé en andains quelques jours, on forme de petites moyettes pour terminer la dessiccation. On rentre par la rosée dans des voitures bâchées. 1 hectare peut donner de 350 à 700 kilogrammes de graine et 30 quintaux de paille, aussi nutritive que du foin.

CÉRÉALES-FOURRAGES.

Parmi les céréales, on cultive comme fourrages annuels le seigle d'hiver, l'avoine d'hiver dans les climats doux, le sarrasin, le maïs et le moha, sorte de millet (1).

(1) Voy. C.-V. GAROLA, *Céréales* (ENCYCLOPÉDIE AGRICOLE publiée sous la direction de G. Wery).

Seigle.

« **Le seigle**, dit E. Lecouteux, est de date très ancienne cultivé pour fourrage précoce qui se coupe, sous le climat de Paris, dès la dernière semaine d'avril. Il gagne beaucoup à passer par le hache-paille, car, après son épiage, il ne tarde pas à devenir fibreux. L'emploi d'engrais actifs et abondants, engrais à base d'azote et de phosphates, le fait taller et pousser en feuilles très larges. Ici la verse n'est pas à craindre, puisqu'il s'agit d'obtenir du fourrage vert et non du grain. Il y a donc tout intérêt à provoquer une épaisse végétation, et d'autant mieux que, pour le bétail, cette luxuriance de récolte à coup d'engrais se traduira par un fourrage moins dur et plus mangeable.

« Il est d'ailleurs à noter que le seigle, à cause de sa précocité, est une excellente récolte supplémentaire, qui prépare le terrain à recevoir une emblavure de maïs. Vienne une disette fourragère en juillet et en août, le seigle ensilé sera le remède à côté du mal, et certes ce remède n'aura pas coûté cher. »

La culture du seigle comme plante fourragère précoce ne diffère pas de la culture pour le grain. Toutefois, on se hâte de faire les semis que l'on exécute en répandant plus de semence à l'hectare. Il faut aussi choisir les variétés les plus productives en tiges et feuilles et les plus précoces à la fois.

M. Lechartier a cultivé comparativement différentes variétés comme fourrages en 1892-1893 et a obtenu les rendements suivants :

Seigle grand de Russie............	405 quintaux.	
— de Schlanstedt....	346	—
— des Alpes.................	359	—
— de Champagne.............	247	—
— de Brie..........	271	—

Le seigle-fourrage présente la composition suivante au point de vue alimentaire :

Eau.......................................	72,9
Matière azotée........	3,3
Graisse brute...............................	0,9

    Hydrates de carbone..................... ..   14,0
    Cellulose brute.....   7,3
    Cendres.......   1,6

Une vache de 500 kilogrammes de poids vif est suffisamment nourrie avec 50 à 60 kilogrammes de seigle vert par jour. Ce fourrage est favorable à la production du lait.

Avoine.

Dans les contrées à hivers doux, où l'on peut cultiver l'avoine d'hiver, on sème cette céréale comme fourrage hâtif, de même que le seigle. On considère justement l'avoine fauchée en vert comme un excellent fourrage pour la production du lait. On cultive aussi parfois les orges d'hiver dans le même but. Le seigle, toutefois, est la plante qui rend le plus. Le tableau suivant reproduit la composition de l'avoine fauchée en vert :

    Eau..   81,0
    Matière azotée.............................   2,3
    Graisse brute..............................   0,5
    Hydrates de carbone.......................   8,3
    Cellulose brute...........................   6,5
    Cendres...................................   1,4

Sarrasin.

Le sarrasin de Tartarie est souvent cultivé comme fourrage vert d'été, ou encore comme plante à enterrer comme engrais vert. M. de Werder, à ce que rapporte Schwerz, en faisait deux récoltes successives dans le même champ. Le sarrasin vert donné à l'étable est très goûté des bêtes à cornes. Les vaches qui s'en nourrissent demeurent en bonne santé et donnent beaucoup de lait. Il convient également aux chevaux ; mais, donné aux moutons, il peut occasionner une forte enflure de la tête, qui n'est pas sans danger.

Nous donnons ci-après la composition du sarrasin-fourrage :

    Eau..   85,0
    Matière azotée....   2,4

Graisse............................. 0,6
Hydrates de carbone..................... 6,4
Cellulose brute........................... 4,2
Cendres 1,4

Maïs.

Mais c'est principalement le maïs dans ses variétés développées et tardives qui, parmi les céréales, joue, dans le centre
et le nord de la France, le rôle fourrager le plus important.
Semée à des époques successives, cette plante assure pendant
tout l'été et jusqu'aux gelées la nourriture du bétail en fourrage
vert. Elle peut, d'autre part, quand on applique à sa conservation la méthode aujourd'hui classique de l'ensilage, servir
de base au régime des bêtes bovines pendant tout l'hiver.

Maïs-fourrage.

Les variétés de maïs que l'on cultive comme fourrage dans
nos régions sont les variétés grandes et tardives comme le maïs
géant. Mais on ne doit pas négliger les variétés indigènes, maïs
d'Auxonne et des Landes, qui donnent, il est vrai, un poids brut
inférieur, mais le plus souvent une quantité plus grande de matières nutritives à l'hectare.

Il n'est pas rare que l'on obtienne même avec ces dernières
variétés un rendement en vert de 50 tonnes à l'hectare. Avec le
maïs géant on peut atteindre 80 et même 100 tonnes.

Une récolte de 50 tonnes de ce dernier enlève au sol, dans la
partie récoltée, environ :

117 kilogrammes d'azote ;
 48   —   d'acide phosphorique;
120   —   de potasse.

C'est donc une récolte exigeante, d'autant plus que ces chiffres peuvent être doublés, et que la plante végète avec une
grande rapidité.

Nous avons fait quelques essais de culture avec le maïs géant,
en 1894, avec et sans engrais. Sans entrer dans le détail des expériences faites en terrains divers, nous donnons ci-dessous les
rendements moyens obtenus :

Sans engrais...................... 419 quintaux.
Engrais nitrophosphaté (400 kgr. nitrate
   et 600 kgr. superphosphate) .... 640 —
Engrais complet (400 kgr. nitrate, 600
   kgr. superphosphate, 100 kgr. chlorure).............................. 695 —

Les sols où ont été obtenus ces rendements renfermaient, en moyenne, 1 gr. 20 d'azote, 0 gr. 40 d'acide phosphorique total et 1 gr. 07 de potasse soluble dans l'acide azotique.

On constate que les engrais se sont montrés très efficaces et qu'en général l'emploi de la potasse s'est montré utile. L'excédent produit par l'engrais nitro-phosphaté a atteint 221 quintaux et celui de l'engrais complet s'est élevé à 276 quintaux.

Dans des expériences plus complètes faites à Gas et à Bessay, nous avons obtenu les résultats suivants :

	Gas	Bessay	Moyennes	Excédents
	qx	qx	qx	qx
Sans engrais............	486	413	449	»
Engrais complet.........	680	528	604	155
Engrais sans potasse	598	449	523	74
Engrais sans azote.......	642	485	563	114
Engrais sans acide phosphorique	621	448	534	85

(Composition moyenne du sol : azote, 1 gr. 2, acide phosphorique total, 0 gr. 5, dont assimilable 0,07, potasse assimilable 0 gr. 16).

La suppression de l'azote, de la potasse ou de l'acide phosphorique a un effet très sensible sur le rendement. Dans les sols de cette nature, sans emploi du fumier, il y a donc intérêt à recourir à un engrais composé de nitrate, de superphosphate et de chlorure de potassium.

Mais dans la culture du maïs-fourrage le fumier peut jouer un rôle important en l'enfouissant assez longtemps d'avance. En effet, à Bessay, en plus des parcelles précédentes, nous en avions deux autres, l'une avec forte fumure de fumier, et l'autre avec demi-fumier et demi-engrais chimique, elles nous ont donné :

Fumier seul (60 tonnes) ... 595 qx. avec un excédent de 182 qx.
Fumure mixte .... 559 qx. avec un excédent de 146 qx.

Fig. 89. — Vue d'un champ de maïs dent de cheval (d'après une photographie).

L'emploi du fumier a donné les meilleurs résultats et le sol reste après l'enlèvement de la récolte dans un état de fertilité meilleur.

Il nous paraît résulter de ces observations qu'il convient de donner au maïs une bonne fumure de fumier enterrée dès l'hiver, et de la compléter par 300 kilogrammes de superphosphate, 150 à 200 kilogrammes de nitrate de soude. Si le fumier manque on emploiera des doses doubles de superphosphate et de nitrate, avec 100 à 200 kilogrammes de chlorure de potassium. L'excès d'acide phosphorique ou de potasse n'est pas à craindre. Il restera à la disposition de la récolte suivante. Pour le nitrate il faut être plus économe.

Dans les terres de Sologne, Lecouteux, notre regretté maître, fumait ses maïs à l'aide de 20 à 40 tonnes de fumier de ferme qu'il complétait par 300 et 400 kilogrammes de superphosphate et 100 kilogrammes de sulfate d'ammoniaque. Dans l'exploitation paternelle, nous enterrions pour cette culture 50 mètres cubes de fumier fait par hectare.

Nous préparons le sol pour le maïs-fourrage comme pour les betteraves, c'est-à-dire que nous déchaumons en été la céréale à laquelle on le fait succéder et que nous donnons un labour d'automne. Celui-ci demeure intact jusqu'à la conduite du fumier au printemps. La fumure est enterrée par un labour. Quand l'époque du semis est venue, on répand à la volée les engrais complémentaires, que l'on mélange au sol à l'aide du scarificateur, afin de rafraîchir le labour avant le passage du semoir.

Si l'on veut faire du maïs sur un seigle, un trèfle incarnat, ou une vesce d'hiver, on donne un labour qui enterre le fumier aussitôt l'enlèvement de la récolte ; on répand l'engrais complémentaire sur le labour avant de semer. On le mélange au sol avec la herse ou le cultivateur. En général, les premiers maïs se font après céréales d'automne.

Les semailles se font, dès que les gelées tardives d'avril ne sont plus à craindre, à la volée ou, ce qui est préférable, en lignes. Le grain ne doit pas être enterré à plus de 5 centimètres. Les lignes sont espacées de 30 à 40 centimètres, et les grains sur la ligne à 10 centimètres. A 30/10, il faut environ 100 kilogrammes de maïs dent-de-cheval par hectare. A la volée, on sème 150 à 200 kilogrammes. Il convient de ne pas épargner la semence, non pas que cela augmente le rendement, mais parce que les tiges deviennent moins fortes et moins dures. Le fourrage est, dans ces conditions, meilleur.

Quand il est destiné à être mangé en vert à l'étable, le maïs doit être semé successivement tous les mois au moins, depuis la fin d'avril jusqu'en août. On sème dans le courant de mai les maïs destinés à l'ensilage.

Dans le Centre et le Nord, les soins d'entretien se bornent à un binage. Dans le Midi, on y joint des arrosages par la méthode d'infiltration, quand cela est possible.

Nous avons analysé les récoltes de cinq variétés de maïs cultivées parallèlement dans le même champ à Gas et avons obtenu :

	JAUNE DES LANDES.	QUARANTAIN.	AUXONNE.	JAUNE GROS.	GÉANT CARAGUA.
Eau..............	87,55	88,80	88,50	87,60	84,60
Matière sèche.....	12,45	11,20	11,50	12,40	15,60
— azotée....	1,68	1,51	1,77	1,49	1,10
Hydrates de carbone..........	6,98	6,53	6,08	7,31	10,54
Cellulose.........	2,87	2,29	2,44	2,46	3,09
Cendres..........	0,92	0,87	1,21	1,14	0,87

D'après les expériences faites aux États-Unis, les principes immédiats du maïs vert ont les coefficients de digestibilité suivants :

Matière sèche	68 p. 100
— azotée......................	61 —
Hydrates de carbone.................	74 —
Cellulose...........................	61 —
Cendres	35 —

Le maïs vert est un fourrage un peu trop pauvre en matière azotée. Il convient, pour en tirer tout le parti possible, de combiner sa consommation avec un quart ou un cinquième de luzerne ou de trèfle, ou, à défaut, de distribuer 2 à 3 kilogrammes de tourteau par tête de gros bétail.

Après ensilage, le maïs présente la composition suivante :

Eau.............................. 61,00 à 81,00
Matières azotées.................. 1,24 à 1,69
Graisse........................... 0,36 à 0,77
Hydrates de carbone............... 7,22 à 8,47
Cellulose......................... 4,82 à 4,91

Pour juger de la valeur nutritive du maïs ensilé, il faudrait connaître exactement le dosage en éléments azotés protéiques ou albuminoïdes. Les doses indiquées plus haut comprennent, outre les albuminoïdes, les amides et les sels ammoniacaux, résultant de la fermentation des premiers. Dans le cas des pulpes de betteraves ensilées, on sait que la proportion de ces matières azotées non assimilables peut atteindre 50 p. 100 et plus du lot de la protéine brute. Il en résulte *a fortiori* que l'on doit compléter la ration des animaux qui reçoivent de l'ensilage de maïs avec des aliments riches en albuminoïdes, comme le foin de légumineuses et les tourteaux.

Fig. 90. — Moha de Hongrie.

Dans les contrées où la température le permet, on conserve le maïs-fourrage en le faisant sécher en moyettes dans les champs.

Millets.

Parmi les millets employés comme fourrages verts ou secs, les plus cultivés sont le moha de Hongrie et le moha vert de Californie; le millet d'Italie donne aussi de bons produits.

Le moha de Hongrie (fig. 90). (*Panicum germanicum*) se sème depuis la fin d'avril jusqu'en juillet. Il épie deux mois après la levée. Il est caractérisé par la couleur brune de ses épis. Sa graine est très petite et pèse de 60 à 65 kilogrammes l'hectolitre. On en sème de 20 à 25 kilogr. par hectare. Elle germe facilement, alors même que la sécheresse arrête la végétation des autres plantes. Ce moha est précieux pour les pays secs; il constitue une plante très feuillue qui forme un excellent fourrage.

Le moha vert de Californie est une simple variété du précédent, dont l'épi reste vert au lieu d'être teinté de brun. Sa végétation est un plus rapide, la plante est plus feuillue ; mais il lui faut un sol plus riche.

On peut cultiver les mohas comme fourrages dans toutes les régions de la France. On obtient les plus beaux rendements dans les terres franches et fraîches; mais ils donnent encore des produits satisfaisants dans les sols les plus légers et les plus secs.

On peut les cultiver en seconde récolte après les fourrages verts récoltés au printemps ou après une céréale d'automne. Le sol labouré doit être parfaitement ameubli et fumé à l'aide de nitrate de soude et de superphosphate. On sème dru en lignes ou à la volée. On fait consommer en vert dès que les épis se montrent. On peut faner le fourrage ou encore l'ensiler pour l'hiver. Le rendement est de 200 à 300 quintaux par hectare, d'un fourrage très nourrissant, comme le montre l'analyse suivante :

Eau...	70,0
Matière azotée................................	3,7
Graisse...	0,8
Hydrates de carbone....	13,4
Cellulose......................................	10,2
Cendres..	1,9

Sous le rapport nutritif, 40 kilogrammes de moha équivalent à environ 100 kilogrammes de maïs vert.

CHAPITRE V

LA RÉCOLTE DES FOURRAGES

FENAISON

La fenaison (de *fœnum*, foin) comprend deux opérations principales : la fauchaison et le fanage.

Époque de la fauchaison.

L'époque la plus favorable pour exécuter la coupe des fourrages doit être celle où la prairie naturelle ou artificielle peut fournir la plus grande quantité possible de matière nutritive digestible. Mais les praticiens sont loin d'être d'accord sur ce point.

Les uns attendent que les herbes aient défleuri et que les graines commencent à se former ; les autres, au contraire, les coupent en pleine floraison. Nous verrons que cette dernière manière d'agir est préférable à la première, mais qu'il en est une troisième plus avantageuse pour les prairies à plusieurs coupes : le début de la floraison.

Les prairies naturelles sont formées d'un grand nombre de plantes différentes, qui ne fleurissent pas à la même époque. Les grandes graminées sont celles dont la floraison est la plus tardive. On attend le plus souvent qu'elles soient en pleine fleur pour commencer la fauchaison. Mais alors déjà les légumineuses ont passé fleur, elles perdent une grande partie de leurs feuilles, pendant que, d'autre part, les ombellifères durcissent et deviennent immangeables.

En Lombardie, on commence plus tôt. On a pour règle de faire la première coupe à la floraison du *Phalaris arundi-*

nacea, ou du paturin commun. Les trèfles sont encore en fleurs à ce moment et, outre cet avantage, cela permet de faire quatre coupes dans les prairies irriguées, alors que, dans le midi de la France, où l'on a l'habitude de faucher plus tardivement, on ne peut en faire que trois.

Suivant Mathieu de Dombasle, l'illustre agronome lorrain, dans les prairies qui ne donnent qu'une seule coupe, il est bon d'attendre que la majeure partie des bonnes plantes soient en pleine floraison, car, en fauchant plut tôt, il pourrait y avoir quelque chose à perdre sur la quantité du fourrage. Mais on ne doit pas dépasser cette époque, car l'on perdrait alors *beaucoup sur la qualité*.

Là où l'on peut compter sur une seconde coupe, il convient de devancer cette époque d'une huitaine de jours; on obtiendra ainsi un fourrage de meilleure qualité, et ce qu'on pourra perdre sur la quantité sera compensé par un excédent dans la coupe suivante.

L'époque de la pleine floraison arrive d'ordinaire du 15 au 25 juin, dans la région du nord de la France, mais elle peut être avancée ou reculée suivant les circonstances météorologiques du printemps et du commencement de l'été.

En automne, la décroissance de la température ne permet plus d'attendre la floraison. On coupe dès que le gazon est bien fourni. Sous notre climat, lorsque la fauchaison du regain dépasse la mi-septembre, le fanage de la récolte est soumis à de périlleuses casualités et même, par les beaux jours, la dessiccation devient fort lente.

Pour les prairies artificielles, il y a deux cas à considérer : la consommation en vert et la fabrication du foin.

Il n'est pas douteux que les fourrages légumineux distribués *en vert* profitent plus au bétail que lorsqu'ils sont consommés à l'état sec. Il y a plusieurs causes à cela : l'expérience prouve d'abord qu'ils sont d'une digestibilité plus facile et que, par conséquent, l'animal peut assimiler une plus grande proportion des éléments nutritifs ingérés à l'état de fourrage vert; par exemple, le coefficient de digestibilité de la protéine brute d'un trèfle vert pas trop avancé était de 72 p. 100, tandis que dans le foin de trèfle, il ne dépasssait pas 55 p. 100. Pour produire le même effet dans l'alimentation, il aurait donc fallu donner en foin de trèfle 182 kilogrammes de matière azotée brute, au lieu de 138 seulement sous forme de trèfle vert ; de plus, pendant la dessiccation, les fourrages légumineux perdent une portion importante de leurs feuilles, et cela diminue considérablement leur richesse en principes nutritifs. Cette perte en poids brut de fourrage atteint parfois un quart de la récolte.

La consommation des fourrages en vert oblige à faucher les plantes à différentes époques de leur évolution vitale, car elle est successive ; si l'on ne la commençait qu'à la floraison, on devrait le plus souvent la prolonger jusqu'au moment où, la fructification achevée, les plantes se lignifient, perdent la plupart de leurs feuilles et la plus grande partie de leur valeur nutritive. Schwerz recommande de commencer à faucher le trèfle aussitôt que la faulx peut le saisir, parce qu'à cet état de croissance il produit plus de lait. C'est du reste le seul moyen qui permette de régler les coupes pour qu'elles se succèdent sans interruption.

Schweitzer dit que c'est agir d'une manière tout à fait inattentionnelle que d'attendre pour commencer à couper le trèfle qu'il ait formé ses boutons à fleurs, et que, dans ce cas, on n'aura pas longtemps à se réjouir de la quantité de lait et des autres avantages que procure l'emploi du trèfle vert, avantages qu'on n'obtient que du jeune trèfle. Nous commençons, dit-il, souvent à le faucher avant qu'il ait atteint 13 centimètres de hauteur. Plus tôt on commence à le couper, plus tôt il repousse.

Ces données de la pratique agricole sont en parfait accord avec les principes de l'agronomie, comme nous le verrons plus loin.

Quand on veut transformer en foin les prairies artificielles, à quelle époque doit-on les faucher ?

Voici ce que nous dit Mathieu de Dombasle :

Le sainfoin doit se couper lorsqu'il est en pleine floraison et avant la maturité des semences les plus avancées.

Pour la luzerne, la floraison n'est pas un indice certain de l'époque convenable pour le fauchage, car, dans beaucoup de circonstances, lorsque la luzerne ne montre encore qu'un petit nombre de fleurs, ou même n'en montre pas du tout, on remarque que la croissance des plantes s'arrête; et, si on les observe avec attention, on trouve que leurs tiges se dégarnissent de leurs feuilles par le bas et sur une partie de leur longueur, ou que les plantes poussent de nouveaux jets du collet des racines. Quelquefois aussi, pour les coupes de la fin de l'été, les feuilles des plantes sont piquées, c'est-à-dire présentent des points noirs qui indiquent une suspension de leur végétation. Dans tous ces cas, on ne peut que perdre à retarder la coupe ; et les plantes repoussent vigoureusement après le fanage, si la saison le permet encore, tandis qu'elles n'eussent aucunement profité si l'on eût laissé les anciennes tiges debout.

Le trèfle doit se couper lorsque les plantes sont en pleine floraison; cependant, lorsqu'il arrive que la récolte est versée et que les feuilles inférieures jaunissent ou tombent, on ne doit pas retarder la fauchaison.

Dans les vesces, la floraison dure fort longtemps, et les premières gousses sont souvent mûres, lorsque les tiges s'allongent encore et produisent de nouvelles fleurs. Si la récolte n'est pas fortement couchée, il convient d'attendre, pour la faucher, que les premières gousses approchent de la maturité. La dessiccation sera plus facile et le fourrage plus abondant.

Quant aux fourrages artificiels composés d'une seule espèce de graminées, ray-grass, fromental, dactyle pelotonné, fléole, etc., on doit les couper de très bonne heure, aussitôt que les épis ou panicules sont bien développés et que la floraison commence ; sans cela, on n'obtient qu'un fourrage dur et de qualité inférieure.

Nous compléterons les observations pratiques qui précèdent par les considérations suivantes relatives à la digestibilité des fourrages, selon l'âge auquel on les récolte.

A mesure qu'une plante croît, se développe, il s'opère en son sein de continuels changements, tant au point de vue de la solubilité de ses principes constituants qu'à celui de leur quantité relative. La composition d'un végétal en vie n'est pas la même deux jours de suite. Dans les jeunes plantes ou les jeunes organes, où les cellules se multiplient avec rapidité, les éléments protéiques sont plus abondants, et ils sont plus solubles que dans les mêmes plantes, les mêmes organes, arrivés à un état de végétation plus avancée. Avec l'âge, la quantité de matière protéique croît bien moins rapidement que la quantité d'hydrates de carbone, et, en même temps, une partie de ceux-ci deviennent insolubles en se transformant en ligneux. Des analyses de trèfle et de luzerne, faites à différentes époques de végétation, mettent cette loi en parfaite évidence :

DATE DE LA COUPE du fourrage.	100 PARTIES DE FOIN CONTIENNENT :				
	Eau.	Protéine,	Extractifs et graisse.	Ligneux.	Cendres.
1º Trèfle rouge (Émile Wolff).					
Très jeune...............	16,7	21,9	26,9	24,7	9,8
13 juin.................	16,7	13,8	29,5	32,8	7,2
23 —	16,7	11,2	33,4	32,9	5,8
20 juillet...............	16,7	9,5	26,5	41,7	8,6
2º Luzerne (Ritthausen).					
24 avril...............	16,7	28,7	27,7	18,3	8,6
22 mai.................	16,7	21,9	29,1	22,6	9,7
3 juillet...............	16,7	14,8	20,9	40,4	7,2
3º Prairie naturelle.					
Regain (jeunes herbes).	14,2	9,5	45,4	23,5	6,6
Foin (pleine fleur).....	15,0	8,4	43,9	26,8	6,7

D'où la conclusion que le ligneux ne fait qu'augmenter pendant que la protéine diminue proportionnellement, et que, si les extractifs non azotés s'accroissent jusqu'à une certaine époque, à partir de là ils décroissent rapidement. Partant, nous dirons avec Stochardt que c'est une grande faute de commencer la fenaison trop tard, quand l'herbe est déjà trop mûre. Les herbes jeunes et tendres sont fortement nourrissantes, vu leur richesse en protéine et la solubilité de leurs principes ; elles sont aussi nourrissantes que les grains (eau déduite), tandis que les vieilles ne valent pas plus que de la paille.

Il faut ajouter à cela que les foins d'herbes jeunes sont d'une digestion plus facile que ceux faits trop tard. La digestibilité est en effet largement influencée par la constitution de l'aliment. Cette influence est incontestable, car les états moléculaires variables qu'affectent les différents principes nutritifs les rendent plus ou moins facilement attaquables par les sucs digestifs. Cet état moléculaire varie, non seulement avec chaque plante, mais il change aussi pour chacune avec le degré d'avancement de la végétation. Ainsi les jeunes pousses des herbes sont presque complètement digestibles, tandis qu'à leur maturité complète leur digestibilité est bien moindre. C'est de quoi les résultats de nombreuses expériences donnent une preuve irréfutable. Pour n'en citer qu'une, disons que du trèfle, coupé à la fin de la floraison, a livré à la digestion :

> 15,4 p. 100 de protéine ;
> 12,0   —   d'extractifs non azotés ;
> 20,7   —   de graisse ;
> et 21,0   —   de ligneux.

de moins que le même trèfle coupé un peu avant la floraison.

Ainsi, sous le rapport de la matière azotée et sous celui de la digestibilité, il importe de ne pas retarder la coupe des fourrages.

Nous ajouterons que les coupes hâtives et convenablement répétées, quand cela est possible, fournissent aussi la plus grande masse de fourrages, de la meilleure qualité.

A Hohenheim, la récolte d'un gazon bien exposé au soleil, ayant fourni deux coupes au 12 juin, a livré une quantité totale de substances protéiques de moitié supérieure à celle obtenue lors d'un fauchage unique : le rapport entre les produits en matières protéiques a été de 668 à 434, la proportion centésimale en albumine étant, dans le premier cas, de 20,4 et, dans le second, de 16,3, et le total de substance sèche récoltée a été respectivement de 3 274 et de 2 662 kilogrammes. Un champ de trèfle a donné lieu à des observations semblables à Proskau : trois coupes ont livré ensemble 3 222 kilogrammes de substance sèche et 676 kilogrammes de protéine brute par hectare, et deux coupes 3061 kilogrammes de substance sèche, contenant seulement 437 kilogrammes de protéine brute (Emile Wolff).

Aussi dirons-nous, pour terminer, que c'est une grande faute de commencer la fenaison trop tard, non seulement au point de vue de la quantité absolue de principes nutritifs recherchés, mais encore à celui de leur digestibilité.

Coupe des fourrages.

La coupe des fourrages s'exécute soit avec la faulx, soit avec la faucheuse.

De tous les instruments de coupe à bras, la faulx est celui auquel il convient de donner la préférence pour la récolte des fourrages. Il n'y en a pas, en effet, qui permette de coucher les herbes sur le sol avec plus de célérité, ni dont l'emploi soit plus économique. Avec la faulx, grâce à l'obliquité relative du manche et de la lame, l'ouvrier peut tondre l'herbe aussi près du sol qu'on peut le désirer, tout en conservant une position commode. La faucille et la sape, que l'on emploie pour la moisson, forceraient l'homme à se placer à genoux ou à se plier en deux, pour faire un travail qui, malgré tout, resterait inférieur.

Nous ne donnerons pas la description de la faulx, c'est un instrument trop répandu pour que cela soit nécessaire. Nous nous bornerons à mettre sous les yeux du lecteur la figure d'une faulx munie d'un playon pour

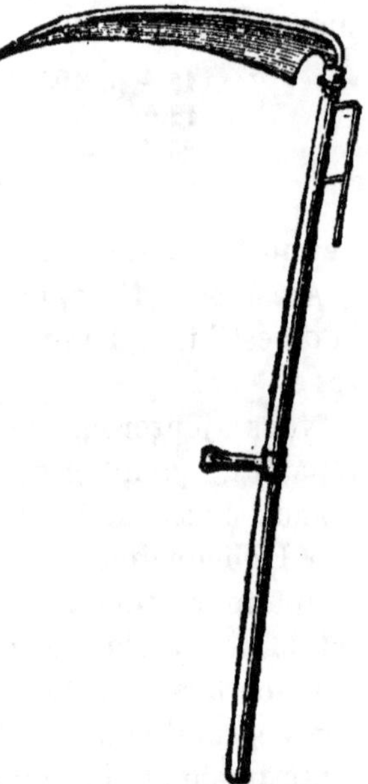

Fig. 91. — Faulx.

la coupe en andains réguliers des prairies artificielles.

Le travail du faucheur avance avec d'autant plus de rapidité que les fourrages sont plus clairs et moins résistants. La largeur du train que parcourt la faulx dans son mouvement circulaire est constante pour chaque ouvrier. Il n'y a que l'épaisseur de la zone dénudée par le coup de faulx qui puisse varier, et qui varie avec le pas en avant du faucheur. L'avancement de celui-ci peut être d'autant plus grand, dans une certaine limite, que la résistance à la coupe est moins grande. C'est pourquoi on abat dans une journée une plus grande étendue de prairie artificielle que de prairie naturelle.

Sous l'action de la faulx, toutes les herbes coupées sont ramenées sur la gauche du faucheur et y forment un andain plus ou moins régulier ; pour couper les prairies de légumineuses qui ne doivent pas être soumises au fanage proprement dit, et qui ont besoin d'être placées en andains réguliers, on arme la faulx d'un playon.

La perfection dans le travail du fauchage consiste à couper les tiges le plus près possible de terre. Il faut, en outre, que la faulx soit dirigée de façon à ne laisser après son passage qu'un tapis de velours bien ras et sans aucune irrégularité. L'ouvrier pourra faucher d'autant plus ras que le terrain sera plus uni et plus dépourvu de mottes de pierres et de taupinières. L'épierrage et le roulage des prairies au printemps ainsi que l'étaupinage sont des travaux d'une importance manifeste, car, en dehors de leur utilité spéciale, ils ont pour effet d'accroître sensiblement le rendement en foin en facilitant un meilleur fauchage.

Pour que le sol fauché forme un tapis sans inégalités, il faut que l'ouvrier soit habile et sache faire l'effort nécessaire pour faire décrire à sa faulx son mouvement circulaire de droite à gauche dans un plan parallèle à la surface du terrain. S'il n'abaisse pas assez tôt le talon de sa faulx, quand il attaque la droite de son train, et s'il se relève trop tôt sur sa gauche, la lame, au lieu de manœuvrer dans un plan horizontal, se meut suivant une surface cylindrique, comme le montre le schéma suivant. L'herbe est coupée très près du sol en B, quand la faulx passe vis-à-vis le faucheur ; mais la longueur des chaumes s'accroît régulièrement à sa droite et à sa gauche en A et C (fig. 92).

Comme l'andain est formé en C, l'imperfection du travail est masquée pendant son exécution pour le cultivateur débutant, qui n'est pas au courant de la pratique du fauchage. Il ne s'en aperçoit que lorsque le fourrage est enlevé, car alors chaque train du faucheur forme comme une allée garnie de chaque côté d'une bordure de gazon plus élevé. Le praticien n'ignore pas que, pour juger du travail de la faulx, ce n'est pas le terrain situé derrière l'ouvrier qu'il faut examiner, mais celui qui se trouve placé à sa gauche, sous l'andain, qu'on

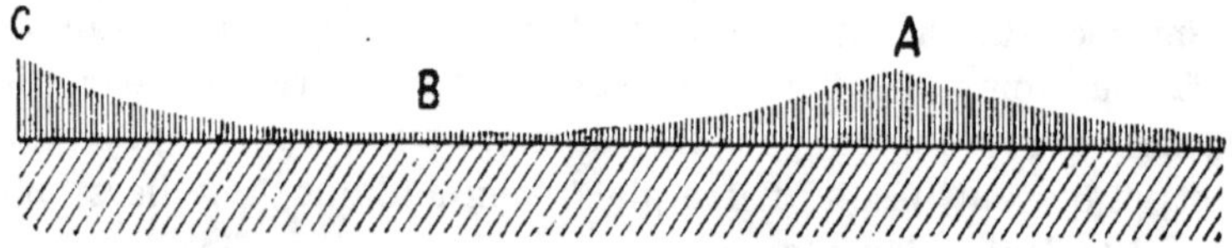

Fig. 92. — Schéma d'un mauvais coup de faulx.

rejette sur le côté avec le pied. Si le travail est bon à cet endroit, il est bon partout.

Cette observation a une importance plus grande qu'on ne saurait le croire au premier abord, surtout dans les prairies naturelles, et spécialement lors du fauchage des regains. Un faucheur malhabile ou paresseux fera perdre facilement un dixième de la récolte. On ne saurait donc apporter trop de soin au choix et à la surveillance des ouvriers. Il vaut mieux les surpayer, s'ils le méritent, que de les prendre au rabais.

En ce qui concerne le choix de la faulx, on doit s'en rapporter aux habitudes des ouvriers. Pour chaque faucheur, le meilleur outil sera toujours celui au maniement duquel il est accoutumé ; et il y a plus d'inconvénients que d'avantages à vouloir, sous ce rapport, modifier les coutumes locales. Du moment que l'herbe est coupée bien régulièrement et rez de terre, c'est tout ce qu'il importe. Que la faulx soit grande ou petite, vosgienne, champenoise, picarde ou bretonne, l'étendue coupée ne variera pas sensiblement avec un bon ouvrier possédant bien son outil en mains.

Le fauchage, le plus souvent, s'exécute à la tâche. C'est la méthode la plus économique, mais c'est aussi celle qui demande de la part du cultivateur la surveillance la plus attentive. Pour avancer plus vite, les tâcherons ont une tendance à prendre les andains trop larges. Dans ces conditions, ils ne rasent pas le tapis d'assez près, surtout sur les côtés, et la défectuosité que nous avons signalée dans le travail du mauvais faucheur se produit infailliblement. L'œil du maître est la meilleure garantie contre cette malfaçon.

La quantité de travail exécuté par un faucheur est très variable. Mathieu de Dombasle dit que, dans les prairies naturelles bien garnies, mais où l'herbe n'est pas roulée ou versée, un faucheur robuste coupe habituellement dans sa journée 30 à 40 ares; qu'il n'en fait pas davantage dans les regains, même lorsqu'ils sont fort courts, parce que le travail y exige plus de soins; mais que dans les trèfles et les luzernes un homme fauche communément 40 à 60 ares, à moins que l'état de la récolte ne présente des difficultés particulières.

Emploi des faucheuses (fig. 93). — Aujourd'hui que la main-d'œuvre devient rare et chère et que ce phénomène économique va en s'accentuant de plus en plus, le moment est venu de remplacer le fauchage à bras par le fauchage mécanique. Dans la plupart des conditions, ce changement s'impose; mais, en outre, même dans les situations privilégiées, où la raréfaction des bras ne se fait pas aussi vivement sentir, on a avantage à faire la fauchaison à la machine. L'emploi des faucheuses met le cultivateur à l'abri des exigences des ouvriers spciaux, et la rapidité de l'exécution de la coupe diminue, dans une grande proportion, les chances de détérioration auxquelles sont exposés les fourrages. De plus, l'utilisation des machines permet d'effectuer la coupe au moment le plus opportun et contribue, par là, à assurer aux fourrages une bonne qualité et une valeur nutritive élevée.

Nous n'entrerons pas dans la description des faucheuses, cela sortirait du cadre imposé à cet ouvrage. Nous nous bornerons à faire ressortir l'économie de leur emploi. Les faucheuses sont arrivées aujourd'hui à un état de perfection telle que leur travail est au moins aussi bon que celui du meilleur faucheur. Elles coupent l'herbe aussi près du sol et présentent l'immense avantage d'abattre la récolte d'une surface considérable par journée de travail. L'andain qu'elles forment est peu pressé, peu ramassé et sèche très bien. Le fanage devient par conséquent plus rapide et plus facile.

En dix heures de travail effectif, une faucheuse, attelée de deux chevaux, coupant sur 1^m,20 de largeur, peut mettre à

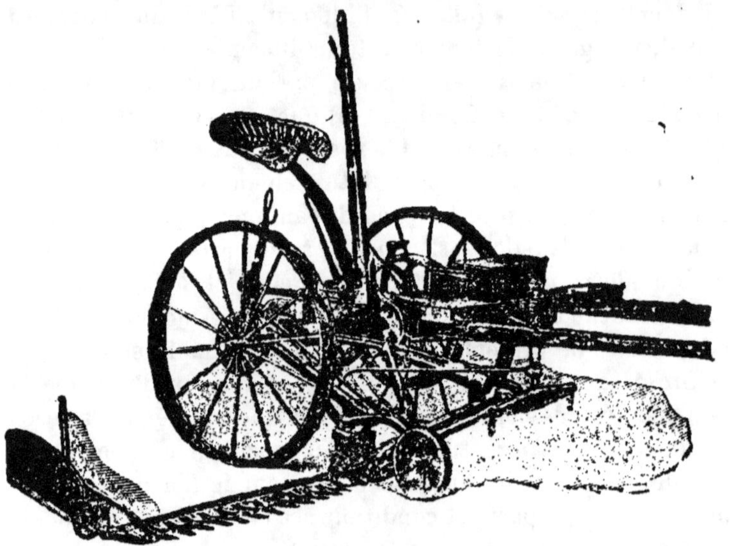

Fig. 93. — Faucheuse Wood.

terre 4 hectares de prairies. En relayant les chevaux et le conducteur, on peut facilement dépasser ce résultat.

Admettons que la machine doive s'amortir en cinq ans, ce qui est un minimum pour la durée d'une machine bien conduite; comme elle coûte environ 400 francs d'achat, il faudra prélever sur les produits de son travail une somme annuelle de 80 francs, qu'on capitalisera, pour son remplacement. Si nous supposons que nous ayons à couper, dans une ferme de 160 hectares soumise à l'assolement quadriennal, 40 hectares de fourrages à deux coupes, la faucheuse aura à travailler quarante jours en tout dans le courant de l'année. Les frais d'amortissement s'élèveront par suite à 2 francs par journée de travail réel, ou à 0 fr. 50 par hectare. Nous devons ajouter à l'amortissement l'intérêt du capital-faucheuse, à 5 p. 100 par an, soit 20 francs en tout, et 0 fr. 50 par jour de fonctionnement.

Une autre partie importante de la dépense, ce sont les réparations que la machine exige par suite d'usure et d'accidents, C'est là une dépense très variable, on le comprend sans peine. Toutefois, il ne nous semble pas inutile, pour fixer un peu les idées à ce sujet, de donner un aperçu de ce qui se passe dans la pratique. Nous n'aurons, du reste, qu'à transcrire la note suivante, publiée en 1883, dans le *Journal d'agriculture pratique*, par M. de Larclause, directeur de la ferme-école de Montlouis, dans la Vienne.

« J'ai acheté, dit-il, en 1875, à M. Pilter, une faucheuse Wood, modèle 1874, avec quatre scies et trois bielles.

« J'ai coupé avec cette machine, en 1875, 1876, 1877 et 1878, 189 hectares de prairies artificielles. L'entretien, les réparations et le remplacement des pièces usées ou cassées ont nécessité, pendant ces quatre années, une dépense de 101 francs. Depuis 1878, j'ai conservé les mémoires des diverses dépenses occasionnées par l'usage de la faucheuse, et je vais les établir, année par année, en mentionnant la nature et le prix de chaque réparation et de chaque acquisition des pièces de rechange.

« En 1879, la machine a coupé 32 hectares de luzerne et a coûté :

	fr.
Réparation de l'arbre du premier mouvement.......	15,00
1 plateau de cliquet............................	4,00
1 pignon de l'arbre du volant...................	4,00
2 guides de la bielle...........................	2,85
Réparations à une roue et boulons...............	3,50
50 sections de lame et rivets...................	20,00
4 têtes de scies................................	11,00
Dépense en 1879.................................	60,35

« En 1880, la faucheuse a coupé 36 hectares de luzerne et à coûté :

	fr.
3 têtes de scies et boulons	15,50
4 doigts et 4 guides	13,00
Réparations diverses	15,00
9 bielles soudées	6,75
2 scies soudées	3,00
25 sections de lame et rivets	10,00
Dépense en 1880	63,25

« En 1881, la faucheuse a coupé 55 hectares de luzerne et trèfle et a nécessité les dépenses suivantes :

	fr.
12 boulons de guides	3,00
4 doigts	9,00
4 têtes de scies	11,00
1 levier et une fourche d'embrayage	9,50
2 guides de la lame	3,00
2 bielles soudées	6,00
Réparations diverses	3,00
40 sections de lame et rivets	14,00
Dépense en 1881	58,00

« La rupture fréquente de la scie et de la bielle était une cause continuelle d'arrêts, de pertes de temps et de dépenses. J'ai reconnu qu'elle était due à l'usure du grand sabot. En 1882 j'ai fait ajouter à cette pièce, au moyen de rivets, une plaque d'acier, et j'ai pu faire sans accident la première coupe des luzernes. Mais, cette plaque s'étant usée, le jeu existant a de nouveau fait casser les bielles et les scies; je me suis décidé à remplacer le grand et le petit sabot, malgré la dépense que nécessitait cette grosse réparation. J'ai pu faire placer ces deux pièces sans avoir recours à un maréchal. Depuis, j'ai fait couper 9 hectares de deuxième et 4 hectares de troisième coupe de luzerne sans la moindre avarie.

« La faucheuse a coupé, en 1882, 40 hectares de luzerne et a nécessité les dépenses suivantes :

	fr.
4 doigts	9,00
Petite roue du sabot et sa vis	4,50
Grand sabot et son support	52,75
Petit sabot	14,50
Réparations diverses	5,00
5 bielles soudées	5,75
5 scies soudées	6,25
40 sections de lame et rivets	20,00
Dépense en 1882	117,75

« En récapitulant les détails qui précèdent, la faucheuse a coupé en huit années 352 hectares de luzerne, trèfle et sainfoin, et a occasionné une dépense de 399 fr. 35, soit par an une dépense de 49 fr. 80 et par hectare de 1 fr. 13. »

Nous pouvons, d'après ce qui précède, établir d'une manière très approchée le prix de revient de la journée de travail de la faucheuse et celui de la coupe de l'hectare de prairie :

	fr.
Un conducteur et un aide	10,00
Quatre journées de cheval	20,00
Graissage	0,50
Intérêt et amortissement	2,50
Réparations	5,65
Total	38,65

Comme, dans ces conditions, on coupera au moins 5 hectares par journée de travail, la dépense sera par hectare de « 7 fr. 93 » au maximum, car nous avons plutôt exagéré les dépenses.

Dessiccation des fourrages ou fanage.

La dessiccation ou le fanage des foins comporte une série de manipulations que nous allons décrire, en indiquant en même temps les outils et les instruments nécessaires.

Le fanage s'opère différemment suivant qu'il s'agit de faire du foin de graminées ou de prairies naturelles, ou bien du foin de légumineuses ou de prairies artificielles.

1° *Foin de pré.* — Le fanage du foin du pré se fait à l'aide d'outils à bras ou avec des machines perfectionnées, ou avec

les uns et les autres. Nous allons décrire sommairement la
méthode ancienne, puis la méthode exclusivement mécanique. Il sera facile ensuite d'imaginer les diverses méthodes
mixtes que l'on peut suivre suivant les circonstances.

Les outils que l'on emploie pour le fanage manuel sont la
fourche en bois (fig. 94)
et le fauchet (fig. 95)
Mathieu de Dombasle
recommande d'opérer
comme il suit :

« Aucun travail de
fanage ne se fait le
matin, avant que la
rosée ne soit entière-
ment dissipée. Alors,
c'est-à-dire vers huit
heures, on étend, le
premier jour du fa-
nage, tous les andains
fauchés dans la jour-
née de la veille, ainsi
que ceux qui l'ont été
le matin de ce jour,
toute l'herbe fauchée
après huit ou neuf
heures restant en an-
dains pour être éten-
due le lendemain. On
retourne une fois
avant midi l'herbe
ainsi étendue, et, le
soir, avant la rosée,

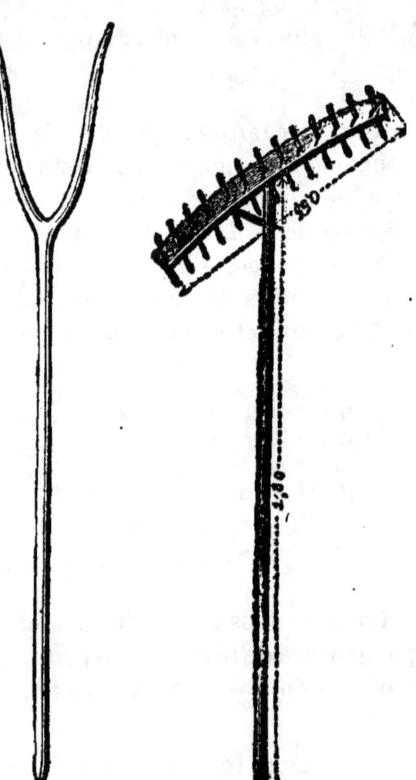

Fig. 94.
Fourche en bois.

Fig. 95. — Fauchet.

on met l'herbe en chevrottes ou petits tas, selon l'état de
dessiccation où elle se trouve. Les chevrottes sont formées
de la quantité d'herbe qui peut produire 5 ou 6 livres de
foin, et quatre ou cinq chevrottes forment un petit tas. En
principe général, on réunit le foin en tas plus ou moins
gros, à mesure que sa dessication est plus avancée, et on ne

met en chevrottes que celui qui, à cause de la nature des herbes ou de leur abondance, ou à cause de l'état de l'atmosphère, n'a perdu dans la première journée qu'une petite partie de son eau de végétation, Le travail de cette première journée n'exige pas que l'atelier soit complet, puisqu'on n'a pas encore à s'occuper du foin de plusieurs journées.

« Le second jour, vers huit heures, on étend, de même qu'on l'a fait la veille, tous les andains fauchés jusqu'à ce moment; ensuite on étend les chevrottes, puis les tas. Dès que cette opération est terminée, on commence à retourner la première herbe étendue, puis successivement tout le reste. On recommence ainsi dans le même ordre cette opération pendant toute la journée, jusque vers quatre heures du soir. Plus souvent on retourne le foin, plus promptement il sèche. Dans les temps chauds et secs, surtout s'il fait du vent, le foin des andains étendus la veille est ordinairement bon à être rentré dans l'après-midi de cette seconde journée. S'il n'est pas suffisamment sec, il le sera du moins presque toujours assez pour pouvoir être mis en gros tas (ou meulons). S'il n'était qu'aux trois quarts sec, on mettrait en moyens tas. Le foin des andains étendus le matin sera mis en chevrottes ou en petits tas, selon l'état de la dessiccation.

« Le troisième jour et les jours suivants, les opérations sont les mêmes que dans le second, à la réserve des gros et moyens tas, s'il en existe, que l'on étend toujours les derniers dans la matinée. Le foin qui était en moyens tas n'a besoin, communément, que d'être étendu sur un espace assez resserré autour de la place qu'occupait le tas, et retourné une ou deux fois au milieu du jour pour pouvoir être chargé ou mis en gros tas. Quant au foin qui a passé la nuit en gros tas, il ne faut ordinairement qu'ouvrir et élargir ces derniers sans étendre complètement le foin, pour qu'il soit bientôt suffisamment sec. Les gros tas peuvent même rester plusieurs jours en cet état, et la dessiccation du foin s'y achève par l'effet de la fermentation insensible qui s'y opère. Si ces tas ont été faits avec soin, le foin y est à peu près aussi en sûreté contre les pluies que s'il était logé dans le fenil.

« On doit mettre une grande attention dans la construction

des tas de toutes dimensions, et c'est par là que l'on pèche le plus généralement dans le travail des fenaisons, excepté dans quelques cantons où ces opérations sont particulièrement bien entendues. C'est principalement de la manière dont les tas sont construits que dépend le salut du foin, quand le temps devient pluvieux; car on trouvera dans une prairie que les tas mal exécutés ont été pénétrés par la pluie jusqu'au centre, tandis que l'eau a glissé sur la surface de ceux qui avaient été bien faits et n'a pénétré qu'une épaisseur de quelques centimètres, qui se desséchera ensuite promptement sans qu'on y touche.

« Les tas doivent être régulièrement coniques, en forme de pain de sucre, sans s'incliner d'un coté ou de l'autre et sans que leur surface présente, dans aucune partie, des retraits ou des enfoncements par où l'eau pénètre toujours. On ne doit donner à la base, selon la hauteur du tas, que le diamètre nécessaire pour que ce dernier soit bien solide et que les vents ne puissent le renverser. Toutes les parties du tas, mais surtout le pourtour, doivent être tassées uniformément depuis la base jusqu'au sommet. Il est nécessaire de tasser ainsi fortement le foin en construisant le tas, parce qu'il se tasserait ensuite de lui-même, surtout s'il survient de la pluie, en sorte que le tas prendrait une forme aplatie et serait facilement pénétré par l'eau. Ainsi, si le tas est trop élevé pour que l'ouvrier qui le construit puisse tasser le foin avec les bras en restant à terre, il doit monter sur le tas et y arranger et tasser le foin, à mesure que d'autres ouvriers le lui donnent. Lorsque le tas est presque terminé, on en peigne avec soin la surface extérieure avec le râteau, et l'on place sur le sommet le foin que l'on a fait tomber par cette opération, ainsi que celui qui provient du râtelage soigné que l'on exécute aux environs du tas. Le tout est tassé comme le reste au sommet, et l'ouvrier ne descend que lorsque le tas est complètement terminé. Dans une grande fenaison, le chef doit surveiller et diriger la construction de tous les tas, sans s'attacher lui-même à en construire quelques-uns, pendant que tous les autres sont mal exécutés.

« Le fanage méthodique que j'ai décrit suppose que le temps

est resté constamment beau; mais, s'il est pluvieux ou incertain, il faut bien faire plier la régularité des opérations aux exigences du moment. On doit alors se proposer comme règle invariable qu'il ne se trouve jamais de foin étendu sur la terre lorsque la pluie survient, non plus que pendant la nuit, même par les beaux temps. Toute herbe doit être, dans ces deux circonstances, en andains, en chevrottes, ou en tas plus ou moins gros, selon l'état de sa dessiccation. Si le foin a été surpris une seule fois par la pluie, étendu sur le sol, il perdra beaucoup de sa belle couleur verte et de l'arome qui caractérisent le foin de bonne qualité. Il y a néanmoins ici une considération qu'il importe de ne pas perdre de vue : l'eau des pluies nuit d'autant plus à la qualité du foin qu'il était déjà plus avancé dans sa dessiccation. Tant que l'herbe conserve encore ses sucs, et, en quelque sorte, sa vie, l'eau ne fait que glisser sur sa surface, tandis qu'elle en pénètre toute la substance comme une éponge lorsqu'elle est déjà presque sèche. En cas de pluie imprévue, c'est donc toujours le foin le plus avancé dans sa dessiccation qu'il faut se hâter de soustraire à son influence en le mettant en tas. L'herbe, tant qu'elle est en andains, souffre peu de l'action des pluies même prolongées; mais, au bout de trois à quatre jours, elle commence ordinairement à jaunir dans le dessous des andains, qui est privé du contact de l'air. On doit alors retourner les andains en les faisant changer de place, mais sans changer la disposition de l'herbe dans l'andain. Après une forte averse qui a battu et collé les andains contre le sol, on se contente de les soulever sans les déranger et sans les changer de place. Si les chevrottes ont été pénétrées par la pluie, on laisse d'abord bien se dessécher le dessus, puis on les retourne sans les étendre si la pluie est encore menaçante.

« Dans les temps incertains, on se garde bien d'étendre les tas petits ou gros, mais on les visite souvent ; et, s'il s'y manifeste une trop forte chaleur, ou si l'on craint qu'ils ne contractent intérieurement de la moisissure, on les démonte pour les reformer immédiatement, en s'efforçant de saisir pour cette opération un instant où l'extérieur du tas est ressuyé, afin d'éviter de renfermer dans l'intérieur l'humidité que

contenaient ces parties. On suspend le fauchage lorsqu'on a
sur la terre les andains de vingt-quatre heures de travail ; car,
quoique l'herbe coure peu de risques par l'effet de la pluie dans
ces andains, il se trouverait qu'on en aurait une trop grande
quantité à manœuvrer au moment où le retour du beau temps
permettra de reprendre les opérations du fanage ; on ne doit
jamais avoir à la fois sur terre que là quantité de foin que l'on
peut traiter avec perfection et mettre en tas promptement,
si les circonstances l'exigent, à l'aide de l'atelier dont on dispose ; on profite de tous les intervalles de beau temps pour
traiter le foin des andains que l'on a étendus, pour étendre
momentanément les petits tas, afin d'en former ensuite de
moyens, si la dessiccation est suffisamment avancée, et l'on
s'efforcera d'obtenir, par les mêmes moyens, dans le foin qui
compose ces derniers, une dessiccation suffisante pour qu'on
puisse le mettre en gros tas, qu'on laisse subsister jusqu'à ce
qu'il soit possible de les rentrer.

« Pour le fanage des premières coupes dans les prairies
naturelles, on calcule généralement que l'atelier doit être composé d'un nombre de femmes quadruple de celui des faucheurs
pour que le travail marche avec régularité, sans retard et
sans interruption pendant plusieurs jours consécutifs. Si les
ouvrières sont très actives et dirigées avec intelligence, on
pourrait diminuer un peu ce nombre et le réduire à trois
femmes par faucheur ; cependant, comme la bonne qualité
du foin dépend essentiellement de l'à-propos avec lequel
sont exécutées les diverses opérations de cet atelier, on fera
toujours bien, lorsqu'on le pourra, de l'établir plutôt au-dessus qu'au-dessous du nombre rigoureusement nécessaire.
Un homme intelligent, actif et très expérimenté, doit être
à la tête de cet atelier. Dans ce nombre de faneurs ne sont
pas compris les ouvriers nécessaires pour charger les voitures,
décharger, arranger le foin sur les meules ou dans les granges
Cet atelier doit être composé d'hommes robustes et actifs,
et presque en nombre supérieur à celui des faucheurs, si la
récolte est abondante. »

La méthode manuelle, que nous venons de décrire, pour
effectuer la récolte des prairies naturelles et artificielles de

graminées, est certainement très bonne. Mais il faut se hâter de dire qu'elle devient de plus en plus impraticable, par suite de la rareté et de la cherté de la main-d'œuvre. Poussés par l'impérieuse nécessité, les agriculteurs et les ingénieurs agricoles ont réussi à créer un outillage complet, au moyen duquel les diverses manipulations que nécessite la récolte des fourrages peuvent se faire avec peu de main-d'œuvre et même, dans certains cas, sans qu'il soit nécessaire de recourir à d'autres ouvriers qu'à ceux que la ferme occupe constamment.

Dans la méthode mécanique, qui est essentiellement une méthode économique et rapide, la fauchaison d'abord, au

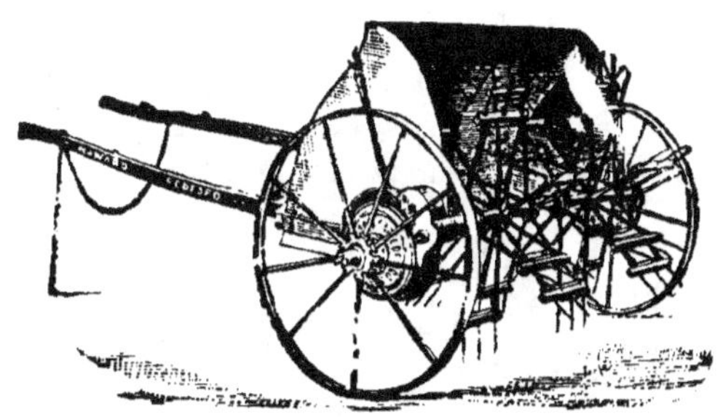

Fig. 96. — Faneuse.

lieu d'être exécutée à bras d'hommes au moyen de la faulx, s'exécute à la faucheuse.

Nous avons démontré déjà l'économie qui résulte de cette substitution ; nous n'y reviendrons donc pas.

Dans l'opération du fanage, l'éparpillement des andains que la faucheuse forme sans trop ramasser ni tasser l'herbe, au lieu d'être exécuté à l'aide du fauchet ou de la fourche en bois, s'opère au moyen de la faneuse (fig. 96). Cet appareil, traîné par un cheval et conduit par un homme, consiste essentiellement en deux ou quatre tambours portant à leur périphérie des fourches à deux ou quatre dents, qui sont animées d'un mouvement rapide de rotation autour de l'axe du tambour. On peut, à volonté, faire tourner les fourches en accrochant on en décrochant, pour que leur action de projection soit plus

ou moins efficace. Leurs pointes peuvent être à volonté plus
ou moins rapprochées du sol. La faneuse Nicholson, dont la
figure est ci-contre, est une des plus anciennes et des plus
recommandables. On fabrique aujourd'hui des faneuses à
fourches automatiques très recommandables. La figure 97 en
reproduit le type. Depuis plus de soixante ans, les faneuses
fonctionnent en Angleterre avec un grand succès; elles sont
entrées maintenant dans la pratique de l'agriculture française,
où elles sont justement appréciées depuis que l'on a reconnu

Fig. 97. — Faneuse à fourches.

qu'une bonne machine peut aisément faire la besogne de quinze
à vingt ouvriers et permet au cultivateur de rentrer le soir,
lorsque le temps est convenable, le produit d'une prairie fauchée le matin, en sorte qu'il suffit d'un petit nombre de beaux
jours pour assurer contre toute avarie une récolte de foin.
L'économie considérable et la facilité de travail que procure
la faneuse ne peuvent pas faire l'objet de la moindre contes-
tation.

Après avoir fané, il faut ramasser le foin pour le soustraire
à l'action de la rosée des nuits. C'est avec le râteau à cheval
(fig. 98) que l'on remplace le fauchet. Cet instrument est
aujourd'hui trop connu pour qu'il y ait la moindre utilité de

le décrire. La figure ci-dessous représente un râteau automatique. On peut ramasser avec ce dernier le foin en fortes roules ou boudins et faire la besogne d'au moins quinze râteleurs au fauchet, si ce n'est de vingt. Il ne reste plus alors, si le foin n'est pas assez sec pour être rentré, qu'à le mettre er tas à la main, tas que l'on fait plus ou moins gros suivant les principes exposés plus haut.

Depuis quelques années, on construit une nouvelle machine

Fig. 98. — Râteau à cheval.

pour remplacer à la fois la faneuse et le râteau; c'est le virce andain, ou râteau-faneuse (Puzenat) (fig. 99).

L'appareil sert de faneuse ou de râteau selon que les larges peignes dont il est formé, et qui sont montés sur un cylindre, tournent dans le sens contraire des roues ou bien dans le même sens. Cet instrument est recommandable comme faneuse pour la douceur de son mouvement, et la rapidité de son travail. Il permet de retourner les andains secs sur le dessus, pour exposer le dessous au soleil et au vent. Comme râteau, son action continue et sans à-coups pour le relevage fatigue beaucoup moins les animaux de trait.

Quand le foin est bon à rentrer, on le dispose en andains ou rouleaux à l'aide du râteau à cheval, et à l'aide du chargeur automatique de foin on en opère le chargement (1).

D'invention américaine, cette machine se compose d'un bâti porté par deux roues, qu'on attache à l'arrière du chariot qui s'avance au-dessus de l'andain. Les roues porteuses du chargeur commandent un tambour muni à sa périphérie de fourches, qui enlèvent le foin et le conduisent sur une toile

Fig. 99. — Râteau-faneuse.

sans fin inclinée. Celle-ci, animée d'un mouvement ascendant, l'entraîne jusque dans le chariot ; elle est formée de chaînons réunis par des barres transversales armées également de fourches pour assurer l'ascension de la récolte. Cette dernière peut être élevée jusqu'à 5 mètres de hauteur. Un embrayage permet la mise en mouvement ou l'arrêt du chargeur. Le foin arrivé sur le chariot est entassé par deux hommes.

On voit qu'il n'y a plus qu'une seule opération qui se fasse absolument à la main, la formation des tas. Mais aujourd'hui on est arrivé à faire les meulons avec un appareil spécial, dont il sera question dans un instant.

(1) Voy. Coupan, Machines de récolte (*Encyclopédie Agricole*).

2° *Dessiccation des fourrages artificiels de légumineuses.* — Pour les foins de prairies artificielles composées de légumineuses, comme la luzerne, le trèfle, le sainfoin, les vesces, etc., le traitement doit être dirigé tout autrement. « Les feuilles, qui sont la partie la plus précieuse de ces végétaux, se détachent très facilement dans le fanage et restent perdues sur le sol en s'échappant entre les dents du râteau, tandis que les feuilles longues des graminées se laissent facilement amasser par cet instrument ; pour éviter cette perte, on ne doit jamais étendre sur le sol les légumineuses après le fauchage, mais procéder à leur dessiccation en les laissant constamment en andains, en chevrottes ou en tas plus ou moins gros, selon l'état de dessiccation où le foin se trouve. Ainsi, on laissera en andains, pendant un, deux ou trois jours selon les circonstances, l'herbe fauchée ; et, lorsque les andains seront desséchés à peu près à moitié de leur épaisseur, on les retournera sans les étendre, ou on en formera les chevrottes, qu'on laissera encore pendant un jour ou deux, pour en former des tas petits ou moyens, selon que la dessiccation sera plus ou moins avancée.

« Les petits tas seront vraisemblablement assez secs, après une couple de jours, pour être mis en gros tas. Quand même on trouverait que le foin des andains ou des chevrottes est très sec, comme cela arrive par des temps très secs et venteux, on ne devra jamais le rentrer sans l'avoir mis en tas, qu'on laisse subsister pendant quelques jours. Il arrive presque toujours alors que les feuilles qui se brisaient sous le râteau, au moment où on a mis le foin en tas, reprennent de l'humidité peu de temps après, parce que les tiges grosses et charnues de ces plantes n'étaient pas sèches jusqu'au cœur, et l'humidité qu'elles contenaient se communique aux autres parties, lorsque la masse a été tassée pendant quelque temps. Si le foin eût été rentré dans cet état, il n'eût pu se bien conserver ; mais l'humidité surabondante, lorsqu'elle n'est pas très considérable, se dissipe dans l'espace de quelques jours, par l'effet de la chaleur modérée que produit la fermentation dans une masse de faibles dimensions, où les gaz qui se dégagent trouvent facilement leur issue à l'extérieur. Lorsqu'on juge que le foin d'un tas qui a ainsi subsisté pendant vingt-quatre heures au moins est suffisamment sec pour être rentré, on peut être assuré qu'il n'y a pas d'illusion et que l'intérieur des tiges n'est pas plus humide que les feuilles et les parties extérieures qui se mettent les premières en contact avec la main de l'observateur. La dessiccation des fourrages de cette espèce s'opérant en grande partie pendant qu'ils sont en tas, il est encore plus important que pour les foins de prairie naturelle d'établir ces tas avec les soins que j'ai indiqués » (M. de Dombasle).

Cette méthode manuelle de dessiccation des fourrages de légumineuses peut être remplacée avantageusement, surtout pour les années de fenaison pluvieuse, par la suivante, qui, à la fois, réduit au minimum le remûment du fourrage et la perte des feuilles, par suite permet une dessiccation parfaite même par un mauvais temps et est très économique. C'est la méthode du dressage, ou des moyettes. Elle est employée dans le département de l'Aube depuis 1816 et, depuis, elle a été appliquée sans interruption et toujours avec succès.

L'herbe étant coupée et disposée en andains, on emploie deux femmes à la construction d'une moyette de fourrage que l'on forme à l'aide de deux petites brassées, représentant un poids de 50 kilogrammes environ.

Ces deux brassées de fourrage vert sont placées à côté l'une de l'autre, dans une position un peu oblique à la verticale, les inflorescences en haut, de manière à former un volume conique reposant sur le sol par la base, et attaché au sommet par un lien de même fourrage.

Le travail se fait en trois temps. Dans le premier temps, les deux femmes ramassent simultanément le fourrage vert sur l'andain qui vient de tomber sous l'action de la faulx.

Dans le deuxième temps, les deux brassées sont portées sur un point commun et libre de l'andain et redressées dans la position décrite.

Dans le troisième temps, enfin, l'une des femmes tient la moyette dans la position voulue, pendant que l'autre fabrique le lien avec le fourrage et l'attache au sommet.

Par ce seul moyen, les fourrages mûrissent, se dessèchent et se conservent parfaitement. M. Duplessis, professeur départemental d'agriculture du Loiret, a vu dans la ferme de M. Ch. Lefèvre, près de Patay, des fourrages artificiels de luzerne et de trèfle, disposés en moyettes depuis huit jours, alternativement pluvieux et secs, qui ont donné un foin parfaitement fait, de couleur verte passant au brun et à odeur très aromatique. La partie extérieure de la moyette avait bien été blanchie un peu sous l'action des pluies, mais, mélangée à l'ensemble, elle n'en altérait nullement la qualité. Nous avons nous-même pu, pendant trente-six ans, suivre l'emploi de cette méthode en Beauce, et nous avons reconnu son excellence sous le rapport de la qualité du fourrage obtenu par le mauvais temps et sous le rapport de l'économie. Nous donnons ci-contre la photographie d'un champ de luzerne mise ainsi en moyettes (fig. 96).

La dépense à l'hectare, pour exécuter le travail, est d'environ 7 francs, tandis que le fanage ordinaire revient à 12 francs; l'économie est donc de plus du tiers; sans compter que le fourrage n'étant remué que vert, il n'y a pas de perte de feuilles, d'où il suit que le fourrage récolté est plus abondant et plus riche.

Dans les deux procédés précédents, on doit aujourd'hui remplacer la faulx par la faucheuse. L'emploi du râteau à cheval est aussi indispensable dans le premier pour ramasser le fourrage avant de faire les tas, et dans les deux pour recueillir les reliquats de foin après le chargement.

MM. Perrot et Rivet de Courville (Eure-et-Loir) construisent un forme-andain très ingénieux qui peut s'adapter au porte-lame de toute faucheuse, et prépare un andain régulier très avantageux pour la mise en moyette.

Certains cultivateurs emploient, pour couper les luzernes ou sainfoins, une faucheuse combinée, montée en javeleuse. Les javelles sont ainsi toutes prêtes pour la formation des moyettes. Ce procédé est avantageux.

Enfin un procédé très économique et très perfectionné pour le traitement des fourrages, procédé qui s'applique également aux foins de prairies naturelles et à ceux de prairies artificielles, est dû à un cultivateur du Loiret, M. Couteau; il supprime le fanage et forme le tas avec un appareil spécial.

Il consiste essentiellement à couper les fourrages à la
machine à faucher, qui les étend suffisamment sur le sol, où
ils sont abandonnés sans aucun soin de fanage. Au bout de
vingt-quatre heures de beau temps ou de trente-six heures
entre deux pluies, le fourrage encore vert est mis en rouleaux
à l'aide du râteau à cheval, et il est disposé ensuite en meu-

Fig. 100. — Vue d'un champ de moyettes.

lons mécaniques. Le fanage à la main et à la faneuse est complètement supprimé.

Pour ceux qui ont appliqué la méthode des moyettes pour
dessécher les fourrages par les temps de pluies, il n'est pas
difficile de comprendre ce qui se passe ici. Le meulon mécanique n'est, en réalité, qu'une grosse moyette de 400 kilos de
foin disposé en vrac. Comme le fourrage a été exposé à
l'action desséchante de l'air pendant vingt-quatre ou trente-
six heures, il a perdu par évaporation une partie de son eau,
et la fermentation putride ne peut plus se produire. En outre,
la dimension du meulon mécanique est assez faible pour qu'il

n'y ait rien à craindre de ce côté. Les deux conditions essentielles pour réussir sont : minimum d'eau dans le fourrage et volume relativement faible du meulon. Quand ces conditions sont remplies, le foin mûrit et se dessèche comme en moyette ordinaire, et se conserve comme en meulon.

Le chariot à meulon (fig 101,102,103), ou emmeulonneuse mécanique, est la base fondamentale de cette méthode, la clef du procédé. C'est une sorte de grande caisse montée sur deux roues, à section transversale trapézoïdale, décroissante de l'arrière à l'avant, et munie de bords élevés, excepté à l'arrière, où il n'y en a pas.

Le fond est remplacé par des chaînes fixées à l'avant et à

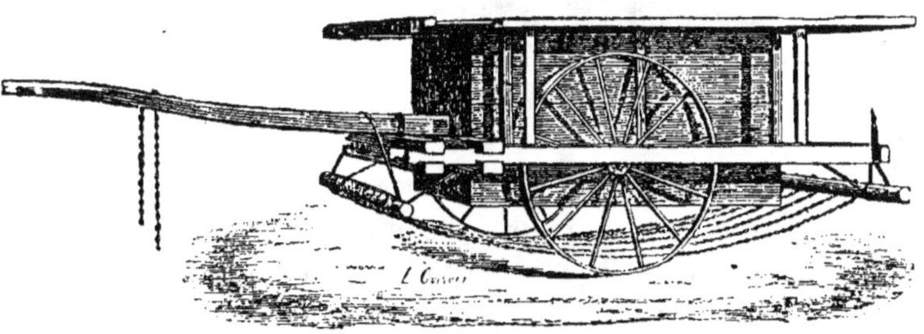

Fig. 101. — Chariot à meulons ou embilloteur Couteau.

l'arrière à deux cylindres, sur lesquels elles peuvent s'enrouler pour se raidir; elles sont espacées de 20 à 25 centimètres. L'essieu est remplacé par deux fusées fixées au bâti. La machine ressemble à un tombereau sans fond, sans essieu intérieur, et sans paroi postérieure.

Quand on veut charger l'emmeulonneuse, on la fait avancer entre deux rouleaux de fourrage, pendant que deux ou trois chargeurs y déposent le foin le plus rapproché. Lorsque la caisse est remplie, l'un des chargeurs monte dessus pour tasser le fourrage et terminer la charge en forme de couverture à quatre pans. Le contenu de la caisse constitue le corps du meulon, tandis que la partie extérieure et supérieure, terminée en pointe mousse, sert de couverture.

Théoriquement, la machine doit s'avancer sans cesse, tandis qu'on la charge et qu'on fait le meulon.

Pour la confection du meulon à la main, au contraire, l'ouvrier est obligé, pour chacune de ses charges de foin, de

Fig. 102. — Embilloteuse chargée.

se déplacer du centre a la circonférence, et réciproquement. Dans le premier cas, pour la confection d'un meulon mécanique de 400 kilos de foin sec, il parcourt 150 mètres, tandis que dans le deuxième cas, pour le meulon à la main, l'ouvrier parcourt 1760 mètres. D'où le rapport $1\,760 : 150 = 12,6$

Fig. 103. — Embilloteuse déposant la meule.

exprimant l'avantage, au point de vue du chemin parcouru, du meulon mécanique sur le meulon ordinaire.

La machine étant chargée, et par suite le meulon construit,

on la fait avancer sur la partie du sol la plus convenable pour la vider. Pour cela, on débraie le cylindre d'arrière, les chaînes se décrochent et tombent sur le sol. Le cylindre, qui est mobile, est retiré. Alors, le chariot avançant, le meulon reste debout à la place choisie.

L'expérience a montré que des foins obtenus par ce procédé, après avoir passé vingt-cinq jours en meulons mécaniques, étaient de belle couleur, d'odeur aromatique et parfaitement conservés contre l'action des pluies. En 1879, MM. Couteau, Gaudrille et Hautefeuille ont traité ainsi 125 hectares. Malgré les pluies très abondantes, et après vingt-cinq jours, le foin avait belle couleur et odeur agréable.

Cette méthode, qui permet de lutter avantageusement contre les intempéries, est très économique. Cela est manifeste. Ainsi chez M. Couteau, le fauchage, le ramassage, et la mise en meulons à la main de 1 hectare de prairie artificielle, coûtent 25 francs. La récolte mécanique, au contraire, ne revient qu'à 8 francs. D'où le rapport 25 : 8 = 3 environ indiquant l'économie de la récolte des fourrages par la nouvelle méthode.

Considérée seule, la mise en meulons à la main coûte 7 francs par hectare, tandis que le même travail mécanique revient à 2 francs, soit trois fois et demi moins.

Donc on peut conclure que, par cette méthode, on peut transformer le fourrage en foin par un temps humide ou sec et le maintenir longtemps en meulons mécaniques sans crainte d'avaries; on supprime complètement le fanage et la perte des feuilles; le fourrage est plus abondant et plus nourrissant ; enfin on réalise une économie considérable sur les anciens procédés.

EMPLOI DES SICCATEURS

Dans les régions à climat très humide, où la fenaison est tardive, les procédés ordinaires sont insuffisants pour assurer une dessiccation suffisante des fourrages. C'est alors qu'il faut avoir recours au procédé des siccateurs qu'on appelle aussi, suivant les pays, cavaliers, chevalets, perroquets, etc.

Ces appareils sont essentiellement composés de supports ou

piquets verticaux munis de bras horizontaux ou obliques sur lesquels on dispose le fourrage. Ils peuvent être établis à poste fixe dans les prairies, mais il est bien préférable d'utiliser des siccateurs démontables.

Un modèle très simple est constitué par un piquet de 2m. 60 environ de hauteur, taillé en pointe à son extrémité inférieure, pour permettre de l'enfoncer dans le sol. Il porte sur sa circonférence une série de barres de bois de 50 centimètres environ de long, fixée au moyen d'un clou à chevron sur le piquet. Ce clou fait charnière et permet pour le transport de relever toutes les barres le long du piquet. Un petit taquet de bois, cloué en avant et au-dessous de la charnière, empêche la barre de s'incliner au-dessous de l'horizontale.

Aussitôt le fourrage coupé, les siccateurs sont amenés dans la pièce à faner, installés aux endroits convenables et régulièrement disposés, les barres étalées. Après que le fourrage est resté 24 heures environ en andains, et a subi ainsi un commen-cement de dessiccation, on met le fourrage enroulé avec le râteau à cheval de chaque côté de la ligne de piquets et les ouvriers disposent le fourrage sur les siccateurs en commençant par le bas et en ayant soin de ne pas charger les bras de paquets d'herbe tassés dans lesquels l'air ne pourrait pénétrer. C'est surtout dans les prairies naturelles qu'il faut éviter cet inconvénient. Aussi la dessiccation se fait d'autant mieux que les appareils ont plus de bras.

On termine l'édifice en piquant sur le sommet une grosse fourchée de fourrage qui forme chapeau. Quand ce dernier est bien fait, il protège très bien l'intérieur contre la pluie. Lorsque e fourrage est sec, il a conservé une belle couleur verte comme à l'intérieur des moyettes.

Transport et rentrée des fourrages.

La rentrée des fourrages du champ à la ferme se fait à l'aide de diverses sortes de voitures, chariots ou charrettes, de formes variables suivant les pays. On a le plus souvent recours à de grandes charrettes, dites guimbardes (fig.104), munies à l'avant et à l'arrière d'échelles ou cadres destinés à maintenir la charge aux deux bouts, comme les ridelles la maintiennent à

droite et à gauche. Dans le Nord et l'Est, on emploie le plus
souvent de grands chariots à quatre roues, à limonière ou à
flèche, qu'on attelle de trois à quatre chevaux. Mais ces voitures sont lourdes, et il y a avantage à leur substituer de

Fig. 104. — Charrette à foin.

petits chariots à un ou deux chevaux, ou des charrettes. Par
une longue expérience, en effet, M. de Dombasle a reconnu
qu'il est plus économique et plus rapide d'isoler les bêtes pour
le tirage. Les petits chariots de Dombasle à un cheval, quoique
très légers, reçoivent une charge égale à la moitié de celle des

Fig. 105. — Chariot à foin.

grands chariots à quatre chevaux (fig. 105). Ils sont plus faciles
à charger et à décharger et fatiguent moins les animaux,
parce qu'ils permettent de croiser plus facilement les ornières.
Ils ne présentent que l'inconvénient d'exiger plus de charre-
tiers, mais, étant faciles à conduire, le premier venu peut en
être chargé.

« Dans l'attelage isolé, dit M. de Dombasle, le même nombre de chevaux conduit constamment une charge à peu près double. Pour le transport des récoltes ou la conduite des fumiers chacun de mes chevaux conduit au moins un mille, tandis que les autres cultivateurs du pays, avec des attelages de quatre chevaux de même force que les miens, chargent très rarement plus de deux mille. Je suis convaincu qu'il y aurait encore plus d'avantage, sous le rapport de la force de tirage, à l'emploi des charrettes à deux roues, attelées d'un seul cheval, mais le chargement et le déchargement seraient moins commodes, et elles sont beaucoup plus versantes que les chariots à quatre roues. »

Conservation et préparation des foins.

Ce n'est pas tout d'avoir récolté nos foins, il faut encore les mettre à l'abri des causes de détérioration qui pourraient intervenir jusqu'à l'époque de leur emploi dans la ferme, ou de leur vente ; et, dans ce dernier cas, il est souvent nécessaire de leur faire subir certaine préparation pour les amener à l'état commercial. Notre but est la création des richesses ; il ne sera entièrement atteint que lorsque nous aurons amené nos produits sous une forme telle qu'ils soient susceptibles d'être échangés.

Conservation des foins. — On conserve le foin dans des meules ou dans des fenils, qui sont des greniers placés au-dessus des étables, ou bien des granges ou des hangars (fig. 106) spécialement destinés à cet usage.

L'épargne des frais de construction des bâtiments est le principal motif que l'on puisse faire valoir en faveur du système des meules. Mais, si l'on calcule ce qu'il en coûte chaque année en frais de construction des meules, et surtout pour l'établissement de la couverture en paille qui doit les couvrir, on trouvera que cette dépense dépasse de beaucoup l'intérêt du capital employé à la construction des fenils et les frais d'entretien de ces bâtiments. Quelquefois, il est vrai, on diminue la dépense de construction des meules en se dispensant de les couvrir en paille ; mais on éprouve alors un dommage bien plus important par la perte d'une masse considérable de fourrage qui compose toute la couche extérieure nécessairement avariée par l'effet des intempéries auxquelles la meule est exposée.

D'ailleurs, dans les temps incertains, et même pendant les pluies, à l'aide de dispositions convenables, on peut décharger dans les fenils les voitures qui ont été chargées du foin des tas formés dans la prairie, ou que l'on a rentrés par le beau temps, tandis que l'on n'ose pas travailler aux meules tant que la pluie est menaçante; et, s'il survient un orage pendant qu'on

Fig. 106. — Hangar à foin.

les construit, on ne peut guère éviter d'avoir beaucoup de foin mouillé. On a dit en faveur des meules que le foin qu'on conserve ainsi est de meilleure qualité que celui qui l'a été en fenil; mais cela vient uniquement de ce que l'on est forcé de tasser très également, dans toutes ses parties, le foin qui forme les meules; car, sans cela, ces dernières n'auraient aucune solidité. Mais, pour le foin qu'on loge dans les fenils, on ne prend guère cette peine, et l'on se contente de le jeter dans le fenil négligemment, sans prendre soin de l'étendre uniformément par couches dans toute l'étendue du fenil, et de tasser avec égalité tous les points de chaque couche. Si on veut le disposer ainsi avec précaution, on verra qu'il se conserve encore mieux et pendant plus longtemps dans les granges que dans les meules.

On construit quelquefois des meules de forme ronde, mais le plus souvent en forme de carré long, en orientant la meule

de manière qu'un des petits côtés se trouve exposé au sud-
ouest, d'où viennent généralement les pluies. Pour la consommation, on entame la meule par l'autre extrémité, en la
coupant verticalement à l'aide d'une hache ou mieux d'un
coupe-foin. Au reste, dans les cantons où l'usage des meules
n'est pas connu, les cultivateurs qui voudront l'introduire
feront bien de s'adjoindre un ouvrier habitué à ce genre d'opération, car ils risqueraient d'éprouver de grandes pertes
s'ils voulaient se livrer à ces constructions, d'après des descriptions toujours très imparfaites pour une opération de cette
nature.

Pour les fenils placés au-dessus des étables, il existe une
cause particulière de détérioration du foin : c'est la pénétration
dans la masse des vapeurs qui se dégagent des étables. On
s'en préserve à l'aide de bons planchers et en entretenant
les plinthes dans le pourtour des greniers, car c'est principalement par là que s'introduisent les vapeurs des étables.

Rien n'est moins judicieux que de chercher à introduire
dans les masses de foin des courants d'air, à l'aide de diverses
dispositions que l'on a souvent recommandées dans ce but. On
doit, au contraire, s'efforcer de tenir la masse, autant qu'il
est possible, à l'abri du contact de l'air, pendant la durée de
la fermentation du foin, en tenant fermés les volets et toutes
les issues du fenil. Si la fermentation développe une chaleur
un peu considérable, les parties extérieures s'humecteront et
se dessécheront ensuite par l'effet de la chaleur elle-même,
tandis que la moisissure s'y manifestera dans les parties qui
auront été en contact avec l'air. Cet inconvénient est moins à
craindre dans les meules, parce que l'air, étant entièrement
libre et constamment renouvelé sur les surfaces extérieures,
enlève promptement l'humidité ; mais, dans les fenils ou dans
les ouvertures que l'on pratique quelquefois à l'intérieur des
meules, l'air ne se renouvelle pas assez pour opérer cette dessiccation, et la moisissure en est la conséquence. Le seul
moyen applicable ici est de soustraire, au contraire, autant
qu'on le peut, les surfaces au contact de l'air. Si le développement de la chaleur est assez fort pour qu'il y ait possibilité
d'inflammation dans la masse, c'est toujours au contact de

l'air qu'elle se manifeste. Des meules peuvent s'échauffer très fortement, et même jusqu'au point que le foin y soit comme carbonisé, sans qu'il ait inflammation, parce que, les parties extérieures étant constamment refroidies par l'air, la température des gaz inflammables qui se dégagent de l'intérieur se trouve assez abaissée pour qu'ils ne puissent prendre feu, lorsqu'ils ont traversé les couches extérieures du foin. Dans un fénil bien clos, ces gaz emplissent l'intervalle entre la masse et la toiture, et ils sont assez refroidis pour ne pouvoir plus s'enflammer quand ils arrivent en contact avec l'air extérieur. Mais, dans ces deux cas, on détermine à coup sûr l'inflammation, si l'on ouvre la masse pour y introduire l'air extérieur. Il en serait de même si, à l'aide de certaines dispositions, prises au moment où on a construit la masse, on avait facilité l'introduction de l'air dans son intérieur. L'expérience a montré que la moisissure se manifeste principalement dans le voisinage des conduites que l'on avait ménagées dans ce but, lorsque la chaleur dégagée par la fermentation n'a pas été assez forte pour produire l'inflammation.

Dans tous les cas, on doit entasser le foin dans les fenils de manière qu'il reste le moins d'espace vide possible au-dessous de la toiture.

Lorsque le foin a subi par l'effet de la fermentation un degré de chaleur qui en a fait passer la couleur au brun, il n'a pas pour cela perdu ses propriétés nutritives et sa qualité, pourvu que cette fermentation ait eu lieu à l'abri du contact de l'air, en sorte que le foin n'ait pas moisi (M. de Dombasle).

Salage des foins. — En Angleterre, en Écosse et dans beaucoup de pays du Nord, on a l'habitude de saler le foin au moment où on le met en meules. On y répand environ 1^{kg},250 de sel par 100 kilos de foin. Ce sel se dissout peu à peu dans l'eau qu'exhale le foin pendant que sa masse s'échauffe par la fermentation, et il se trouve, de cette manière, réparti très également dans la masse du fourrage. C'est là, sans contredit, une excellente manière d'administrer le sel au bétail. Cette méthode a, en outre, l'avantage d'empêcher la moisissure, de modérer la fermentation et d'assurer la bonne conser-

vation du foin. La petite dépense de sel est plus que com-
pensée par ce que le fourrage gagne en valeur.

Schattenmann a suivi cette pratique pendant plus de
trente-cinq ans et n'a jamais rencontré dans son foin la moindre trace d'altération.

A fortiori doit-on recourir au même moyen, lorsque les
foins sont sablés, vasés, moisis, par suite de ces pluies abondantes qui n'arrivent que trop souvent dans les régions du
Nord à l'époque de la fenaison.

Bottelage. — Dans une exploitation bien organisée, tout
le fourrage doit être bottelé avant de sortir du fenil. C'est le

Fig. 107. — Botteleuse.

seul moyen d'en assurer la distribution facile et régulière entre
les bestiaux et d'empêcher tout gaspillage. Pour les ventes, le
bottelage est aussi nécessaire. Le poids des bottes varie d'un
pays à l'autre, suivant les usages, de 5 à 10 kilos. On les fait
à deux ou trois liens. Les bottes à trois liens sont préférables

pour la vente, car elles sont beaucoup plus solides et plus faciles à arrimer.

Pour la consommation, le bottelage se fait au fur à mesure des besoins. On profite des mauvais temps pour cette opération. Un botteleur habile peut faire par jour 200 bottes de 5 kilos.

Aujourd'hui il existe des machines à botteler qui permettent à n'importe quel manœuvre de faire des bottes de foin aussi parfaites qu'un botteleur habile et avec plus de rapidité.

La botteleuse Guitton (fig. 107), par exemple, se compose d'un berceau demi-cylindrique équilibré par un poids que l'on déplace sur un levier, afin de régler le poids de la botte à faire. L'ouvrier pose en travers du berceau les liens au nombre de 1 à 3, puis il l'emplit de foin; lorsque l'équilibre du berceau est obtenu, l'ouvrier recourbe les ressorts, les accroche à une pédale et serre la botte à l'aide du pied puis confectionne le lien correspondant. La figure représente une botteleuse peseuse à deux ressorts, celui de droite étant accroché à la pédale; certaines de ces botteleuses sont simples, sans appareil de pesage. Avec ces machines, presque toutes portatives, on peut employer des liens de paille, fourrage, rotin, corde, alfa ou fil de fer; le volume de la botte est réduit au tiers environ du bottelage à la main (Ringelmann).

Compression des fourrages. — Le foin en vrac, aussi fortement tassé que cela est possible dans le fenil, n'a qu'un poids relativement faible par mètre cube. Il suit de là que les magasins doivent avoir de grandes dimensions. D'autre part, quand il s'agit d'expédier du foin par les chemins de fer ou les canaux, il n'est pas possible de donner au wagon ou au bateau toute la charge qu'il pourrait porter, le maximum du volume dont on peut le charger étant déterminé. Ce faible poids du mètre cube de foin en fait une matière encombrante et d'un transport très onéreux.

Depuis longtemps on employait en Angleterre, pour conserver et transporter le foin, la méthode de compression. On se servait à l'origine de fortes presses hydrauliques. Aujourd'hui des presses spéciales sont offertes à l'agriculture pour appliquer cette méthode, qui présente les avantages suivants

1º Le foin conserve son arome et ne s'appauvrit pas; 2º il ne se charge pas de poussières et conserve ses graines; 3º exposé à la pluie, il ne se mouille qu'à l'extérieur et, par conséquent, sèche très facilement; 4º la grande densité qu'il acquiert le rend presque incombustible; 5º la réduction de son volume

Fig 108. — Presse-fourrage à bras.

au septième de celui qu'il occupe dans les magasins avant la compression, fait qu'il faut beaucoup moins de place pour le loger; 6º l'augmentation de densité du foin apporte une grande économie dans les transports, en permettant de charger au maximum les wagons ou les bateaux; 7º le foin se conserve sans altération pendant des années entières.

Nous donnons ci-contre les figures de la presse à bras de Guitton (fig. 108) et de la presse à moteur ou à manège de Pilter (fig. 109). M. Ringelmann a rendu compte des essais qu'il n faits en 1897, dans les termes suivants, à la Société nationale d'agriculture :

« Des constatations que j'ai pu faire lors des essais spéciaux du Concours régional de Valence (10 mai 1897), il résulte qu'avec une presse à fourrage à bras, desservie par deux hommes, on peut manipuler en pratique 240 kilos de foin à l'heure.

« Si l'on cherche le prix de revient de la compression, on peut se baser sur les données suivantes :

Prix d'achat de la machine................	500 francs.
Durée du travail annuel...................	100 jours.
Foin manipulé par jour...................	2 400 kilos.
— par an......................	240 tonnes.

Frais :

Machine : amortissement en 10 ans à 4 p. 100......................	40 francs.
Service et entretien à 10 p. 100.......	50· —
Main-d'œuvre : 200 journées d'ouvriers à 3 francs.......................	600 —
Total...................	690 —

« Soit 2 fr. 87 par tonne de foin.

« Or cette dépense est équivalente à celle du bottelage, qui, ramenée à la tonne de foin, est payée de :

Pour les bottes à un lien........	2 fr. à 2 fr. 50
— à trois liens.....	4 à 5 francs.

« La compression des fourrages (qui revient au même prix que le bottelage) facilite leur conservation, évite les incendies et permet de diminuer le capital consacré aux constructions destinées à les loger. Nous n'avons pas de données suffisamment précises pour l'instant permettant d'évaluer l'économie que la compression permet ainsi de réaliser. Néanmoins, la comparaison des chiffres qui précèdent montre que la presse à fourrage à bras peut être employée dans beaucoup de circonstances pour la manipulation des foins destinés à l'exploitation. Il ne faut donc pas examiner ces machines qu'au seul point de vue de l'économie qu'elles permettent de réaliser

dans le transport des foins, attendu que ceux-ci doivent
être bottelés.

« Voyons ce qui concerne les transports. Le mètre cube de
foin bottelé pèse 80 kilos et le même volume de foin com-

Fig. 109. — Presse-fourrage à moteur.

primé (d'après les expériences de Valence) peut peser 130 kilos
(l'administration de la guerre fixe le chiffre de 170 kilos).
Un wagon de 5 tonnes peut recevoir 30 mètres cubes de foin,
dont le prix de transport est, pour la Compagnie P.-L.-M.
par exemple (tarif spécial PV, n° 23, barème E) :

		Par kilomètre.	
		Par tonne.	Par wagon de 5 tonnes.
Jusqu'à	25 kilomètres..........	0,08	0,40
De 51 à 150	—	0,03	0,15
De 151 à 600	—	0,025	0,125
De 601 à 1100	—	0,02	0,10

« Le wagon peut contenir 2 tonnes 4 de foin en bottes ou
3 tonnes de foin pressé, qui supporteront les mêmes frais de
transport comptés pas wagon complet payant pour 5 tonnes.

« Nous n'avons pas à faire intervenir ici le prix du travail,
car le transport ne peut s'opérer qu'avec des foins bottelés,
dont la dépense est la même que pour les foins comprimés
(3 francs par tonne en chiffres ronds).

« Si nous supposons une expédition à une distance de 600 kilomètres, le prix de transport est de 75 francs et le prix par tonne s'établit ainsi :

Pour les foins bottelés........................ 31 fr. 25
—   comprimés...................... 19 fr. 23

« Or les cours présentent, suivant les localités et les époques, des différences de 30 francs par tonne qui permettent, dans ces conditions, le transport avantageux des foins comprimés.

« Ainsi, en résumé, le prix de revient de la compression des fourrages avec une presse à bras à deux hommes est équivalent au prix de revient du bottelage. L'agriculture ne peut donc que retirer les bénéfices de l'emploi de la presse au point de vue de la conservation, de l'emmagasinage, des risques d'incendie et des transports. »

ENSILAGE DES FOURRAGES VERTS

La conservation des fourrages verts par l'ensilage est une méthode aujourd'hui passée dans la pratique courante et qui rend, dans certains cas, de grands services pour assurer l'alimentation d'hiver des ruminants. Elle est générale, c'est-à-dire qu'elle s'applique à tous les fourrages verts ; mais pour quelques-uns, comme le maïs, est nécessaire, tandis que pour d'autres elle ne doit être employée que d'une manière exceptionnelle.

Le maïs vert, le seigle-fourrage, les têtes de cannes à sucre, sont les fourrages sur lesquels nous avons expérimenté nous-même avec succès.

On creuse dans un endroit *sain* une fosse ayant de 1 mètre à $1^m,5$ de profondeur, et $2^m,5$ à 3 mètres de largeur, sur une longueur indéterminée variant avec la masse de fourrage à conserver. Lorsqu'on se livre d'une manière constante à l'ensilage, il y a avantage à revêtir les parois de la fosse de murs en maçonnerie.

D'autre part, on passe le fourrage au hache-paille, quand, comme le maïs ou les têtes de cannes, il ne se prête pas par sa nature à un tassement convenable. On doit additionner les fourrages très aqueux de matières sèches (1/5 de balles d'avoine). On peut saler très légèrement, mais cela n'est pas nécessaire. Le fourrage est alors disposé dans la fosse par couches de 20 à 30 centimètres d'épaisseur, que l'on tasse aussi fortement que possible par le piétinement, surtout le long des parois. On continue avec une sage lenteur à élever le silo par strates jusqu'au niveau du sol, et on termine en élevant la masse en dos d'âne jusqu'à une hauteur de 1^m,20 à 1^m,50 environ pour les largeurs indiquées. Il convient d'attendre, pour établir de nouvelles couches de fourrage, que la température des strates inférieures ait atteint 40° à 50° C. Il se développe ainsi dans la suite moins d'acide dans la masse, et le fourrage ensilé est plus favorable à l'alimentation.

Quand le silo est terminé, on procède à sa couverture. A cet effet, on le recouvre avec la terre tirée de l'excavation, mais celle-ci n'est pas suffisante, et, pour se procurer le nécessaire, on creuse à droite et à gauche, des fossés. La couche de terre qui sert à comprimer la masse doit avoir au moins une épaisseur de 70 à 80 centimètres à la partie supérieure.

On ne doit jamais interposer de paille ni de balles entre la terre et la masse de l'ensilage. Ces matières sèches retiennent entre leurs particules beaucoup d'air, et celui-ci favorise la pourriture et la moisissure. Comme, par suite du tassement, il se produit un écoulement de liquide, si le sol n'est pas assez perméable, on ménagera au fond du silo une pente d'un bout à l'autre, et on creusera un boit-tout à l'extrémité la plus basse.

Quand on ne peut pas disposer de sols suffisamment sains pour faire l'ensilage en fosse, on établit le silo à la surface du sol. Lecouteux, à Cerçay, en Sologne, dressait le tas de maïs suivant le profil d'un trapèze de 3^m,5 de grande base, 2 mètres de hauteur, et un demi-mètre de largeur au sommet. Pour la couverture, la terre était prise à droite et à gauche en formant des fossés, qui assainissaient la base du silo.

Mais, de tous les systèmes essayés, le plus économique est le silo en maçonnerie du type préconisé par M. Cormouls-Houlès (fig. 110 et 111). La longueur du silo est de 10 mètres, sa largeur de 3 mètres à la base et de 3^m,20 au sommet. Les murs sont donc légèrement obliques dans le but de favoriser

le tassement. Le fond du silo est un plan incliné à 0^m,20 par
mètre, qui part du niveau du sol à l'une des extrémités pour
s'enfoncer à 2 mètres à l'autre. Les murs latéraux s'élèvent
à 2 mètres au-dessus du sol.

La terre de déblai est employée pour établir un plan
incliné en arrière du mur
qui ferme le silo, de manière
à former un chemin d'accès
pour les voitures.

Silo.

Coupe transversale à l'emplissage.

Coupe transversale.

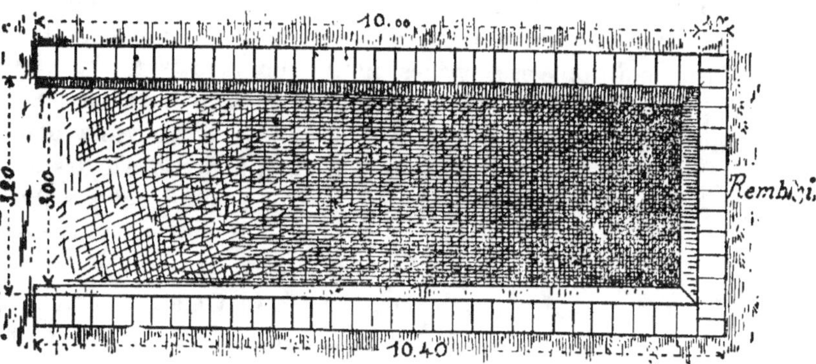

Fig. 110. — Silo Cormouls-Houlès.

Le chargement du silo commence par l'ouverture située au
niveau du sol ; on établit les strates successives en commençant par le fond, et l'on continue à élever le tas jusqu'à la
partie supérieure du mur, soit à 2 mètres au-dessus du sol.
Pour terminer, on fait monter les attelages sur le plan incliné

extérieur, puis on établit avec le fourrage un dos d'âne de 50 à 70 centimètres de hauteur au-dessus des murs. Les voitures passant dans le silo contribuent au bon tassement de la matière. Les strates successives ont de 30 à 40 centimètres d'épaisseur, et on laisse écouler entre leur établissement le temps nécessaire pour que la température de la masse inférieure atteigne de 40 à 50°. On apportera grand soin au tassement du fourrage le long des parois.

La fermentation, plus active au milieu que sur les bords, fait disparaître rapidement le dos d'âne supérieur sous la charge de

Coupe longitudinale.
Fig. 111. — Silo Cormouls-Houlès.

terre, de briques ou de pierres dont on couvre le silo, de manière à assurer une pression de 700 à 800 kilogrammes par mètre carré.

Les conditions essentielles pour que l'ensilage réussisse sont l'absence du contact de l'air et une très forte pression. L'élévation de température des couches successives a pour résultat d'empêcher la fermentation acide de prendre le dessus.

En cherchant à remplir le silo le plus rapidement possible pour éviter la fermentation active, on obtenait avec le maïs de l'ensilage acide fort bien accepté par les animaux et se conservant bien, une fois extrait de la fosse. On a recommandé ensuite l'ensilage doux, obtenu en laissant la masse s'échauffer successivement jusqu'à 70° pour tuer les ferments lactiques et butyriques ; le fourrage a une odeur de miel très agréable, mais il ne se conserve pas dès qu'il est extrait du silo et doit être consommé aussitôt. Il faut se tenir entre ces deux extrêmes, car une acidité moyenne est très agréable aux ruminants.

On a proposé de conserver les fourrages verts par l'ensilage à l'air libre et en faisant, avec les précautions préindiquées, de grosses meules carrées ou rectangulaires que l'on charge d'abord de madriers, puis de terre ou de pierres. Cette pratique produit des pertes énormes sur les parois. Ce procédé nous paraît trop délicat pour entrer dans la pratique courante.

L'ensilage est un procédé qui expose à des pertes assez considérables de matières nutritives, même quand la conserve est réussie. Les fermentations qui se produisent en effet ont pour résultat une destruction de matière qui porte principalement sur les substances sucrées ou amylacées et une modification des matières azotées albuminoïdes désavantageuse. Weiske a étudié ces modifications sur des ensilages d'herbe de prairie, de luzerne et de maïs.

100 kilogrammes de matière sèche introduits dans le silo renfermaient les quantités de principes immédiats portées dans la colonne I, et, après l'ensilage, ils s'étaient réduits aux chiffres de la colonne II ; la colonne III fait ressortir les différences.

Ensilage d'herbe de prairie (Weiske).

	I.	II.	III.
Matières azotées brutes......	18,56	15,53	— 3,03
Graisse brute...............	2,89	4,57	+ 1,68
Hydrates de carbone.........	38,90	23,47	— 15,43
Cellulose...................	33,63	26,74	— 6,89
Cendres....................	6,02	5,50	-- 0,52
Totaux.............	100,00	75,81	— 24,19

Ensilage de luzerne (Weiske).

	I.	II.	III.
Matières azotées............	26,6	16,9	— 9,7
Graisse brute..............	4,4	6,0	+ 1,6
Hydrates de carbone.........	37,1	20,8	— 16,3
Cellulose..................	22,5	20,0	— 2,5
Cendres................,...	9,4	8,9	— 0,5
Totaux.............	100,0	72,6	— 27,3

Ensilage de maïs (Weiske).

	I.	II.	III.
Matières azotées............	9,60	6,0	— 3,60
Graisse brute..............	2,14	9,9	+ 7,76
Hydrates de carbone.........	42,20	25,5	— 16,70
Cellulose..................	33,96	23,9	— 10,06
Cendres...................	12,10	8,9	— 3,20
Totaux.............	100,00	74,2	— 25,80

Nous constatons que, pour les trois fourrages considérés, il y a une perte de substances nutritives variant de 24,19 à 27,4 p. 100, soit en chiffres ronds de 25 p. 100 ou un quart.

Les matières azotées brutes disparaissent en proportion notable : 16,3 p. 100 pour l'herbe de prairie ; 36,4 p. 100 pour la luzerne et 37,5 p. 100 pour le maïs. Il y a donc bien un tiers des matières azotées qui disparaissent. Mais de plus, dans le silo, une partie des albuminoïdes passent à l'état d'amides inaptes à servir à la formation des tissus. Tandis que, dans le seigle vert, M. Wuaflart a dosé 1,127 p. 100 d'albuminoïdes, il n'en a plus retrouvé que 0,437 dans le même fourrage ensilé; sur 100 grammes d'albuminoïdes, il en a donc disparu par la fermentation 81 grammes, soit presque les deux tiers, qui ont été transformés en amides. Il y a là une cause de dépréciation sur laquelle il convient d'attirer l'attention des praticiens.

Les sucres disparaissent entièrement et, sur l'ensemble des hydrates de carbone, il y a une perte qui varie de 39,6 à 43,9 p. 100.

La cellulose elle-même disparaît en partie : de 11 à 29 p. 100.

Il n'y a de gain apparent que pour la graisse brute, mais ce gain est dû à la formation des acides organiques (lactique, butyrique, acétique), qui se dissolvent avec les graisses réelles dans l'éther; et, loin d'être un avantage, cela devient un inconvénient aussitôt que la dose d'acide est un peu élevée.

Il nous sera permis de conclure de là que l'ensilage est une méthode de conservation des fourrages verts qui dissipe une proportion relative très grande de principes nutritifs. Elle est *très inférieure* à la fenaison bien effectuée, et, par conséquent, on ne doit y recourir que dans les cas spéciaux où la dessiccation n'est pas possible. C'est ce qui arrive pour le maïs-fourrage, ou pour les excès de seigle vert ou de trèfle incarnat en temps ordinaire. C'est ce qui arrive dans les automnes pluvieux pour les regains de prairies naturelles ou artificielles. En dehors de ces cas spéciaux, l'ensilage ne doit pas être généralisé.

CHAPITRE VI

RAMILLES ET FEUILLES

Les agriculteurs romains avaient recours à l'emploi des feuilles d'arbres comme fourrage pour l'alimentation de leur bétail, et cet usage s'est conservé en Italie. Olivier de Serres préconise cette nourriture, « laquelle le bétail aime autant que l'avoine ».

Chez nous, l'usage de récolter des feuillards s'est conservé dans plusieurs régions, où les ressources fourragères sont rares

Partout dans les années de disette fourragère, l'emploi de feuilles et des ramilles peut fournir des ressources importantes pour assurer l'entretien des animaux.

Occupons-nous d'abord des *ramilles*, petites branches ou fagots (1) :

Il y a longtemps que Henneberg et Sthomann ont démontré que les ruminants digèrent de 30 à 50 p. 100 du ligneux, même de la sciure de bois de sapin ou de la pâte à papier de bois.

Mais ces aliments sont par trop pauvres pour qu'ils aient pu entrer dans la pratique.

Les animaux, d'autre part, ne les trouvent généralement pas de leur goût.

Cela n'a rien de surprenant. Mais, dans les plantes ligneuses

(1) Voyez Garola, Les aliments du bétail. 1922, 1 vol. in-16 (*Encyclopédie agricole* Wérx).

comme dans les plantes herbacées, les jeunes branchages de la production annuelle sont beaucoup plus riches en éléments nutritifs que les parties plus vieilles.

C'est ainsi que, dans la sciure de bois provenant des scieries mécaniques, et par conséquent originaire d'arbres ayant leur entier développement, on a trouvé :

	Eau.	Matière azotée.
Pin des Vosges...............	38 p. 100.	1,1 p. 100.
Châtaignier du Mont-Dore......	50 —	1,16 —
Peuplier.....................	50 —	2,18 —

Les ramilles fraîches des forêts de hêtres contiennent aussi 50 p. 100 d'eau, et elles présentent la composition suivante, d'après Ramann :

Eau................................	50,0 p. 100.
Matière azotée.....................	3,3 —
Substances grasses et résines........	0,7 —
Amidon et analogues................	28,3 —
Cellulose brute.....................	14,6 —
Cendres............................	3,1 —

Indépendamment de son état ligneux moins avancé, la ramille de hêtre, prise à la chute des feuilles, est donc bien mieux pourvue de matières nutritives que le bois du tronc, et elle peut se comparer au ray-grass d'Italie sans trop de désavantage. La seule difficulté que présente le problème de l'utilisation des ramilles dans la nourriture du bétail réside dans leur nature physique même. Le Dr Ramann, d'Eberswalde, a proposé de faire subir aux ramilles la préparation suivante : après avoir réduit en très petits fragments les fagots, dont les brins ne doivent pas avoir plus de 1 à 2 centimètres de diamètre au maximum, on y ajoute environ 1 p. 100 de malt de brasserie ; puis, après avoir mélangé le tout, on arrose avec des vinasses chaudes, ou de l'eau chaude. Le tas est ensuite abandonné à lui-même. Bientôt la fermentation s'y développe sous l'influence de la diastase de l'orge germée. Cette fermentation est plus ou moins rapide, selon la température extérieure. En général, elle dure de un à quatre jours. Sous son influence, l'amidon est transformé en sucre, le bois s'amollit et le tout constitue un fourrage que les animaux digèrent parfaitement. On ne retrouve, en effet, que très peu de fragments de bois dans les excréments.

Le procédé de Ramann a été mis en pratique tout d'abord par M. Jena, agriculteur à Coethen. Ce dernier en a obtenu de très bons résultats. Il a fait consommer le fourrage de Ramann, du 10 février au 10 mai, à 110 bêtes à cornes, 17 chevaux et quelques moutons. On distribuait à chaque espèce les quantités suivantes en substitution à de la paille hachée :

	kil.
Moutons.....................................	0,5
Bœufs.......................................	7,5
Chevaux.....................................	3,0

Sur des bœufs, on expérimenta la même ration, dans laquelle la ramille était remplacée par de la paille hachée. Les animaux nourris à la ramille présentèrent, au bout de trois mois, un léger excédent de 19 kilogrammes en tout. La ramille a donc pu être substituée à la paille, poids pour poids, sans que l'alimentation des bœufs s'en soit ressentie.

D'un autre côté, M. de Salisch a expérimenté aussi le fourrage Ramann dans sa propriété de Militsch. Il mit en expérience deux lots de bêtes bovines, constitués par des vaches et des veaux, de tous points comparables entre eux, et les soumit au même régime alimentaire, du 25 mars au 2 mai, avec cette différence que les 10 kilogrammes de paille que recevait le premier lot avec ses betteraves et ses tourteaux étaient remplacés, pour le dernier, par 10 kilogrammes de ramilles traitées à la manière de M. Ramann. Les animaux de chaque lot furent pesés individuellement au commencement et à la fin de l'expérience. Les vaches nourries à la paille virent leur poids s'élever par tête de 21^{kg},9, tandis que les vaches nourries aux ramilles augmentaient de 25^{kg},4. Les veaux de quinze mois donnèrent avec la paille 14^{kg},8 de croît et seulement 10^{kg},6 avec la ramille.

D'un autre côté, M. de Salisch a reconnu, par le mesurage direct, que la substitution de la paille aux branchettes avait produit, sur les animaux soumis à ce régime, une diminution dans le produit en lait.

Ramann, qui a contrôlé les résultats précédents à l'Académie de Popelsdorf, près Bonn, a reconnu théoriquement que, plus les rameaux sont finement moulus, mieux leurs principes nutritifs sont utilisés par le bétail. Mais, d'autre part, si la ramille est moins finement pulvérisée, la mastication est plus énergique et l'insalivation meilleure. Il y a donc meilleure digestion. C'est pourquoi il n'est pas nécessaire d'arriver à une division extrême. Il suffit que le fagot atteigne un état comparable à de la paille hachée. Ramann affirme que les animaux acceptent très bien le fourrage de fagot non fermenté et que la fermentation ne l'améliore pas sensiblement.

Enfin, dans le régime des vaches laitières, on a pu, sans nuire à l'entretien des bêtes ni à la production, remplacer 30 p. 100 de la matière sèche de la ration par une même proportion de substance sèche de fagot, en maintenant la composition immédiate constante.

Il est donc indiscutable que la ramille constitue un aliment sérieux pour le bétail en temps de disette fourragère.

Le prix de revient de 100 kilogrammes de ramilles, toutes préparées, a varié de 1 fr. 50 à 1 fr. 90. La mouture à façon, au moulin à tan, se paye 2 francs et ne revient qu'à 1 fr. 40 quand on est propriétaire d'un tel moulin. Le prix maximum de la ramille prête à être mangée par le bétail ne dépasse donc pas 3 fr. 90, et il peut tomber à 2 fr. 90 et même moins.

Or, d'après les expériences de Ramann, 100 kilogrammes de ramilles ont le même effet nutritif que 35 kilogrammes de foin, de sorte que la valeur réelle du fourrage de Ramann peut être estimée comme il suit, suivant le cours du foin :

Prix du quintal de foin.	Valeur du quintal de ramille.
7 francs.	2 fr. 43
8 —	2 fr. 80
9 —	3 fr. 50
10 —	3 fr. 75
11 —	3 fr. 85
12 —	4 fr. 00

On voit qu'il n'y a avantage à employer la ramille que lorsque le fourrage est cher, et c'est bien le cas des années de disette. Chaque fois donc que, dans ces circonstances, les cultivateurs seront en situation de pouvoir récolter des ramilles, ils ne devront pas hésiter à employer la méthode de Ramann. Les arbres forestiers ainsi taillés n'en souffrent pas sensiblement dans leur production, si la taille est faite avec mesure et à plusieurs années d'intervalle.

Mais ce qui vaut mieux que le bois, c'est la feuille, qui va nous occuper maintenant. Toutes les feuilles d'arbres ne sont pas aptes à servir de fourrage. Les unes sont absolument refusées par les animaux, comme c'est le cas pour les feuilles de châtaignier; les autres sont vénéneuses. La consommation de ces dernières peut produire des accidents souvent mortels.

Pendant l'hiver, les feuilles de l'If (*Taxus baccata*) sont d'une vénénosité extraordinaire. Il suffit, pour amener la mort, qu'un cheval d'un poids moyen de 500 kilogrammes en consomme 1 kilogramme. 500 grammes de ces feuilles tueraient une vache du même poids; 50 grammes donneraient la mort à un mouton; 56 grammes feraient mourir un porc de 120 kilogrammes.

Les bêtes à laine sont empoisonnées par les feuilles de Fusain d'Europe (*Evonimus europæus*), appelé aussi Boiscarré, Bonnet de prêtre.

L'Ailante, ou Vernis du Japon (*Ailanthus glandulosa*) a aussi des feuilles et une écorce vénéneuses. La mauvaise odeur qu'il répand en éloigne généralement les animaux.

Les lauriers-roses et cerises sont très vénéneux, à cause de l'essence d'amandes amères que contient leur feuillage. La consommation de celui-ci amène rapidement la mort. Il en est de même du Sumac (*Rhus toxicodendron*). Les feuilles contiennent un suc résineux blanchâtre, vésicant. La dessiccation n'en détruit pas complètement la toxicité.

Le Cytise faux ébénier (*Cytisus laburnum*), dont les fleurs réunies en longues grappes jaunes semblent une pluie d'or, est également vénéneux. C'est d'autant plus regrettable que son feuillage est abondant et serait très facile à récolter.

Le Daphné, Bois-joli (*Daphne mozereum*), le Laurier des bois (*D. Lanceola*), etc., ont des propriétés vénéneuses très marquées, que la dessiccation ne leur fait pas perdre.

Les feuilles de noyer doivent aussi être laissées de côté, car on a remarqué que les vaches qui en mangent perdent rapidement leur lait. Les feuilles de chêne et la plupart des jeunes pousses, *au printemps*, sont à éviter pour le bétail, auquel elles communiquent le *mal de brou*.

Ces restrictions posées, pour éviter les accidents, voyons quelle est la composition des principales feuilles d'arbres comestibles. Le tableau que nous donnons ci-après est dû à M. A.-C. Girard, professeur à l'Institut national agronomique :

	EAU.	CENDRES.	GRAISSE.	PROTÉINE.	HYDRATES DE CARBONE.	CELLULOSE.
Robinier faux acacia..	75,6	1,8	0,5	6,6	13,0	3,5
Aune noir...........	62,0	1,9	2,1	8,5	21,0	4,5
Bouleau	51,2	4,1	2,6	2,3	31,6	7,2
Charme.............	53,0	2,7	1,6	4,6	29,9	8,2
Chêne	64.0	2,0	1,2	5.6	20,8	6,3
Érable..............	68,2	4,1	2,0	5,5	15,4	4,8
Frêne	55,0	3,9	1,2	5,2	30,1	4,6
Marronnier d'Inde....	71,8	2,5	0,7	4,7	15,4	4,8
Noisetier...........	64,0	2,7	1,3	5,6	22,2	4,1
Orme...............	62,6	4,6	1,2	6,7	21,2	3,7
Sorbier.............	42,2	5,3	3,0	4,9	37,4	7,3
Tilleul.............	67,0	4,26	1,1	6,0	16,6	5,0
Vigne..............	68,8	3,54	2,0	4,2	18,9	2,6
Aiguilles de pin......	59,0	1,35	2,9	3,0	24,5	12,4

Si l'on considère les feuilles en bloc, à l'état où on les récolte en septembre, on reconnaît qu'elles constituent un fourrage vert de haute valeur. Il suffit, pour s'en convaincre, de mettre, en regard de la composition moyenne des feuilles, celle de la luzerne verte :

	Luzerne verte.	Feuilles vertes.
Eau...............................	74,0	62,4
Cendres..........................	2,0	3,6
Graisse...........................	0,8	1,7
Matières azotées..................	4,5	5,4
Hydrates de carbone...............	9,2	21,8
Cellulose.........................	9.5	5,1

Ce sont les feuilles d'aune, d'acacia, d'orme, de tilleul, de chêne et d'érable, qui se distinguent par leur plus grande richesse en matières azotées.

Si nous supposons la feuille réduite à l'état de foin, par dessiccation à l'ombre, nous obtenons par le calcul, pour une composition moyenne, les nombres suivants, que nous mettons en regard de ceux relatifs au foin de pré de qualité moyenne :

	Foin.	
	de feuilles.	de pré.
Eau	15,0	15,0
Cendres	8,3	6,6
Graisse	3,9	3,0
Matières azotées	12,4	8,5
Hydrates de carbone	50,1	38,3
Cellulose	11,7	29,3

Ainsi, à l'état vert comme à l'état sec, la feuillée moyenne constitue un fourrage de très bonne composition pour les animaux qui nous intéressent. En vert, elle vaut la luzerne. En sec, elle est supérieure au foin de pré, que l'on considère justement comme l'aliment type des herbivores de nos fermes.

Mais cette feuillée, qui se présente si bien au point de vue chimique, répond-elle, d'une manière aussi parfaite, aux exigences physiologiques des animaux ? Ce n'est pas ce que l'on mange qui nourrit, mais ce que l'on digère. Les éléments chimiques des feuilles d'arbres sont-ils digestibles ? et le sont-ils dans une proportion telle que les comparaisons précédemment établies restent debout ? C'est ce que nous allons rechercher avec M. A.-C. Girard, qui a fait à ce sujet plusieurs belles expériences sur le mouton. Le tableau suivant résume les résultats obtenus avec trois espèces de feuilles vertes et avec la luzerne verte, terme de comparaison :

Coefficient de digestibilité des feuilles vertes.

	GRAISSE.	PROTÉINE.	HYDRATES DE CARBONE.	CELLU- LOSE.
Feuilles d'acacia........	68,2	91,3	91,4	81,5
— de marronnier.	26,8	77,2	78,8	49,9
— d'ormeau......	22,9	73,0	81,6	58,3
Moyennes..........	39,3	80,7	83,9	62,9
Luzerne verte........	9,5	86,3	82,3	59,6

On voit qu'au point de vue de la digestibilité les feuilles vertes ne le cèdent en rien à la luzerne et aux autres fourrages verts.

Dans deux autres expériences, M. A.-C. Girard a déterminé la digestibilité des feuilles d'ormeau sèches comparativement avec le foin de luzerne; il a obtenu les résultats consignés ci-dessous :

	GRAISSE.	PROTÉINE.	HYDRATES DE CARBONE.	CELLU- LOSE.
Feuilles d'ormeau.....	36,3	66,8	65,5	54,5
Foin de luzerne.......	0,0	71,4	55,6	35,6

Ainsi, à l'état de foin sec, comme à l'état frais, la feuillée constitue un fourrage aussi digestible que la luzerne.

D'après les données qui précèdent, on peut établir la teneur des feuilles fraîches ou sèches en substances réellement alibiles :

1° *Feuilles vertes* (60 à 65 *p.* *d'eau*).

	Albumine.	Hydrates de carbone.
Acacia	6,0	15,3
Aune (1)	6,8	22,0
Bouleau	1,9	33,2
Charme	3,7	32,0
Chêne	4,5	22,3
Érable	4,5	18,0
Frêne	4,3	29,5
Marronnier d'Inde	3,8	15,1
Noisetier	4,6	22,3
Orme	4,9	20,0
Sorbier	4,0	37,1
Tilleul	4,8	17,5
Vigne	3,4	19,0
Aiguilles de pin	2,4	30,3

2° *Feuilles en foin* (12 à 15 *p.* 100 *d'eau*).

	Albumine.	Hydrates de carbone.
Orme	10,3	38,7
Peuplier	9,0	40,5
Marronnier d'Inde	9.8	41,0
Érable	10,8	37,0
Platane	6,6	40,9
Saule	13,4	37,3
Acacia	17,2	34,8
Chêne	9,2	42,0
Noisetier	9,3	42,0
Frêne	6,6	44,0
Bouleau	4,0	45,5
Sorbier	5,0	44,0
Charme	5,8	44,0
Aune noir	13,4	39,0
Tilleul	10,7	36,6
Aiguilles de pin	4,3	45,0
Vigne	8,0	41,0

Ces données établies, il ne nous reste plus qu'à envisager les différents cas qui peuvent se présenter dans la pratique.

D'abord, en ce qui concerne les bêtes laitières, il est reconnu que l'emploi des feuilles d'acacia, d'ormeau et de

(1) Les feuilles d'aune ne sont acceptées du bétail qu'à l'état sec, à cause d'une sorte d'enduit glutineux qui les recouvre.

marronnier, n'a aucune mauvaise influence sur la production ni sur la composition du lait. Nous pouvons donc, sans crainte, baser le régime des vaches à lait ou des chèvres sur la consommation de la feuillée.

Pour qu'une vache de 500 kilogrammes de poids vif soit suffisamment nourrie, il faut qu'elle reçoive par jour 1 250 grammes de matières azotées digestibles et 12 kilogrammes d'hydrates de carbone. On trouvera cette quantité d'éléments nutritifs dans 25 kilogrammes de feuilles moyennes fraîches additionnées de paille à volonté. Pour l'hiver, on pourrait donner, suivant la richesse des feuilles, de 6 à 10 kilogrammes de feuilles sèches avec 20 kilogrammes de pommes de terre cuites.

Pour l'entretien des bœufs, on donnera, par tête de 500 kilogrammes environ, 6 kilogrammes de feuilles sèches, avec de la paille à volonté. Si les bœufs sont soumis à un travail modéré, on distribuera par tête environ 12 kilogrammes de feuilles sèches, 20 kilogrammes de pommes de terre cuites avec 1 kilogramme de tourteau de colza.

Pour les moutons du poids vif de 40 kilogrammes environ, on pourra donner 3 kilogrammes de feuillards frais, ou 1^{kg},5 de feuillée sèche.

Les chevaux eux-mêmes ne refuseront pas la feuillée. On la substitue poids pour poids aux foins.

La conclusion de tout cela, c'est que les arbres en général et les forêts en particulier nous offrent des ressources énormes en fourrages, qu'il faut que nous apprenions à utiliser. La ramille annuelle nous fournit un succédané de la paille; la feuille sèche peut remplacer le foin.

TABLE DES MATIÈRES

Orléans. — Imp. H. Tessier.

Librairie J.-B. BAILLIÈRE et FILS, 19, rue Hautefeuille, Paris

LA VIE AGRICOLE
ET RURALE
Revue hebdomadaire illustrée

Paraissant tous les Samedis par numéros de 32 à 52 pages, in-4º

COMITÉ DE DIRECTION :

VIGER
Ancien ministre
de l'Agriculture,
Sénateur du Loiret.

TISSERAND
Membre de l'Institut
Directeur honoraire
de l'agriculture.

FERNAND DAVID
Ancien ministre
de
l'Agriculture.

MIR
M. du Cons. sup.
de l'agriculture,
Sénateur de l'Aude.

DABAT
Directeur général
des
Eaux et Forêts.

REGNARD
Directeur honoraire
de l'Inst. nat. agronomique.

WERY
Directeur
de l'Inst. nat. agronomique.

GROSJEAN
Inspecteur général
de l'agriculture.

DE LAPPARENT
Inspecteur général
de l'agriculture.

COUANON
Inspecteur général
de la viticulture.

FERROUILLAT
Directeur de l'Éc. nat¹ᵉ
d'agric. de Montpellier.

JOUZIER
Directeur de l'Éc. nat¹ᵉ
d'agriculture de Grignon.

TROUARD RIOLLE
Dir. honor. de l'Éc. nat¹ᵉ
d'agric. de Grignon.

SECRÉTAIRE DE LA RÉDACTION :

DIFFLOTH
Ingénieur agronome,
Professeur spécial d'agriculture.

Abonnement annuel : France 25 fr., Étranger, 35 fr.

La création d'un nouveau journal d'Agriculture pouvait sembler inopportune : la Presse agricole compte des organes déjà nombreux qui s'appliquent à répandre dans le public les méthodes les plus rationnelles de culture et d'élevage. Jamais, cependant, le besoin ne s'est fait autant sentir, pour l'agriculture, d'être renseigné sur l'admirable mouvement de rénovation qui caractérise notre époque; chaque jour, l'alliance féconde de la science et de la pratique fait réaliser à l'Agriculture un progrès nouveau; chaque jour, une connaissance acquise, un problème élucidé viennent donner au cultivateur les moyens de réduire la part, si considérable, de ses aléas professionnels. Absorbé par des préoccupations multiples, le praticien n'a malheureusement pas le loisir de parcourir les revues diverses d'où il pourrait extraire le bénéfice des progrès réalisés Et il nous a paru qu'il y

LA VIE AGRICOLE

avait place pour un journal agricole, dont le but serait précisément
de mettre l'agriculteur en rapport intime avec l'évolution actuelle
des esprits, un journal documenté, averti de tout ce qui touche aux
multiples manifestations de l'activité agricole, un journal dont la
collaboration choisie autant que variée bannirait toute uniformité
et assurerait l'attrait, un journal d'actualité, traduisant fidèlement la
vie ardente, réfléchie et laborieuse de notre Agriculture.

La *Vie Agricole*, — nous n'aurions su adopter pour notre journal
un titre traduisant mieux notre but, — met tout en œuvre pour
intéresser les lecteurs. Elle réalise un équilibre heureux entre le texte,
chroniques et articles, et l'illustration, se tenant à distance des deux
extrêmes, dont l'un consiste à donner à l'illustration une importance
excessive, qui nuit au développement des questions traitées, et dont
l'autre laisse des articles érudits sans le secours du dessin ou de la
photographie, empêchant ainsi le texte de prendre toute sa valeur et
une plus facile compréhension.

Le monde agricole a accueilli avec plaisir un journal donnant
une impression réelle de force et d'activité, suivant pas à pas la
marche de notre Agriculture vers le progrès, et sans cesse préoccupé
d'être pour ses lecteurs « l'utile et l'agréable ». Au surplus, ces lecteurs nous les connaissons bien : ce sont des agriculteurs avisés,
soucieux de toute amélioration, ces éleveurs possédant en juste
partage la pratique et la théorie, qui, groupés autour de l'*Encyclopédie Agricole* des ingénieurs agronomes, en ont assuré le succès et
ont permis la diffusion par la France et par le monde, à raison de
plus d'un million de volumes, de cette œuvre considérable, véritable
bilan de l'agriculture scientifique française au début du xx° siècle.
Dans la *Vie Agricole*, ils retrouveront, sous une forme plus actuelle et
plus vivante encore, les qualités qui impriment à cette belle collec-
tion son cachet particulier ; ils y retrouveront cette pléiade de colla-
borateurs distingués, praticiens ou professeurs, qui les tiendront,
chaque semaine, au courant de tous les progrès, de toutes les décou-
vertes, de toutes les tentatives susceptibles de les intéresser.

Chaque numéro comprend cinq ou six *Articles originaux* ; plusieurs articles d'*Agriculture pratique* ; des articles d'*Actualités agricoles*, résumant les travaux publiés, en France et à l'Étranger ;
des *comptes rendus de Sociétés* ; enfin, un *Bulletin* renseignant le lecteur sur les faits saillants de la semaine.

Pour remplir ce vaste cadre et donner à la *Vie Agricole* la tenue et
la valeur scientifique nécessaires, un Comité de direction composé
des plus éminents représentants de la science agronomique a bien
voulu assumer la charge de définir et de régler le programme des
études et des recherches poursuivies.

Enfin les éditeurs de la *Vie Agricole*, MM. Baillière, apportent à
l'administration et à la publication du journal leurs précieuses qualités, qui ont déjà assuré le succès de l'*Encyclopédie Agricole*.

Ainsi rédigée, illustrée, assurée par un parfait service d'informa-
tions de suivre méthodiquement l'évolution scientifique de la culture
française, la *Vie Agricole* se présente aux lecteurs avec les conditions
les plus assurées d'intérêt, de vitalité et d'utilité générale.

RÉCENTES PUBLICATIONS AGRICOLES

BELLAIR. — **Parcs et jardins.** 1919. 1 vol. in-16 de 382 pages, avec 226 figures.. 10 fr.

— **Les arbres fruitiers.** 3° *édition.* 1 vol. in-16 de 360 pages, avec 199 figures.. 7 fr. 50

ARNOU (E.) — **Manuel du confiseur-liquoriste.** *Nouvelle édition,* 1920, 1 vol. in-16 de 388 pages avec 188 figures................. 7 fr. 50

BOIS. — **Le petit jardin,** par D. BOIS, professeur de culture au Muséum. 4° *édition.* 1919, 1 vol. in-18 de 476 pages avec 225 figures... 7 fr. 50

— **Les Plantes d'appartement et les Plantes de fenêtres.** 2° *édition.* 1 vol. in-18 de 444 pages, avec 219 figures...................... 7 fr. 50

BONNEFONT (G.). — **Elevage et dressage du Cheval,** par G. BONNEFONT, sous-directeur des haras. 2° *édition.* 1 vol. in-16 de 440 pages, avec 228 figures.. 10 fr.

BONNIER (G.). — **Les Plantes des champs et des bois. Excursions botaniques : Printemps, Eté, Automne, Hiver.** *Nouvelle édition.* 1920, 1 vol. in-8 de 600 pages avec 873 figures et 20 planches........... 20 fr.

BOULLANGER. — **Distillerie agricole et industrielle. Alcools, eaux-de-vie de fruits et rhums.** 2° *édition,* 1 vol. in-16 de 562 pages, avec 94 figures.. 10 fr.

— **Malterie. Brasserie.** 3° *édition.* 1920, 1 vol. in-16 de 400 pages, avec figures.. 10 fr.

BUSSARD (L.). — **Culture potagère et Culture maraîchère.** 3° *édition.* 1920, 1 vol. in-16 de 524 pages, avec 217 figures............. 10 fr.

BUSSARD et DUVAL. — **Arboriculture fruitière.** 4° *édition.* 1920, 1 vol. in-16 de 522 pages avec 232 figures...................... 10 fr.

CAGNY (P.) et GOUIN (R.). — **Hygiène et maladies du bétail.** 3° *édition.* 1920, 1 vol. in-16 de 530 pages, avec 187 figures............. 10 fr.

CAZIOT (P.). — **La valeur de la terre en France,** description des grandes régions agricoles et viticoles, prix et fermages des biens ruraux. 1 vol. in-16 de 450 pages, avec 88 figures et 15 cartes.............. 10 fr.

— **La valeur d'après-guerre de la terre.** 1 vol. in-16 de 48 pages. 2 fr. 50

CHENEVARD (W.). — **L'élevage moderne du Lapin.** 1 vol. in-18 de 132 pages, avec 28 figures.............................. 2 fr. 50

— **Maladies des Volailles.** 1 vol. in-18 de 90 pages avec figures. 2 fr. 50

— **Alimentation rationnelle des volailles.** 1 vol. in-18 de 108 pages, avec figures.. 2 fr. 50

— **Culture maraîchère et de primeurs du Sud-Est, du Midi et de l'Afrique du Nord.** 1 vol. in-18 de 125 pages, avec 85 figures......... 2 fr. 50

COQUIDÉ (E.). — **Amélioration des Plantes cultivées et du Bétail.** Application de la génétique à la sélection des races et à la production des variétés nouvelles. 1 vol. in-16 de 608 pages, avec 120 fig. 10 fr.

CORD (E.). — **Géologie agricole.** 2° *édition.* 1 vol. in-16 de 540 pages, avec 316 figures... 10 fr.

COUPAN (G.). — **Machines de Récolte.** 2° *édition.* 1 vol. in-16 de 508 pages avec 358 figures................................... 10 fr.

Ajouter 10 p. 100 pour recevoir franco.

II. — **Ruminants.** 1 vol. gr. in-8 de 386 pages, avec 250 figures noires et coloriées.................................... 30 fr.

III. — **Porcs.** 1 vol. gr. in-8 de 386 pages, avec 167 figures noires et coloriées .... 30 fr.

PACOTTET (P.). — **Vinification,** par PACOTTET, chef de travaux à l'Institut national agronomique. 4e *édition*. 1920, 1 vol. in-16 de 471 pages avec 118 figures................................ 10 fr.

—- **Vins de Champagne et Vins mousseux.** 1 vol. in-16 de 416 pages, avec 135 figures................................... 10 fr.

— **Viticulture.** 3e *édition*. 1920, 1 vol. in-18 de 540 pages, avec 208 figures...................................... 10 fr.

PASSY (P.). — **Arboriculture fruitière.** 6 vol. in-18........... 15 fr.

PERTUS. — **Le Chien.** Races, hygiène et maladies. 1 vol. in-18 de 420 pages, avec 110 figures......................... 7 fr. 50

PETIT (A.). — **Electricité agricole.** 3e *édition*. 1920, 1 vol. in-16 de 420 pages, avec 78 figures........................ 10 fr.

PIETTRE (M.). — **L'Industrialisation de l'élevage et la fabrication des conserves de viande.** 1 vol. in-8 de 380 pages, avec 58 figures.. 18 fr.

PONCINS (DE). — **La Motoculture pratique,** par M. DE PONCINS, ingénieur agronome, directeur du Syndicat de culture mécanique de l'Union du Sud-Est. 1 vol. in-18 de 332 pages, avec 100 fig. 7 fr. 50

REGNARD (P.) et PORTIER (P.). — **Hygiène de la ferme.** 2e *édition*. 1 vol. in-16 de 440 pages, avec 127 figures............... 10 fr.

ROLET (Ant.). — **Plantes à parfums et plantes aromatiques.** 1919, 1 vol. in-16 de 432 pages, avec 100 figures..................... 10 fr.

— **Les conserves de fruits pour la consommation familiale et pour la vente.** 2e *édition*. 1920, 1 vol. in-16 de 460 pages, avec 170 fig. 10 fr.

— **Les conserves de légumes, de viandes, des produits de la basse-cour et de la laiterie.** 2e *édition*. 1920, 1 vol. in-16 de 444 pages, avec 90 figures.................................. 10 fr.

— **Les Industries annexes de la Laiterie.** Utilisation des sous-produits et résidus. 1920, 1 vol. in-16 de 368 pages, avec 80 figures. 7 fr. 50

— **Culture des plantes médicinales.** 1920, 1 vol. in-16 de 636 pages, avec 237 figures.................................. 10 fr.

ROULE (L.). — **Traité raisonné de la Pisciculture et des Pêches,** par L. ROULE, professeur au Muséum national d'histoire naturelle. 1 vol. gr. in-8 de 374 pages, avec 301 figures............... 22 fr.

SELTENSPERGER. — **Précis d'Agriculture.** 3e *édition*. 1920, 1 vol. in-18 de 528 pages, avec 424 figures...................... 10 fr.

THIERRY (E.). — **Les Vaches laitières.** 3e *édition*. 1920, 1 vol. in-16 de 432 pages avec 126 figures...................... 7 fr. 50

VIEIL (P.). — **Sériciculture.** 2e *édition*. 1 vol. in-16 de 403 pages avec 71 figures................................... 10 fr.

VILLATTE DES PRUGNES (R.). — **La Pêche et les Poissons d'eau douce.** 1 vol. in-16 de 490 pages, avec 238 figures........... 10 fr.

VILMORIN (Ph. de). — **Manuel de Floriculture.** 1 vol. in-16 de 410 pages, avec 324 figures................................ 7 fr. 50

VUIGNER (R.). — **Comment exploiter un Domaine agricole.** 3e *édition*. 1920. 1 vol. in-16 de 600 pages....................... 10 fr.

WARCOLLIER. — **Pomologie et Cidrerie,** par G. WARCOLLIER, directeur de la Station pomologique de Caen. 2e *édition*. 1 vol. in-16 de 546 pages, avec 113 figures................................. 10 fr.

WERY (G.). — **Agenda aide-mémoire agricole,** par WERY, directeur de l'Institut national agronomique. 1 vol. in-18 de 468 pages..... 5 fr.

—- **Agenda aide-mémoire viticole et vinicole.** 1 vol. in-18 de 468 p. 5 fr.

Ajouter 10 p. 100 pour recevoir franco.

DUCLOUX. — **Méthode pratique de Comptabilité agricole. Guide** comprenant les opérations agricoles relatives à une période de culture annuelle. 1911, 1 vol. petit in-4 de 40 pages.............. **2 fr. 50**
— **Cahier d'exercices d'initiation** à la Comptabilité agricole. 1911, 1 vol. petit in-4 de 80 pages................................ **2 fr. 50**
— **Registre du Cultivateur.** Livres, tableaux expliqués et préparés. 1912, 1 vol. in-4 de 250 pages, cart........................ **4 fr. 50**
— **Tableaux de comptabilité. Laiterie Fromagerie et Cuisine.** 1913, 1 vol. in-4 de 96 pages............................ **2 fr. 50**
DUCOMET. — **Les Plantes alimentaires sauvages** (Légumes et Fruits). 1917, 1 vol. in-18 de 144 pages.............................. **2 fr. 50**
GIRARD. — **La margarine et le beurre artificiel.** 1 vol. in-18. **2 fr. 50**
GOUPIL. — **Tableaux synoptiques pour l'analyse des vins, de la bière, du cidre et du vinaigre.** 1 vol. in-18.............. **2 fr. 50**
— **Tableaux synoptiques pour l'analyse du lait, du beurre et du fromage.** 1 vol. in-18............................ **2 fr. 50**
— **Tableaux synoptiques pour l'analyse des farines.** 1 vol. in-18. **2 fr. 50**
— **Tableaux synoptiques pour l'analyse des conserves alimentaires.** 1 vol. in-18.. **2 fr. 50**
— **Tableaux synoptiques pour l'analyse des engrais.** 1 vol. in-18: **2 fr. 50**
GRANDERYE. — **Météorologie de l'Agriculteur** et prévision du temps. 1913, 1 vol. in-18 de 72 pages, cart.................... **2 fr. 50**
HENNEQUIN. — **Elevage et Culture après la guerre : 50 manières** de gagner sa vie à la campagne. 1919, 1 vol. in-18.............. **2 fr. 50**
HUBERT. — **L'Art de faire le Cidre et les Eaux-de-vie de Cidre.** 1895, 1 vol. in-16 de 172 pages, avec figures................... **2 fr. 50**
JUMELLE. — **Les Cultures coloniales,** 2ᵉ *édition*, 1916, 8 vol. in-18 de chacun 100 pages, illustrés de figures, cart.
I. — *Plantes à fécule et céréales.* 1 vol. in-16 de 108 pages, avec 35 figures, cartonné.......................... **2 fr. 50**
II. — *Légumes et fruits.* 1 vol. in-16 de 122 pages, avec 33 fig., cart. **2 fr. 50**
III. — *Plantes à sucre (café, cacao, thé, maté).* 1 vol. in-16 de 127 pages, avec 42 figures, cartonné..................... **2 fr. 50**
IV. — *Plantes à condiments et plantes médicinales,* 1 vol. in-16 de 120 pages, avec 30 figures, cartonné................... **2 fr. 50**
V. — *Plantes oléagineuses.* 1 vol. in-16 de 112 p., avec 47 fig., cart. **2 fr. 50**
VI. — *Plantes textiles.* 1 vol. in-16 de 118 pages, avec 33 fig., cart. **2 fr. 50**
VII. — *Plantes à caoutchouc et à résines.* 1 vol. in-16 de 119 pages, avec 41 figures, cartonné.......................... **2 fr. 50**
VIII. — *Plantes à parfums, à colorants et à tanins. Tabac.* 1 vol. in-16 de 122 pages, avec 35 figures, cart....................... **2 fr. 50**
LAFFON. — **Hygiène rurale.** 1904, 1 vol. in-16 de 160 pages.. **2 fr. 50**
LALLIE (H.). — **Les Moteurs agricoles.** 1915, 1 vol. in-18 de 168 pages, avec 29 figures, cartonné....................... **2 fr. 50**
LEMAIRE. — **Les ruches. Choix et aménagement.** 1917, 1 vol. in-18 de 96 pages avec 50 figures.......................... **2 fr. 50**
— **La conduite du rucher.** 1918, 1 vol. in-18 de 124 pages, avec 76 figures... **2 fr. 50**
— **Les produits du rucher,** miel, cire, hydromel. 1918, 1 vol. in-18 de 100 pages, avec figures............................ **2 fr. 50**
LHOSTE. — **Les Succédanés des Fourrages.** 1918, 1 vol. in-18 de 96 pages.. **2 fr. 50**
MAZIÈRES (A. de). — **La Culture de l'Olivier.** 1913, 1 vol. in-18 de 96 pages, avec 42 figures, cartonné.................... **2 fr. 50**
— **La Culture de l'Oranger.** 1 vol. in-18 de 100 pages, avec figures, cartonné... **2 fr. 50**
MALAPERT DU PEUX. — **Le Lait et le Régime lacté,** 1908, 1 vol. in-16 de 160 pages.. **2 fr. 50**
MANGET. — **Tableaux synoptiques pour l'inspection des viandes.** 1 vol. in-18.. **2 fr. 50**
— **Tableaux synoptiques des champignons comestibles et vénéneux.** 1 vol. in-18 avec 20 figures coloriées.................... **2 fr. 50**